U0255224

GROWING UP HUMAN

长不大的猿猴

为何人类拥有如此漫长的童年？

[英] 布伦娜·哈希特 著　　王晨 译
(Brenna Hassett)

北京联合出版公司
Beijing United Publishing Co.,Ltd.

图书在版编目（CIP）数据

长不大的猿猴：为何人类拥有如此漫长的童年？ /（英）布伦娜·哈希特著；王晨译. -- 北京：北京联合出版公司，2024. 11. -- ISBN 978-7-5596-7737-2

Ⅰ. Q98-49

中国国家版本馆CIP数据核字第20249F3M27号

长不大的猿猴：为何人类拥有如此漫长的童年？

[英] 布伦娜·哈希特　著
王晨　译

出 品 人：赵红仕
出版监制：刘　凯　赵鑫玮
选题策划：联合低音
责任编辑：翦　鑫
封面设计：今亮後聲 HOPESOUND 2580590616@qq.com
内文制作：聯合書莊

关注联合低音

北京联合出版公司出版
（北京市西城区德外大街83号楼9层　100088）
北京联合天畅文化传播公司发行
北京美图印务有限公司印刷　新华书店经销
字数237千字　880毫米×1230毫米　1/32　12印张
2024年11月第1版　2024年11月第1次印刷
ISBN 978-7-5596-7737-2
定价：68.00元

献给所有母亲，所有父亲，和所有孩子。

尤其要献给我的。

目 录

玛丽，玛丽，真倔强：姑且算引言

01

玛丽，玛丽，真倔强，

你的花园怎么样？

银色铃铛，美丽贝壳，

漂亮女仆，全都排成行。

我们人类是动物——而动物，众所周知，是很奇怪的东西。从高中生物课和大卫·爱登堡（David Attenborough）[1] 的纪录片，一直到伊莎贝拉·罗西里尼（Isabella Rossellini）[2] 颇为引人注目的表演艺术作品[1]，即便是这个世界上最不经意的观察者，也可以从这一切中看出，大大小小的生物发展出了各式各样在这颗星球上赖以为生的手段。动物们挖洞、游泳和飞翔；有的走，有的跑，还有一些嘎吱作响。令一代又一

[1] 如果需要从单调的科学中短暂休息一下，请观看罗西里尼的《绿野春宫》（*Green Porno*）。这部影片可以在工作环境下安心观看，但那些容易因为蜗牛性爱的严酷现实而感到不安的人除外。

代的博物学家最为痴迷的是，在生命的终极问题面前，竟存在如此多样的答案，而这个问题可以大概总结为：你将如何活下来？人类做出了别开生面的回答：童年，它坐在一辆不知开往何处的出租车上，隔着后窗挥手告别自己的进化起源。

你很怪。你的婴儿很怪，你还是个婴儿时也很怪。之后呢？你变得更怪了。古怪之处包括人类对星球的统治，但这张长长的清单上不止于此：阴茎刺（Penile spine）的消失、隐藏排卵、肥厚的脂肪、一夫一妻制、未成熟和没有准备好的婴儿、父亲的进化、外婆的秘密目的，以及一些非常非常奇怪的古老和现代的育儿措施，正是这些古怪之处令我们成为今天这样的奇迹：总是长不大的猿猴。在动物界中，只有我们下定了决心，不但想永远活下去，而且想永远年轻。我们要花非常久的时间长大。我们的童年极为漫长——不只是和其他动物相比，而且和其他猿类相比也是如此。我们很不擅长怀孕，而当我们怀上孩子之后，我们没有充分准备好宝宝的降临，最后生下一个无助到可笑的婴儿。我们比任何其他物种都更早地将婴儿从胸前扔到一个让他们必须蹒跚学步的恐怖世界，但之后我们却保持孩子的状态。保持得相当之久。同样的年龄，当其他猿类开始繁衍后代时，我们仍然还在“永无乡”，玩耍，学习，做孩子做的事。

为什么会这样？答案就在我们的进化史中，在研究过去的这门科学的众多推测、化石以及其他研究对象组成的荒原上。我们的古怪之处是我们父母的父母的父母做出的无数微小决定的结果。自己带婴儿还是委托给别人照看？分泌什么样的乳汁，多久哺乳一次？优先获取脂肪还是自由觅食？教给婴儿什么，什么时候教？教石器工具还是送进巴比伦学校？这些类型的增量决策仍然是父母们每天都在做的决定，而且这很重要，因为进化不是静态的。它不是一道上升曲线，抵达我们完美且不变的崇高自我。我们做出的每一个育儿选择——或者为养育我们而做出的每个选择——造就了我们，使我们成为如今这样的人类。而我们如今做出的选择将决定我们将来成为什么样的人类。

这本书要问的问题是，古怪、独特的人类童年是为了什么？它在我们社会和生活的运作中起什么作用？青少年阶段可能有什么适应性价值？以生物性的生长阶段为起点，我们可以构建一个框架，说明我们如何在童年的不同阶段塞进不同的适应性的益处。为此，我们需要更多地了解不同物种如何将生存优势代代相传。和适应有关的进化思考常常关注血腥的尖牙利爪——吃或者被吃的适者生存场景本质上是最吸引人的，而且我确信我们将在本书后面遇到的可怜的南方古猿汤恩幼儿（Taung child）可以证明这一点，如果他没有在原始人类诞生不久的遥远过去被一只非常大的鹰抓住并吃掉的话。然而，在物种层面上，死亡并不一定是动物生命中最关键的部分。最关键的一点是能够成长为保障自身遗传物质成功延续的成年个体；死亡只是实现这一点的阻碍而已。重新审视支持我们长大的复杂过程，让我们有机会真正理解是什么让我们这个物种的生存和成功与众不同。

在整本书中，我们都将童年视为花出去的钱。抚养孩子是一项投资：对未来的投资，对那些遗传谱系的投资，对一个物种（或者将来可能成为物种）的繁殖的投资。然而，更关键的是，抚养孩子需要投资。[1] 和“释放不计其数的卵然后希望统计学站在你这边”相比，在数年甚至数十年的过程中缓慢培养一个受抚养人在双亲资源的分配上显然存在明显差异。

但是，我们人类对后代所做的这种巨大的长期投资到底是什么呢？

从技术上讲，我们提供的是多种形式的代际财富转移——继承。著名考古理论家斯蒂芬·申南（Stephen Shennan）[2] 提出，差异化的成功潜力沿着遗传谱系的这种转移正是人类社会运作方式在深层次上的基本组成部分，即使是在过去田园诗般想象中的平等主义中也是如此。对一个孩子的投资，有三种可能的方式；在这本书中，我们将看到每种类型的投资如何为我们这个物种带来回报，因为这绝对可以说明我们为什么不像鸟类和蜜蜂那样抚养后代。

那么，我们是如何做的？基础的后代投资生态模型可以用来解释青蛙，但是如果应用于能够以不止一种方式将优势传递给后代的动物，这样的模型就会变得复杂得多。一只青

[1] 如此多的投资；是真正令人震惊的出乎意料的投资水平。

[2] 对他而言不幸的是，他不得不在我们进入后过程主义的那一周主持理论研讨会，而我发现语言蒙昧主义的确在考古学中占有一席之地。

蛙的毅力让它能够抱着配偶足够长的时间，以确保一些卵子受精，这种投资和为你提供良好的教育以至于你现在自愿阅读一本关于童年进化的书——里面有复杂的术语和很多注脚——所需要的投资完全不同。[1] 人类父母可以在孩子身上做出哪些投资，何时以及如何做出这些投资，都决定了孩子未来的生活机会。不仅如此，这些选择还会塑造他们在其中生活的社会。

我们可以像银行家一样从财富或资本的角度来考虑投资的潜力。你不用很费力，就能找到一种通常体现在所有活体动物身上的财富形式——它们每天都在消耗这种财富。传统上，我们按照亲本产生的能量成本来描述对动物幼儿的投资[2]，即转移到幼儿成长上的能量。思考一下“快”与“慢”的繁殖策略，通过非常粗糙地计算为每个孩子付出的努力，我们就可以看出在霰弹枪式的生育方式与出现在人类身上的“拿起我的霰弹枪”的后代养育方式之间存在的差异。在这个意义上，亲本所做的投资是物质上的，它体现在孩子在这种努力下成长起来的实际身体上；我们称之为“具身”资本（“embodied” capital）。向后代转移并用于构建组织、器官、神经等身体部分的能量都是对具身资本的投资，由亲本进行

[1] 真不赖。除非出于某种原因，你是在压力之下被迫阅读这本书的，如果是这样的话，这本书是你面临的最小的问题。

[2] 我们通常指的是排卵者的成本，但也可以包括必须吸引排卵者并令卵子受精的亲本的成本。

以确保其后代的生活力。不过，它不止是打造一个可活动的孩子那么简单。

具身资本还包括身体的功能。协调性、柔韧性、力量——这些不仅对孩子的生存至关重要，还对孩子的成功至关重要，而且它们都建立在骨骼和血肉之上。拥有生存和繁殖的身体能力就是拥有具身财富——而它不是平均分配的。补给更好、身体更健壮的动物将更有能力争夺资源和配偶，然后它们会将这些优势传递给自己的后代——而后代的境况也会更好。一个吃得饱、四肢健全且运动功能完好的孩子，就是具身财富的一个例子。在后面的章节中，我们将看到人类如何发展出一种独特的方式，来将食物和资源用于寻找配偶、生育婴儿并将婴儿养肥。

不过，还有其他投资后代的方式，而且还有其他形式的财富可以推动物种的成功——这些正是人类在寻找扩大对下一代的投资范围时抓住的机会。学习在世界上生活，在某种程度上就是学习和这个世界上的人一起生活，而对于社会性动物而言，这一点带来的生存优势足够大，因此它已经成为重要的投资焦点。这是对社会资本的投资，虽然社会资本看起来或许像是人类名人和社交媒体网红专属的虚幻领域，但它其实是非常真实的资产——如果你没有这种资产，你就没法在社会上过得好。例如，乌鸦是社会性很强的动物。它们群居生活，因此必须想办法在一群臭名昭著的动物中生存。为此，它们进化出了一种惊人的能力，不仅能够辨认出彼此，而且还能在乌鸦与乌鸦争斗的世界中辨别出其他乌鸦的社会地位。通过在较占主导地位和较不占主导地位的乌鸦之间举办搏击大赛并让另一只乌鸦观察它们，研究人员发现了它们的这项能力。当观察者乌鸦知道其中一只乌鸦的地位高而另一只乌鸦的地位低时，它可以很容易地挑选出获胜者；如果它只知道其中一只乌鸦在和自己知道地位的某只乌鸦打架时输了或者赢了，它仍然可以选出获胜者。即使不探讨乌鸦博彩公司存在的可能性，也可以清楚地看出这种对关系的理解对乌鸦而言是很重要的，重要到足以让它们在这方面进行投资。一只乌鸦雏鸟需要知道如何在群体中保持自己的位置，以便利用群体生活所提供的一切——保护、对后代的支持以及下一顿饭的来源。在面临麻烦比如一只闯入自己领地的巨大渡鸦时，一只擅长在凶残的社会中生活的乌鸦会有许多社会资源可以调用，而赶走该竞争对手的能力取决于社会资本。

社会资本的建立基础是莫妮克·贝格尔霍夫·米尔德（Monique Borgerhoff Mulder）[3]及其同事所称的“关系财富”：个体在完成各种任务时可寻求帮助的社会纽带——他们指的是人类之间，但也适用于乌鸦。这些纽带可能是血缘纽带，但它们也可能通过其他类型的社会化过程形成，例如随着时间的推移积累社会资本的游戏或贸易交流。积累这种资本——学习如何成为一只社交乌鸦——需要一种超越单纯照料和喂养的投资。它需要社会学习。社会学习是一种复杂且耗时的方法，用于在不同世代和整个社会之间传递信息，并提供本能无法提供的训练。从教授简单的课程（例如吃什么食物）到复杂的技能（如制作工具），多种复杂程度各异的动物都在某种类型的信息传递方式上进行投资，以便为后代提供适应性优势——我们也不例外。事实上，我们如此专注于社会学习，以至于我们史无前例地将生命中的很大一部分时间——童年专门用来完成大部分学习。我们将在这本书的后面看到灵长类动物是如何玩耍的——以及我们这个物种如何严肃地对待儿童的玩耍，并用它来重塑我们的社交世界。

在后代投资方面，我们可能想到的最终财富形式当然是真实的资本。这指的是物质财富，并且可以通过提高后代的生存或繁殖成功率轻易地转化为进化优势。迄今为止，人类是唯一为了产生相对于其人类同伴的额外优势而踏出这最终一步的动物。无论松鼠囤积物资的本领多么出色，它们永远无法将坚果转化为获得更多坚果的能力。它们可以将这些坚果转化为身体优势，长成更大、更强和更好的松鼠，但它们还没有想出如何利用自己的囤积凌驾于邻居之上。[1] 即使是我们最聪明的灵长类近亲，也没有想出将贮藏之物变成可获利资产的方法[2]，不过，就像所有被经济学研究的事物一样，在这里你可以运用一点诡辩术，并怀疑分享肉食、领地性等灵长类行为——以及支撑这些行为的遗传性等级社会结构——是

[1] 众所周知，松鼠很不善于利用离岸避税天堂。

[2] 尽管有人怀疑猕猴至少会考虑这样做。

不是与人类为获得成功的牟利策略有异曲同工之处。[1]

然而，总的来说，当我们谈论物质财富时，我们谈论的是人类特有的一种投资，而且更具体地说，是相对较新的人类。这种财富可以为你买到精美的育儿图书、有机棉婴儿背带，以及为你消除生存焦虑的一流疗法。我们为我们这个物种创造了这样一种童年，我们对它是如此不确定，以至于我们无法思考该做什么，只能朝它扔钱——除非，这实际上正是我们的整个进化策略。这听起来可能很奇怪，但是如果我们仔细回溯自己走过的路，我们实际上可以看到投资——以及我们对何时何地进行投资所做的选择——如何塑造了我们这个物种如今的面貌。当回顾我们这个物种的进化史，发现我们得到了这颗星球上最奇怪、最漫长、投资最多的童年时，我们最终要考虑的一点是：我们还能再走多远？

在这本书中，从我们生活在三叠纪并且长得像树鼩的灵长类祖先到我们最近的近亲，我们将审视我们在后代投资上曾经采取和未曾采取的路径。通过仔细还原进化中的可能性，我们可以看到我们在这里拨动了一根杠杆或者在那里拧松了一根发条，慢慢地创造出专属于我们的光荣的童年。从肥胖、

[1] 实际上，有一整个经济学和组织行为学流派声称要证明这一点。一位富于进取心的前灵长类动物学家甚至与多个动物园合作，开设了一门受版权保护的“猿类管理学”（Ape management）课程，让有钱有势的富商通过观察灵长类动物来改善自己的管理风格。当这些行业领袖看到倭黑猩猩依靠滥交和非生殖性行为来舒缓社会紧张局面时，你不禁会好奇，他们是如何理解这些的。我看他们企业的人事部门恐怕必须得签一份弃权声明。

脆弱的婴儿到总是长不大的儿童，通往我们如今童年的每一步都经历了进化和适应的过程。如果我们想知道为什么会这样，我们可以和其他动物对比我们的投资方式——以及投资时间，比较对象不只是我们的灵长类分支，还有动物界的所有野生和毛茸茸的物种。正是在这种对比中，我们看到我们曾经多么聪明地投资于自己的孩子——以及这如何导致奇怪而美妙的童年，令我们这个物种得以超越一只三叠纪小树鼩最狂野的梦想。

译注

1. 大卫·爱登堡，英国广播公司电视台主持人，杰出的自然博物学家、探险家和旅行家，被誉为“世界自然纪录片之父”。
2. 伊莎贝拉·罗西里尼，意大利、美国双国籍模特、演员、作家。
3. 莫妮克·贝格尔霍夫·米尔德，荷兰裔进化人类学家，加利福尼亚大学戴维斯分校人类学系的杰出研究教授。

嗖！跑了黄鼠狼：生活史及其重要性

02

猴子追赶黄鼠狼，

绕着桑树追得忙。

猴子觉得真有趣，

嗖地跑了黄鼠狼！

很久以前，在一个遥远的世界，出现了一位英雄。更具体地说，2015 年 9 月 21 日，星期一，一只老鼠激励了全世界。[1] 在被拍摄到拖着一块比自己大两倍的比萨爬下纽约市地铁站的台阶后，这只老鼠在网络上红极一时，它表现出来的耐心和决心在如今的老鼠身上绝不会出现。这只老鼠执拗地用嘴咬住比萨，将它往下一级台阶上拽，然后纵身一跳，落在台阶上，比萨仍然牢牢地夹在牙齿之间。它偶尔会摔倒，但从未放弃。可

[1] 整件事可能是由一位名叫扎杜洛（Zardulu）的行为艺术家策划的，这种可能性只会让它与人类的故事更加相关。

以看出，切开的一块比萨并不是容易运输的形状，但这只老鼠一直在尽自己最大的努力。这足以让它在互联网上获得短暂的知名度，并在一本关于人类的图书中占有一席之地。

这本书是关于人类的。正如卡莉·西蒙（Carly Simon）在 20 世纪 70 年代指出的那样，我们如此自负，这个判断不但适用于副歌中提到的那个认为这首歌就是在讲他的家伙，整体上也适用于我们这个物种。[1]但是在这件事上，我们有理由如此自负。

我在谈论动物，因为我们是通过广阔得多的生态学视角以及我们在动物中发现的与我们多多少少类似的模式——或者相应模式的缺乏——理解人类的。我们像什么？嗯，像猿，真的很像。我们很像。猿很像灵长类，灵长类很像哺乳动物，哺乳动物很像脊椎动物，等等，直到你最终来到乔尼·米切尔（Joni Mitchell）一首歌曲的副歌。[1][2]但是在范围更大的家族谱系中，哪些特征对我们成长为人类的意义产生过什么影响？

我们不谈论黄鼠狼的童年或蹒跚学步的海龟，但是也许我们应该谈论，因为物种的生长和发育存在某种模式。在制造更多生物这件事上的每一个方面，都存在任意数量的安排方式，而这些发育轨迹上的差异意味着整个存在方式的差异；无论你生下来就准备好迎接生活的挑战，还是生下来时软弱无助。作为一个概念，生活史非常简单：你可以拆解出生活

[1] 是的。我们是散落的星骸。

史的每一部分，计算某个物种从一个阶段到另一个阶段需要多长时间，例如从出生到性成熟，再到繁殖寿命结束。在实践中，这是一个复杂的物种权衡公式，涉及每次分娩的后代数量、这些后代出生时的大小或发育程度、其中有多少可能存活下来，以及对这些后代进行多少投资。

因此，首先，我们将审视我们在理解动物如何成长时使用的方法，即科学家们用来标记生命中所有关键阶段的框架，这些阶段决定了我们如何成长：我们怀孕多久，我们依赖父母多长时间，我们需要多长时间才能长大，我们需要生长多久才能繁殖，以及我们活多久才会死亡。这些是生活史的组成部分，而构成我们生活史的片段并非完全随机。影响它们的因素包括动物的大小、存活到成年的可能性以及从生命开始到完成生长需要多少努力。我们将研究来自动物界的几个关于如何安排生活的不同例子，以及什么样的进化和生态压力会推动生物朝哪些方向发展。但是别担心，这首歌绝对是关于你的。

大致而言，生活史有两种风格。在快生活史中，动物活得快，死得早，并留下一大堆婴儿。慢生活史则相反。不同的寿命模式反映了不同的进化策略，将选择霰弹枪式繁殖策略的动物与那些对少数后代大量投资的动物区分开来。这在实践中很容易看出——老鼠生很多婴儿，它们花不到一个月的时间就能长大，而长颈鹿需要 15 个月才能生下来一只幼崽，而这只幼崽还需要再生长 7 年才有生育能力。在老鼠中，每个后代得到的总投资相对较低，可能只是几块比萨；而在长颈鹿中，你可以想象喂养一只长颈鹿要花多少钱。[1] 这里的选择范围是从詹姆斯·迪恩（James Dean）3“活得快，早早就死”的思想流派到几乎所有其他人“活得慢，到老才死”的旧哲学。

有什么指标可以透露某种动物以一种或另一种方式生活？生物学家埃里克·恰尔诺夫（Eric Charnov）预测，体形更大的动物活得更久，但幼年期也更长——它们需要更多的生长才能成年。动物越大，寿命越长；在一定程度上，我们可以称出某种动物的重量，并据此预测其寿命。[2] 这对我们来说很好理解——和老鼠这样的小型动物相比，长颈鹿这样的大型动物需要的生长时间长得多。若果真如此，我们应该能够通过仔细评估成年动物的体形和它长到成年所需的能量来预测该动物的总寿命以及它在我们对于人类所说的童年中度过多少时间。坏消息是，虽然体重是决定动物生活史是快还是慢的主要因素 [3]，但这并不是个简单的等式。对于如何使用这段时间，动物有着不同的策略。它们当然需要努力长到成年动物的体形，但还要考虑到幼崽的体形、出生前和出生后需要完成的生长量；更不用说还要盘算动物幼崽是否能够活到

---

[1] 显然，喂养一头长颈鹿一年的费用约为 3 000 美元。

[2] 哺乳动物——我们谈论的是哺乳动物。这里没有空间让我们对缓步动物的永生进行生物学或灵性上的辩论。

[3] 如果你出于自己的某种原因，决定将动物展开并测量它们的二维表面的话，我可以告诉你，体重约 70 千克的成年人的总表面积是 18.361 平方米；一只重约 30 克的白鼠可能有 40 平方厘米的表面积。

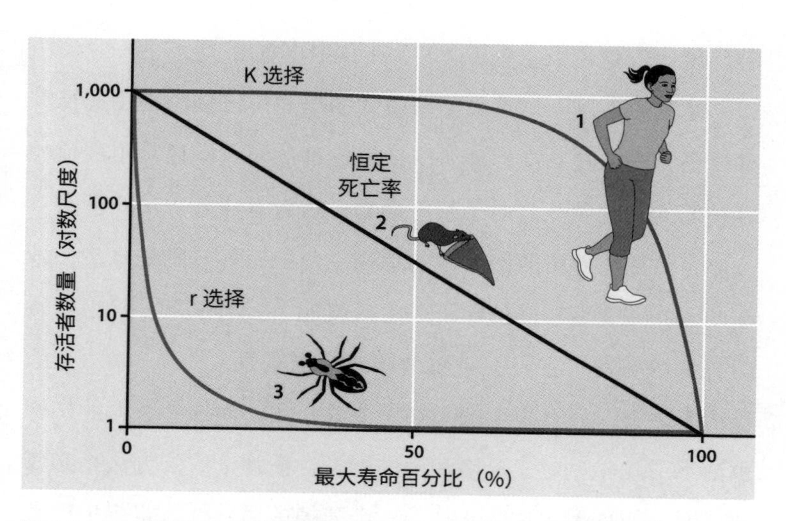

图 2.1. 一个基于 r 和 K 生活策略的例子。谷仓蜘蛛的寿命短（大约为 1 年），而且出生后的存活率非常低，而比萨鼠和人类在存活率和寿命方面做出了不同的权衡

可以繁育下一代。这意味着在如何制造下一代的问题上要确定投资策略。从进化的角度来看，如果很多幼崽活不到长大，精心抚养它们很可能会浪费时间或能量的话，拥有大量幼崽会是个好主意；而当外部世界更安全时，才可以采用慢慢抚养少数幼崽的策略。生物学家最初将这部分生活史研究阐述为[1]处于两种环境之中的动物表现出的差异，一种是会杀死大量幼崽的不稳定环境，其中死亡率（r）是主要压力，而另一

[1] 对 r（死亡率）选择和 K（生育率）选择的阐述基于皮埃尔·弗朗索瓦·费尔许斯特（Pierre-François Verhulst）1838 年的种群动态方程，这个方程看上去很有数学味儿，但如今不再被认为能够描述种群规模的全部可能性。

种环境比较稳定，生育率（K）在其中更重要。

幼崽死亡风险对动物繁殖模式的压力可以预测动物选择哪种投资方式：是一次生产一个依赖性高的婴儿，还是生产依赖性稍低的一窝婴儿。对于某些动物，后者意味着一次产下数百枚卵，例如《夏洛的网》中的悲剧主角——谷仓蜘蛛夏洛，她在产下并安置好自己的卵不久之后就死了。对于下一代小蜘蛛而言幸运的是，它们不会被这样的悲剧拖累太久——在 1% 的存活率之下，只有很少的小蜘蛛能够长大，而这些长大的蜘蛛也活不了几年。对于夏洛和她的同类，霰弹枪式的方法是必要的，因为如果大多数婴儿很早就会死掉的话，你肯定想生产大量婴儿。蜘蛛的繁殖就像那条关于投票的古老格言：它应该尽早完成，而且如果你不打算像某些蜘蛛母亲那样用自己腐烂的尸体喂养孩子的话，还应该经常进行。

对我们理解哺乳动物（与蜘蛛相比和我们更相似）的生活史做出贡献并且应该因此受到赞扬的动物父母，正如出现在本章开头的那只动物，我想称它为比萨鼠英雄母亲，尽管没有证据表明那只老鼠是母亲，更不用说英雄母亲了。吃一块相当于你体重两倍的比萨，虽然一开始像是个很有吸引力的挑战，但绝不是普通人会尝试的事情。对于老鼠来说，那块比萨中的热量（约 190 卡）是普通老鼠每天所需热量（60 卡）的三倍多。然而，如果我们将这个地铁站比萨小偷想象成一位母亲，那么她的英雄壮举就开始说得通了。人们注意到，制造哺乳动物是有难度的。那些皮毛真的需要付出代价，此外还有比普通昆虫复杂一些的大脑和内脏。归根结底，比萨鼠必须付出如此巨大努力的原因之一在于繁殖“昂贵”后代的基本能量机制。地铁隧道里的生活并不总是轻松——尽管她可能一次生下十来只幼崽，但其中半数活不到离开巢穴。谷仓蜘蛛夏洛和比萨鼠的繁殖策略，都是将自身能量用于使后代数量最大化，而不是在抚养后代上投资时间。老鼠如此繁殖是有道理的，因为它们必须在幼崽生长上的投资与损失一些幼崽的高概率之间做出平衡。由此产生的育儿方式如果出现在人类身上，肯定会引起社会福利部门的关注，但是对于我们的比萨鼠来说，这种方式是有道理的。老鼠的策略是频繁、短暂地怀孕，每次产下多只幼崽，而幼崽只需要生长不到两个月就可以进行繁殖。这种策略令老鼠数量呈指数级增长。

和蜘蛛不一样的是，我们的比萨鼠会在生产后留在幼崽身边一段时间，因为她的幼崽仍然需要一些养育，但是尽快转移并尽可能多地产仔符合她的利益。考虑到环境中能量的可用性和小小身体可以储存的能量多寡，以及动物在任何给定时间内的存活可能性的统计数据，我们发现老鼠的小巧体形、高死亡率、高出生率是对它们遭受的生物学和环境压力的合理反应。为了充分利用它们的老鼠幼崽，我们的这些毛茸茸的朋友希望能够以最快、最有效的方式让幼崽生长成为性成熟的老鼠，因为比萨鼠的宝宝在孕期结束时还没有完成生长。它们不像幼体谷仓蜘蛛那样刚一孵化就是能够产生蛛丝的完美微型成年个体。老鼠幼崽仍然没有发育完全，它们在出生后必须继续得到补给，直到通过母亲能够为后代提供的任何能量成长到可以自主生活，例如通过她吃掉从垃圾桶里拖出的一大块比萨之后分泌的乳汁。

与蜘蛛不同，比萨鼠拥有为自己的孩子提供食物的额外机会。她有乳汁，而且她花在养育自己幼崽上的时间是所有哺乳动物都会在童年时期获得的额外投资。这还意味着她必须比蜘蛛花更多的时间来照顾自己需要支持的后代。母亲在孕期可以投资多少与婴儿需要长到多大才能生存，两者之间的这种妥协就是幼鼠出生时发育不全的原因，用科学术语说，幼鼠是“晚熟的”（altricial）。晚熟物种出生时非常依赖父母——而晚熟哺乳动物出生时双目紧闭，并且缺少它们的皮毛大衣。通常必须将它们藏在某个地方——巢穴、树干、寄宿学校，直到它们能独立生存。晚熟物种的反面是“早熟”——想想长颈鹿宝宝刚出生时可爱的膝盖内弯冲刺，或者小蜘蛛在刚刚吃掉它们母亲之后晃荡着腿跑来跑去的样子。[1]

关于很早就能使用膝盖的幼崽和没有毛的幼崽，还有其他一些有趣的事情。如果可以的话，同时想象一下比萨鼠和她的孩子们在一起，以及一吨重的长颈鹿妈妈和她的孩子们在一起。这真的很难，因为老鼠很小，而长颈鹿非常大，并且动物界还存在一条几乎是法则的规律：生下来就能跑的早熟动物往往比生下来柔弱无助的晚熟动物更大。然而，我们这个物种虽

[1] 为儿童文学爱好者们插一句，像夏洛这样的谷仓蜘蛛并不是噬母动物（以母亲为食的动物）。

然比老鼠大得多，却仍然生下了毫无用处的婴儿。那么，这是怎么回事？生下来时像小奶猫一样柔弱无助到底有什么好处？生下来就能满地跑的缺点是什么？答案在于时机。

对于我们的老鼠宝宝而言，这段额外的依赖期有助于老鼠妈妈为它们弄来它们所需的能量并将这些能量喂给它们——她无法将能量全部储存在自己小小的身体中，所以她需要在更长的时间里将能量分发给老鼠宝宝，这正是它们困在巢穴里那么久的原因。虽然比萨鼠是纽约市地铁站里的大老鼠，体重可能有 300 克，但她体内装着共 60 克重的幼崽，相当于她自身重量的五分之一。现在这个数字以每个幼崽 5 克的分量分摊给一群老鼠宝宝——她没有生一个 60 克重的婴儿，而是将自己的赌注压在 12 个各重 5 克的后代上，但她无法为每次怀孕提供比 60 克更多的投资——她自己的身体也需要正常运转。到头来，她的孩子会很小，但数量更多，而且它们会生长得比较快。

相比之下，小长颈鹿出生时的体重超过 70 千克，不过当你的母亲有一栋房子那么大时，这个数字实际上并没有那么夸张。考虑到长颈鹿母亲的体重真的有一吨（实际上还可能再重一些，达到 1 350 千克），而且身高只比两层楼略低一点（比如 5 米左右），那么 2 米高的长颈鹿幼崽实际上达到了成年身高的 40% ~ 50%，体重的 20%。老鼠幼崽的体重不到其母亲体重的 5%。虽然这两种动物产下幼崽的总重量都占自身体重的 20%，但比萨鼠的多只存活后代将长成多只成年老鼠，而一胎一只的长颈鹿幼崽只会长成一只成年长颈鹿。对于生活在纽约市地铁站这个危险世界中的比萨鼠而言，对冲赌注和最小化投资是前进的方向。然而，对于一吨重的长颈鹿妈妈而言，在非洲稀树草原上生存意味着要不断迁徙，所以她会在孕期付出额外的努力，让她的孩子生下来就能跑。

让我们回到这个令人焦躁的问题：体形大小是不是真的重要。如果我们关注的是哺乳动物，那么根据普遍的经验法则，较小的动物（如老鼠）拥有“快速”生活史，而较大的动物（如长颈鹿）拥有“慢速”生活史。如果我们考虑到我们的小老鼠的起点（5 克）以及它们在六个月后必须长到多大（雌性老鼠大约 300 克，雄性更重），就可以看出这样的生长速度相当快。相比之下，一吨重的妈妈需要 15 个月的时间才能孕育出一个颈椎和膝关节已经可以使用并且能够蹦蹦跳跳的巨大婴儿，她还要再花 16 个月的时间来哺育这个婴儿，而成年期的到来还要再等几年。老鼠婴儿走的是快车道，而小长颈鹿无疑走在慢车道上，就实际投入的能量多寡而言，它们之间存在着令人难以置信的绝对鸿沟。然而，和我们缓慢而稳定的长颈鹿相比，比萨鼠必须提供更剧烈的增长。她不仅需要支持老鼠宝宝以指数级别增长，还需要比“慢速”动物花费更少的时间来做到这一点。难怪她选择那块比萨。

考虑到一只长颈鹿幼崽长到成年体形——这是它可以开始制造新长颈鹿的关键进化点——所需的成长量在比例上较小，“生来就大”的策略似乎是显而易见的赢家。认为生物体从长远来看喜欢长得更大的想法被称为柯普法则[4]，它表明动物在进化上都准备好尽量变得更大。这条法则说，随着时间的推移，恐龙变得更大了，哺乳动物、软体动物以及所有种类的动物都是如此。然而，你可能已经注意到了，事情并非完全如此。如今生活在你当地的恐龙——鸽子、乌鸦、麻雀等——实际上非常小，体重也很轻[5]。柯普法则的问题在于，长成更大的动物实际上需要更长时间。动物增加体重的速度存在纯粹的物理限制，这意味着即使老鼠宝宝在令自身体重增长数倍方面有很长的路要走，但它们能够比更大的动物更快地做到这一点，因为将能量转化成300克体重的老鼠比将能量转化为一吨的长颈鹿要容易得多。[1]

著名生物学家斯蒂芬·杰伊·古尔德（Stephen Jay Gould）认为，动物朝着超大型方向进化的整个理念更多地来自我们人类对“越大越好”这一思想的喜爱，而不是真实的科学，据此看来，柯普法则只不过是我们将自己的道德偏好施加到化石记录上的又一个例子。实际上，我们所有关于生长和发育的所谓“法则”都是有问题的。提供一个利落的公式来描述支配动物物种生长和发育的各种关系会让人感到安心，但事实是，我们仍然没有完全搞清楚到底存在哪些方面的权衡。20世纪70年代末和80年代初的计算革命激发了很多趋势，

[1] 这样可以方便理解体重差异：一只长颈鹿幼崽的体重相当于14000只老鼠幼崽。

其中包括学术界令人震惊地热衷于将相当简单的论断重新表述为复杂到令人费解，以至于根本让人看不懂的方程式。[1] 然而，只是拥有解释某件事情的方程式或者法则，并不意味着它就是正确的——否则火鸡将会有货运火车那么大，我们就不得不认真地重新考虑节日晚餐的食材。

如果生活像一系列以人名命名的法则那样简单，那么我们可以写下一条漂亮的等式，一端是蜘蛛，另一端是长颈鹿，然后再根据我们出生时的大小和我们计划长成的大小，推算出我们应该生长发育到什么程度。长颈鹿的怀孕时间长，出生时就能跑，体重是其最终成年体重的约 20%。相比之下，老鼠幼崽出生得很快并且柔弱无助，只有成年体重的 5%。如果我们人类出生时体重约 3.5 千克，并且最终长到 60 千克（大概数字——我们近些年来的体形开始有些膨胀），那么我们出生时的体重是成年体重的 6%，这个比例比长颈鹿这样活得慢的早熟动物低得多，只比老鼠高一点点。尽管我们的寿命比长颈鹿长得多，活得也慢得多，但这种情况还是发生了，所以我们知道在等式中一定存在别的东西，使我们人类的生活史是现在这样奇怪的状态。

不同物种生活史之间的差异在于对下一代进行投资的时机：何时将能量从上一代转移到下一代。我们必须考虑母亲

[1] 关于婴儿如何抵达最终状态的早期科学公式简直是用括号和上标过滤而成的字母浓汤。

可以储存多少能量、胎儿发育的速度、婴儿是留在巢穴中由母亲照料多年还是能够直接出去嬉戏——需要考虑的变量如此之多，因此难以预测跨物种模式。然而，有一些真实的生物学现象与动物婴儿的出生方式相对应：子宫内的生长速度、孕期长短、一次生育多少婴儿、母亲的体形，以及婴儿需要的依赖或独立程度。所有这些因素共同决定了让婴儿达到性成熟并有机会在进化中占得先机的关键投资额和投资时机。所有曾在地球上行走、飞翔、织网或者携带比萨的动物都提出了自己的生活史策略，来平衡活得快和活得慢的风险，而灵长类动物——眼镜猴（tarsier）、狐猴等有趣的大眼睛小家伙以及其他猴类和猿类（我们就属于猿类，无论我们多么试图淡化这一点）——也不例外。有所变化的只是对下一代进行投资的时间和方式。我们将这些投资阶段称为“生活史”：生命历程中出生、成长、繁殖和死亡的路标。

我们想要理解的是塑造我们生活史策略的进化压力：我们在每个阶段花费多长时间，以及我们的整体策略是霰弹枪式的还是沉着稳重的。因为存在如此众多的潜在进化压力，而且动物会对它们做出截然不同的反应，所以情况非常复杂。[1] 如果我们想要理解人类童年是如何产生的，我们需要将它与拥有相似生物学和环境背景的各种动物的可能性互相对照。我们需要知道我们曾经的选择是什么，为此我们将目光转向我们家谱中

[1] 以探索太空为例——顽强的微型缓步动物的反应是什么都不做，而人类则将播放着大卫·鲍伊歌曲的小汽车发射到太空中。

的狐猴、猿类和其他猴子。如果不同的生活史是不同投资策略的故事，那么我们想知道我们这个物种把钱投进了什么地方。

举例来说，可爱的倭狐猴和稳重的老红毛猩猩的生活史存在巨大差异。生而为倭狐猴，你在生活中的赢面并不大。大约一半的倭狐猴幼崽无法长大到可以繁殖，而那些长大到可以繁殖的倭狐猴在野外很少活到第四年。而红毛猩猩——在马来语中被称为“森林人”（ uraŋ hutan ）——如此普遍地被误认为是“森林老人”是有原因的，它们可以活到 60 岁甚至更久一点。几年前，珀斯动物园著名的苏门答腊红毛猩猩普恩（ Puan ）以 62 岁高龄去世，她一生中总共产下 11 只红毛猩猩幼崽。这是一项了不起的成就，因为大多数雌性红毛猩猩 15 岁左右才达到性成熟，而且在野外，它们的婴儿往往相差 8 到 10 岁。相比之下，雌性倭狐猴在她短暂的一生中只能进行几次繁殖活动；在她这个物种中，一胎两只幼崽是最常见的情况，即使按照这个标准计算，倭狐猴一生中生育幼崽的最大潜力也只有 4 只到 12 只——我们已经知道，其中一半会夭折。

对缓慢成熟的红毛猩猩而言，11 个后代和 4 个后代的对比似乎是相当明显的胜利。然而，这种缓慢的生长也是一种负担。如果普恩生活在野外，这 11 个婴儿更有可能是 4 个——假如还有野外供她在其中生活的话。在 60 年里为你的物种制造 4 只个体，这意味着与可在同一时间呈指数级增长的倭狐猴相比，红毛猩猩的增长数量少得多——人类学家保罗 · 哈维（ Paul Harvey ）计算出的潜在差距是，在大猩猩（繁殖速度同样缓慢）养育一代的时间里，可以制造出1000万只倭狐猴。目前，倭狐猴和红毛猩猩都面临着非常不确定的未来。栖息地遭破坏正在威胁马达加斯加岛——这些欢快的小狐猴的家园，而印度尼西亚的森林砍伐——大部分原因在于我们需要更便宜的棕榈油来为我们的加工食品添加油脂——也在将红毛猩猩赶出它们的家。长期以来习惯于高死亡率的倭狐猴生活节奏很快，这与生活在容易令幼崽夭折的不稳定环境中有关。然而，即使适应了快速的生活史，马达加斯加岛的所有狐猴物种都面临着环境破坏带来的灭绝威胁。如果这是倭狐猴所处的境况，你就更能轻易地看出生活缓慢的红毛猩猩面临的巨大危险，它正在遵循适应稳定环境的生活史路径，在这种环境下，对独生婴儿的多年投资很有可能收到回报。对于花费数百代的进化与其环境达到平衡的动物来说，在它们已经适应的环境中出现的骤然变化比灾难更糟糕——简直就是死刑判决。

人类在这个标尺上处于什么位置呢，个中缘由又是什么？在快速至慢速生活的广谱中，我们如何安排自身的位置，又是什么进化压力将我们放在那里的？人类婴儿不像刚出生的小老鼠那样晚熟或无助，但肯定还没准备好在稀树草原上漫游。我们最好不要以数百个完全体的形态诞生并立刻吃掉自己的母亲，因为像老鼠、小狗、麻雀以及所有其他动物一样，我们需要母亲。我们在自己后代身上做的投资是我们繁殖策略的重要支柱。我们在生物学和环境条件之间平衡，得到了一种非常具体的生活史模式，当我们在接下来的几章中对比我们以及与我们最像的动物的生活时，我们会逐渐将这种模式描绘出来。这种生活史解释了为什么我们的婴儿是这么大、为什么单胞胎比双胞胎多、为什么我们的婴儿睁着眼但毫无运动技能，以及为什么要花这么长的时间养育他们。它还决定了人类繁殖的频率、我们的繁殖寿命的起点和终点——以及为什么我们在繁殖寿命结束后还可以继续生活，这一点不同于许多其他动物。至关重要的是，它还为你和我即将进行的讨论提供了一种方式，用于谈论我们在如何投资我们的孩子（即我们如何养育我们的新人类）这个方面做出的选择。

译注

1. 卡莉·西蒙，美国著名女歌手。她 1972 年发布的热门单曲《你自负至极》（*You Are So Vain*）中有一句歌词是“你自负至极，我敢打赌你认为这首歌就是在讲你。是吧？是吧？是吧？”。
2. 乔尼·米切尔，加拿大著名女歌手。她的歌曲《伍德斯托克》（*Woodstock*）中有一句歌词是“我们是散落的星骸，但依旧各自灿烂；而我们终究回归，那片太初的花海”。
3. 詹姆斯·迪恩，英年早逝的美国传奇影星，因超速驾驶死于车祸，年仅 24 岁。
4. 柯普法则（Cope’s rule）由美国古生物学家柯普 (E. D. Cope) 于 1871 年提出。
5. 鸟类是兽脚亚目恐龙的直系后代。

两只小猴子在床上跳：制造更多猴子

03

两只小猴子在床上跳，

一只摔了下来，撞到头，

妈妈打电话给医生，医生说：

“不要再让猴子在床上跳！”

孩子从哪里来？人类想出了很多委婉语、隐喻和彻头彻尾的谎言来描述我们的繁殖过程。在你自己还是个孩子的时候，你可能会被告知，婴儿是由鹳带来的[1]，抑或是来自桃子里面或者出现在卷心菜下面。这显然是无稽之谈，但是如果我们希望了解我们的童年最终是如何变成现在这样的，那么传声头像乐队（Talking Heads）[1] 向我们所有人提出的问题很重要——我如何来到这里？正如我们在比萨鼠身上看到的那样，

---

[1] 实际上，鹳类数量和人口数量之间存在很强的相关性（$p < 0.008$），这就是为什么你应该对 p 值极为谨慎的原因。对鹳可能也应该这样谨慎。

儿童和他们的童年会根据许多生物因素（例如体形和生长轨迹）呈现出不同的形态。然而，对于决定我们将度过什么样的生活史的诸多因素，还存在另一个维度，它让我们超越了大部分动物界成员简单的“大，长大”的本性：我们的生物学特性是通过我们的行为介导的——受到行为的支持和取代。甚至在我们进入童年之前，必须先有一系列行为让我们到达那里，而第一号行为就必须是繁殖。这是简单的生物过程[1]，但我们进行繁殖的方式是塑造我们童年的重要组成部分。

如果说蜜蜂、鸟类和更具学术头脑的跳蚤也是如此，那我们为什么要从繁殖中寻找有关人类社会进化的信息呢？事实证明，即使是制造新人类的过程也是我们通过我们的社会习得文化视角所做的事情。在上一章，我们讨论了地球上的生命可以采用的不同总体策略，分别是缓慢稳定的生活史类型和将所有鸡蛋放进一个篮子里的生活史类型。人类的生活史很显然是缓慢的，我们繁殖少量昂贵的婴儿——下文将详细论述这一点，然后必须抚养它们。但我们是如何做到的呢，你很有科学精神地问道，因为这是一本关于人类进化的书，而不是《大都会》杂志[2]；首先，你是如何决定生下一个拥有缓慢生活史且需要照料的人类婴儿的？虽然看起来和任何生物相比，安排制造一个人类婴儿所需要做的事情要多得多[2]，

[1] 哈。哈。哈。尴尬而不失礼貌的笑声。

[2] 我还没有观察到玄凤鹦鹉尝试玩 Tinder，不过我并没有排除这种可能性。玄凤鹦鹉是非常虚荣的鸟。

但是从鸟类到蜜蜂再到你，很多基本原则是一样的。一方拥有大配子（卵子！），另一方拥有小配子（精子！）；双方都必须以某种方式平衡自身需求与这些配子的存在，并使其发挥作用。

抛开关于蜜蜂社会组织和现代工作实践的延伸类比不谈，我们自己社会组织的几个方面令我们的繁殖模式截然不同于我们嗡嗡作响的朋友。一方面，我们是哺乳动物，因此往往不会将生产物种新成员的工作全都推到一个重要雌性的身上，同时将大批人口置于“无性工蜂”的境地。[1] 当然，一个物种的繁殖有多种可能性，从某些种类的鲨鱼和蜥蜴的孤雌生殖（童贞产子）到有性繁殖，后者最终产生的不只是后代，而是能够从卵子中提取遗传物质并制造克隆的科学家后代。人类通常追求的东西——就目前而言——比克隆羊多莉要简单一点，它实际上是相当普通的有性繁殖，而且非常符合范围更广泛的灵长类动物行为。尽管这个范围很广泛——非常、非常广泛。[2] 当我们谈论人类进化时，很重要的一点是要记住，我们认为的“正常”是由我们的文化定义的，而不是生物学特性决定的。性是社会性的，一个物种的繁殖确实往往归结于性。那么，让我们看看我们面对社会时做出的选择：如何进行繁殖的规则。

[1] 是的，是的，你说得对。谢谢，很欣赏你的幽默感。

[2] 不如企鹅广泛。维多利亚时代的人们对他们在南极企鹅身上观察到的同性恋和恋尸癖惊骇不已，以至于对他们所做的探险笔记进行了出版审查。

对于几乎所有接触过关于人类生活的特定叙事的人而言，他们往往坚定地相信人类繁殖以两个拥有不同且绝对二分的生物学性别的个体为中心。这是人类在许多不同的时间和地点告诉自己的叙事——从花园、蛇和苹果轮番登场的千年故事到如今的纳税申报表都是如此，如果你符合配偶关系的特定法律定义，就会在纳税申报表上的一个方框里打钩。“核心家庭”（nuclear family）被视为人类这个物种的理想繁殖单位，但这个短语其实只有大约100年的历史，而且直到最近才被认为是或多或少由工业革命产生的一种群居方式。很多社会历史学家认为，在现代经济发展之前，大多数人生活在世代和关系的组合中——例如，同胞兄弟和他们的妻子组成的群体，或者如今仍然流行的祖母在家的情况。然而，我们现在知道，在我们这个物种的悠久历史中存在各种安排生活的方式，所以这就引出了一个问题——现在的规范（无论它是什么）是我们在进化中要做的事情吗？我们是否天生是银背大猩猩（并且/或者拥有多个毫无话语权的后宫成员），还是进化将我们安排成对的？核心家庭是不是所有人类的进化终点，又或者我们需要更大的亲属群体才能在这个世界上生存？在生产孩子和决定我们童年的性质方面，我们的社会制度产生了哪些更大的影响？

鉴于许多可用的交配策略的进化，我们应如何理解人类的繁殖策略——假设我们能弄清这些策略是什么？首先，我们可以审视生物学方面。人类繁殖的生物学显然是不对称、不平衡的。我们这个物种的有性繁殖对女性提出了很多要求，占用了她们相当多的时间和精力。而男性嘛……你懂的。这种精力付出上的差异令不同的繁殖策略对于不同的父母而言更成功或者更不成功。女性只能生育一定数量的孩子，这个数字取决于她们生育年龄的时间长度除以怀孕和之后为婴儿哺乳的时间长度，当然还取决于任何其他从中发挥作用、令她们足够健康从而可以怀孕和保持怀孕能力的因素。对于人类的生物学特性，存在这么一种可怕的工业化农场般的情境，甚至可以让反乌托邦幻想家玛格丽特·阿特伍德[3]感到不寒而栗，那就是在三十年有生育潜力的时间里，每年尽力产下一个婴儿。这些数字从未在现实中实现，乐观的原因是存在一定程度的女性选择权，悲观的原因是这种程度的生育很可能会将你杀死。然而，只要有机会，男性能够拥有近乎无限数量的后代。我们还没有生活在《使女的故事》中的世界，原因在于我们的行为模式，后者决定了这实际上并不是制造一批又一批成功新人类的很理想的方式。但我们是怎么来到这儿的？线索就在我们差异巨大的配子之间无休止的竞争中：谁在什么时候投资，投资多少。

最大的投资是，嗯，变大。事实证明，尺寸的确重要——有时如此。性别二态性——同一物种中雄性和雌性在体形或形状上的差异——在那些雄性彼此竞争以赢取雌性青睐的灵长类动物中最为显著。雄性更大非常具有哺乳动物特色，这与动物界大部分成员的模式有些相反，后者的雌性通常比雄性大；这被认为是哺乳动物中的雄性竞争导致的性选择的结果。既然竞争是整个动物界都采取的策略，那为什么只有哺乳动物的雄性应该为了配偶而竞争并因此变得更大呢，这一直让我感到困惑。也许不是雄性长得大，而是雌性长得小，因为它们必须将自身能量转移给下一代。然而，大多数整体性理论坚持认为，表现为雄性竞争性交配策略的性选择是雄性哺乳动物比雌性长得更大的原因。也许问题在于我们选择测量什么指标——认出在稀树草原上相互吼叫的狒狒，肯定比量化枯燥乏味的狒狒幼崽孕育和哺育工作容易得多[1]，然而这并不意味着其中一项对繁殖适应度有影响而另一项毫无影响。

不过，让我们回到那些坏小子狒狒身上——特别是它们巨大的尖牙。雄性狒狒常常用牙齿击退对手，其犬齿大小可以是雌性狒狒犬齿的400%，因为后者不需要经常和任何动物打斗，她只需要用牙齿吃草，偶尔吃些小昆虫。[2]相比之下，人类的尖牙只有7%的大小差异——在足够广泛的人群中，就连这一差异也相当微不足道。[3]无论我们的审美产业试图告诉你什么，我们在身体的任何部位上都不是性别二态性极为明

[1] 任何曾怀孕或哺乳的灵长类动物，都不太可能对求偶中的雄性狒狒“常常看起来筋疲力尽”这一观察结果报以多少同情。

[2] 如果你能看到狒狒的牙齿，你最好考虑溜之大吉。赶紧的。人类是唯一通过“微笑”示好的猿类，即便如此，也只是在某些情况下。

[3] 我有一个由来已久而且完全未经科学检验的理论，即过大的犬齿是吸血鬼和大卫·鲍伊的性魅力背后的原因之一。当然，除了这一点，还有着装品位。

显的物种。但有些灵长类动物是——而这会让它们付出代价。像狒狒这样的“武装雄性”会因为使用这些牙齿打架而受伤，山魈、猕猴、大猩猩和其他大型雄性物种也是如此。除了长出更大的牙齿、鲜红的鼻子或者只是整体更大的体形所需的额外能量外，这些雄性还必须找到足够的能量用于配偶竞争。有证据表明，交配期会让一些雄性灵长类动物进入真正的生理压力状态——如果你的眼睛只顾着盯住女士们，这肯定无助于增加你在豹子袭击中存活下来的机会。一只因为交配、试图交配或者守卫自己的配偶而精疲力竭的树栖猴子处境危险，更有可能变成一只突然不在树上生活的猴子。

当然，对繁殖的身体投资并不局限于牙齿。毫不令人意外的是，生殖器官本身也受到一些适应性压力的影响，以至于可以在具有不同交配模式的灵长类动物中观察到不同的生殖器大小模式。例如，黑猩猩的睾丸相对于它们的体形来说是巨大的——阴囊和身体的平均重量分别约为118克和44千克，即阴囊重量相当于体重的0.2%。有人认为，这是因为黑猩猩需要大量精子才能让自己的遗传物质有参与战斗的机会，因为雌性黑猩猩通常会与大量雄性交配，因此很可能存在大量相互竞争的精子。对于黑猩猩而言，将自身生长发育的能量用来生长更多产生精子的组织是合理的策略——对于狒狒、猕猴以及其他可能有多个雄性与一个特定雌性交配的灵长类动物来说也是如此。倭狐猴是这一类别中的灵长类动物冠军——这种小巧的原猴亚目动物只有松鼠大小，体重仅280

克，但它们的睾丸体积约为 15 立方厘米——相当于一个人类男性有葡萄柚那么大的睾丸。“抢夺竞争”的交配策略导致精子竞争，而这意味着雄性更大的睾丸，以及更善于或更不善于坚持的精子。在雌性中，这还可能意味着在特定时间进入发情期，从而缩小繁殖窗口并增加这些雄性的压力。并且可能促使所谓交配栓的形成，交配栓是雌性采取的一种策略，用于将一些精子物理密封在里面——并将任何额外的精子排出。

抢夺程度较低的交配系统呢？对于只有一个雄性的交配系统，例如大猩猩及其后宫，睾丸大小和体形的比例要小得多：170 千克重的银背大猩猩身上只有区区 30 克的睾丸（体重的 0.02%）。一夫一妻制似乎也会产生小睾丸。长臂猿是猿类但不够大，不能和我们如此喜欢的黑猩猩、红毛猩猩或大猩猩一起归入“大猿”（great ape，又称类人猿），它们是很棒的小型灵长类动物，雌雄配对生活，每 5.5 千克的体重携带约 5.5 克睾丸，相当于体重的 0.1%。人类呢？嗯，我们的睾丸并不大——对于体重 65 千克的普通人来说，睾丸重量只有 40 克，占体重的 0.06%。如果你仅仅根据睾丸大小来确定我们在灵长类交配策略曲线上的位置，那么我们就处于单雄交配系统和配对一夫一妻制之间。

睾丸大小并不是透露交配系统内情的唯一指标。动物生殖器必须会根据繁殖环境适应传输和接受生殖材料的任务。阴道和阴茎[1]还会对适应性压力做出反应，两种器官的形状和大小都会发生变化，以最大限度地实现拥有后代（对于雄性）或有价值后代（对于雌性而言）的潜力。我们对阴茎的了解相对较多，希望这是因为它更容易观察，而不是因为它是某种四处对猿类和猴类进行解剖学调查的类人灵长类动物的近乎病态兴趣的对象，但应该记住的是，对于每一种进化出来的新阴茎凸缘，该物种的雌性都必须有所反应——而且这种反应符合她的进化优先事项。灵长类动物的阴茎，或“体内求爱装置”，并没有实现动物界中的千姿百态——例如不像古怪到令人惊奇的野鸭那样拥有形似螺旋开瓶器的阴茎[2]，但是也存在和交配策略相关的长度和形状差异。在灵长类动物中，阴茎越复杂——增加了阴茎刺[3]、复杂的末端、阴茎骨和额外长度，就有越多的交配竞争可能发生在雌性的体内；复杂的阴茎是为了确保抵达卵子的是既定动物的精子，而不是已经与雌性交配过的任何其他雄性的精子。这被称为“隐秘雌性选择”，这是一种对雌性生殖道的奇怪概念化（字面意思），将其视为一个黑匣子，许多精子进入其中，只有一个赢家能够脱颖而出。

在学术和非学术背景下都有人假定，和其他灵长类动物相

[1] 或者说阳具。或者，如果你特别热衷于尽可能在这方面使用科学术语，可以说“插入器”（intromittent organ）。

[2] 在这里要特别提到朱尔斯·霍华德（Jules Howard）的书《地球上的性》（*Sex on Earth*），以及他在现场演讲中的一些有教育意义的时刻，真的很令人难忘。

[3] 是的，你没看错。

比，人类拥有相对于体形来说相当大的阴茎。正如上文所述，更大、更复杂的阴茎说明对配偶的竞争是我们进化中的一项重要因素。然而，尽管人类可能不这么认为，但我们的阴茎没有什么特别的。在长度方面，我们排名前十五，并且在周长方面表现出色，但总体来说，人类阴茎也许是最基础的灵长类动物阴茎之一。我们缺乏多配偶制灵长类动物的阴茎刺、复杂的末端、阴茎骨和长度。人类男性甚至不如那些重度依赖精子参与竞争的雄性灵长类擅长产生精液或精子。人类精液过于稀薄，无法阻碍竞争对手。另一方面，黑猩猩的精液非常黏稠，可以阻挡其他竞争者的遗传材料。

交配频率也不是人类的强项，与竞争程度更高的灵长类动物相比，人类的每小时交配次数更少，精子水平也在下降（两到三次射精后下降 85%），而黑猩猩在射精大约 5 分钟后就准备好再来一次了。甚至交配所需时间也受到进化压力的影响。不仅更长的交配时间，或者双方被锁定在一起的交配形式，被认为有助于阻止竞争雄性遗传物质的进入，而且环境也可能是贡献因素。和容易因为在交配中分心而成为猎物的陆地物种相比，树栖物种的交配时间更长——丛猴（galago）可以花整整一个小时，红毛猩猩则持续约 14 分钟。而在金赛关于性行为的报告中，人类男性的平均时长是 2 分钟。这些都说明人类最近没有竞争激烈的多雄交配系统的进化史。[1]

[1] 也说明人类最近没有在树上生活很久。

灵长类动物中的雌性选择权是一个相当令人沮丧的话题，无论你看的是《灵长目学报》（*Folia Primatologica*）还是报刊八卦版。人类学家凯瑟琳·德雷（Catherine Drea）在最近的一篇综述中解释说，很大一部分原因在于自达尔文以来，没有人能够真正想象掌握自己性生活的女性会是什么样子。在20世纪40年代，我们通过观察果蝇的性行为认识了性选择是什么，并使用功能生物学术语描述了我们的发现。雄性果蝇的繁殖成功率差异很大，这意味着对繁殖潜力的任何额外提升都会真正增加你的遗传物质进入下一代的机会。这背后的理念是，雄性用于打动雌性的投资是最关键的进化行为，而相当不简单的生物学家罗伯特·特里弗斯（Robert Trivers）[1]着眼于谁必须在生孩子这件事上付出最大的努力，对灵长类动物的此类行为做出了规范化和形式化的解释。廉价的精子和昂贵的卵子——以及怀孕和剩下的一切——被阐述为一场持续的冲突，雄性无时无刻不在试图交配，而雌性总是尽量挑剔。其实，适用于果蝇的并不适用于雌性灵长类动物。我

[1] 罗伯特·特里弗斯的职业生涯很有趣，这只是最轻描淡写的说法。在对灵长类动物的性选择进行了一项具有重大影响力的研究之后，他成为最一流的研究人员，并吸引到臭名昭著的儿童猥亵犯杰弗里·爱泼斯坦（Jeffrey Epstein）的注意。虽然特里弗斯批判了爱泼斯坦对未成年少女的性掠夺，但他仍然发表了这样的言论："当她们14或15岁时，她们就像60年前的成年女性，所以我不认为这些行为有那么丑恶。"这是胡说八道，而且是阴险的、非法的、性剥削的胡说八道。虽然事后承认自己这样说是严重的错误，但这家伙还是说过这样的话，而我要把这些话留在那里，好让我们想想顶级的灵长类动物性研究是在什么环境下开展的。

们必须摒弃这样一种想法，即雄性被选中的唯一方式是通过某种猴子综合武术终极交配大赛。

灵长类动物拥有复杂的社会生活，这表现在有雌性的繁殖策略中——终于被研究人员屈尊观察到了。雌性灵长类动物并不总是为了繁殖而发生性行为——例如，倭黑猩猩以利用性行为进行社交而闻名。性在相当大的程度上是一种社交行为而不是进化的固有生物学工具，这让早期研究人员感到震惊，他们认为在两只年轻的雄性倭黑猩猩身上观察到的首次同性性行为之所以会发生，完全是因为它们被关在动物园里。[1] 原本期待看到一个占主导的雄性和一个顺从的雌性，或者可能是雌雄平等配对，结果发现倭黑猩猩实际上很乐意利用自己的任何部位和任何一种性别亲密接触，这迫使灵长类动物学——以及世界的其余部分——重新思考关于性什么才是“自然的”。倭黑猩猩的性并不总是和繁殖有关——它们利用性在打斗后冷静下来，结交朋友和维持友谊，以及打发无聊的时光。换句话说，倭黑猩猩和许多其他灵长类动物一样，拥有“交际”性行为——社交性行为，可以巩固联盟、制定等级并普遍行使各种不涉及怀孕的功能。

一些雌性灵长类动物——例如人类女性——在“出于其他原因发生的性行为”这一类别中更进一步，发展出了“隐

[1] 在这里，有趣的弗洛伊德式问题是，什么样的生活经历会让人们认为动物园会导致同性性行为。

秘排卵”，这意味着没有人（包括她自己）知道她什么时候是可育状态。这进一步将性从繁殖中解脱出来。许多物种通过一系列听觉或视觉信号响亮而清晰地宣布发情。例如，一只母猫在有限的时期内发情，需要在正确的时间吸引追求者[1]4，因为除了交配行为之外，公猫和母猫之间真的没有任何互动的理由。对于大多数灵长类物种而言，可以从生殖器周围的明显肿胀或颜色变化中看出“正确的时间”，而在另一些灵长类动物中，变化则细微得多，例如面部肤色微微变红，或者一些烦躁的小变化如社交行为和气味等。从猕猴到狒狒再到黑猩猩，几种猴子的鲜红色臀部是常见于其他灵长类动物的相当明显的可育视觉信号的一个例子。这些变化伴随着决定排卵或可育窗口何时出现的激素周期，在大多数灵长类动物中，这似乎说明向外宣告可育高峰时刻是让自己怀上孩子的方式。

排卵期的人类女性会表现出让人很难分辨出来的细微变化，例如和东非狒狒相比，后者肿胀的生殖器可以达到其自身体重的14%。[2] 我们为什么决定隐藏自己的可育状态，这在学术界引起了大量争论。有人说，让排卵期保持神秘是一种让亲子关系同样神秘的方式，这样也许可以让你的后代免遭

---

[1] 如果你听过发情母猫的叫声，你就会明白为什么英语中专门用一个独特的词“caterwaul”来描述它。

[2] 当然，除非人类女性愿意每天测量阴道体温。考虑到蓬勃发展的可育性测试和追踪应用程序及产品行业，我们很显然为此做好了准备——重新思考一下隐秘排卵的智慧吧。

想要扫荡巢穴的杀婴雄性的伤害，尽管认为灵长类动物理解杀婴这个概念的整个想法仍然存在问题。至少有一种说法认为，人类女性进化出隐秘排卵，所以她们看起来总是可育的，当我们处于惯用的双足直立姿态时，我们醒目的肥胖无毛的臀部是在模仿其他灵长类动物的性肿胀。[1] 反对这一点的人说，当我们开始站起身时，我们就不再明示我们的可育性了，因为站立会隐藏我们的生殖器。欢迎来到进化人类学的世界，在这里一切都有合理的解释——如果你愿意，也有一些不合理的解释。

现实情况是，虽然人类女性在排卵期只有轻微的身体迹象——体温变化和皮肤发红，但情绪和行为却有更显著的变化。毫不奇怪，女性的行为可能是生育策略的重要组成部分。有一项研究调查了女性在她们的生殖周期对其伴侣和其他男性的感受，结果发现女性在排卵期似乎并不那么喜欢自己的伴侣。人类女性也不将性行为限制在她们可以受孕的时间。实际上，关于灵长类动物的主要问题之一是，为什么雌性将时间浪费在非生殖性行为上。其他动物懒得这样做，而且考虑到所涉及的能量和麻烦，以及攻击性伴侣和其他灾难的风险，这是一种足够可疑的行为。然而，通过在整个生殖周期中保持性接受能力并隐瞒何时真正能够生育——并且开始喜

[1] 然而，我们大部分时间都用臀部来坐着，而用臀部进行性展示的东非狒狒就很可怜了，它们在排卵期坐下时会很不舒服。

欢其他雄性，她们可以为自己争取到更好的机会来扩大后代基因池，这一点要么是通过与数个雄性交配实现的（后者将不能放手杀害任何潜在后代），要么是通过巩固将有利于母亲的关系实现的。滥交雌性的性行为甚至可能耗尽所有可用于生育新婴儿的精子，自己囤积所有宝贵的配子资源，同时确保其他雌性没有后代。

雌性灵长类动物的交配策略多种多样：从不显露排卵迹象，到挥舞着粉色或肿胀生殖器与任何其他同样试图用广告招揽男友的雌性直接竞争，再到有可能的精子囤积。除了竞争性广告，雌性还可能联合起来影响交配策略。例如，那些四处留情的雌性倭黑猩猩会一起支持她们最喜欢的雄性，形成联盟来决定或打破主导地位和交配成功。

雌性竞争策略还有其他途径，其中最有趣的途径之一是对所谓"交配叫声"（雌性灵长类在性行为中发出的声音）的不同用法。这些声音可以用作对她伴侣的激励——某些猕猴交配的叫声决定了射精的时间，或者起到吹嘘的作用，让周围的所有人都知道她有多开心。虽然对灵长类动物来说听上去像是一种奇怪的动机，但当雌性黑猩猩与地位高的雄性（这样的交配对象对母亲和潜在的婴儿都更有好处）在一起时，她们的叫声更大。然而，如果其他雌性在观看，她们保持沉默的可能性会大得多，这很可能是为了缓解任何潜在雌性竞争的攻击性。几乎在任何时候都可以和任何其他倭黑猩猩交配——或者至少进行性游戏——的倭黑猩猩也会根据社交情况改变发出的声音，和某些伴侣交配或者进行某些类型的性行为时声音更大。在某种程度上，灵长类动物的性噪声已经成为我们社交工具的一部分，所传达的内容远远超过生殖交配的事实。有可能最开始正是我们祖先复杂的性政治令语言变得必要，尽管我们的解剖结构似乎表明我们在性方面的竞争强度并不高。我们拥有一夫一妻制物种的所有特征——真的是这样吗？

译注

1. 传声头像乐队，1974 年组建的英国摇滚乐队。该乐队 1980 年发行的歌曲《一生一次》(*Once in a Lifetime*) 中有一句歌词是“你会问自己，嗯……我如何来到这里？”。
2. 《大都会》(*Cosmopolitan*)，创办于美国的国际知名女性杂志，因向年轻白领女性介绍流行时尚、探讨当代两性关系而闻名遐迩。
3. 玛格丽特·阿特伍德（Margaret Atwood），加拿大小说家，国际女权运动在文学领域的重要代表人物。阿特伍德 1985 年创作的反乌托邦小说《使女的故事》令她一举成名，该小说也被改编为电视剧集。
4. caterwaul 作为动词，意为猫叫春；作为名词，意为猫的叫春声。

青蛙求爱记：一夫一妻制有多怪

04

青蛙找恋人，坐上坐骑就出发，哼，哼，
青蛙找恋人，坐上坐骑就出发，
宝剑手枪挂身上，哼，哼。

所有动物都有自己的策略，来决定应该如何对下一代进行第一次投资。这些都被固化为关于繁殖的规则，或者说“交配系统”，它们构成了动物的行为和社会。灵长类动物的社会结构是由群体规模、雌雄比例、长期或短期联系等令人眼花缭乱的组合构成的；这意味着我们最终可能会得到一个银背大猩猩父亲，或者背着你走路的父亲，甚至我们也会拥有自己的亚当、夏娃和纳税表格。人类学家使用“社会组织”一词来定义组成灵长类动物生活内部组织形式的各种互动，比如你为谁梳理毛发，以及你和谁生活、交配或者以其他方式和谁打交道。灵长类动物的“社会结构”差异很大，从隐士到派对动物都有。社会组织——你的朋友是谁——也是多种多样的。社会生活的基本结构和我们的繁殖模式紧密地联系在一起，锁定在一个反馈循环中。

那么，在构建一个灵长类动物社会时，都有哪些选项呢？灵长类动物的社会结构存在数量多到令人印象深刻的潜在配置。成年雄性可能是独居单位，或者季节性独居单位，或者在达到一定年龄后是独居单位；可能是有亲缘关系的雌性搭配没有亲缘关系的雄性，没有亲缘关系的雌性搭配有亲缘关系的雄性，或者雌雄双方结成单一的繁殖伙伴。一群雌性搭配一个雄性很常见，多个雄性和多个雌性组成的群体同样常见；在较大的群体中，可能会基于同胞关系、雌性团结或年龄团体形成较小的群体。你可能过着一对长臂猿的生活，几乎不能容忍邻居的存在，或者你可以将自己的家庭问题减少一半，像红毛猩猩一样生活，在婆罗洲的雨林里闲逛，可能偶尔带着一两个孩子，但在其他时候快乐地独自生活。我们还有山魈，它们是非常漂亮的旧世界猴子，生活在由成年雌性和儿童构成的某种元群体（meta-group）中——偶尔有多只或单只流动雄性加入，创造出非常庞大的群体，包含大约 700 只山魈。不太常见的是第三种灵长类动物社会结构：成对生活。只有大约 10% 到 15% 的灵长类生活在这样的小型群体中。

在谈到灵长类动物生活的社会组织时，有一组全新的变量。和你共同觅食的未必是和你共眠的，和你共眠的未必是和你生孩子的。婴儿可能由非父母的雄性（或雌性）照料，也可能被它们杀死；婴儿可能因为父母的地位活下来或死去，也可能像团队项目一样得到群体扶持。后代可能长到成年然后和母亲生活在一起，或者去寻找新的群体；它们可能独自或成对穿梭于自己姐妹或其他亲戚的领地内，或者花一半时间偷偷溜出去寻找新的配偶。毕竟，这是个狂野的世界。但是对于灵长类动物生活的这些充满差异的解决方案意味着什么呢？特定的群体规模或者和母亲一起生活的倾向如何告诉我们哪些环境或适应压力塑造了我们的交配方式？正如你可能想到的那样，特定群体的组织形式会影响交配系统——而交配系统决定了哪些婴儿能够存在——以及谁能成为父母。尽管灵长类动物负担着使用两种生物性别进行有性繁殖的任务，但它们仍然热情地抓住了为多样性和创造性留出的非常有限的空间。灵长类动物中有不少多配偶制的交配系统，其中有一个地位高的雄性或地位高的雌性，统领着一群居于从属地位的后宫——例如狨猴（marmoset）的“女族长”，如果她收获不止一个雄性，就会停止一夫一妻制，变成一妻多夫制（polygamy）。一妻多夫制描述的是单雌多雄的交配系统；一夫多妻制则是指单雄多雌。你可能听说过一夫多妻制，因为它在某些智人圈子里仍然很流行[1][1]，但实际上这些策略可以通过多种方式存在于灵长类动物中。在恰如其名的“抢夺多配偶制”（scramble polygyny）中，独居的雄性疯狂地四处

---

[1] 即便如此，这也不一定和你看的《我的妻子们是好姐妹》（*Sister Wives*）是同样的情况。丈夫有时获得额外的妻子以减轻年长妻子的劳动负担。而且多个丈夫的情况也比你想象的多得多。

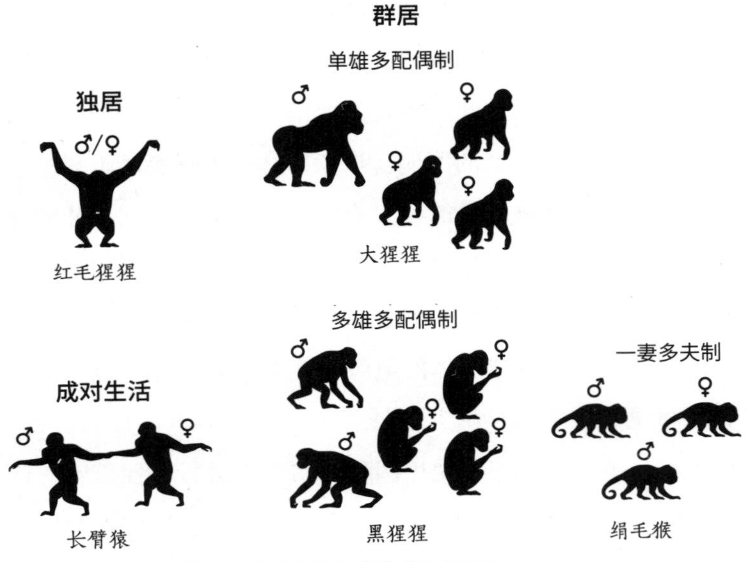

图 4.1. 灵长类动物可以采用多种方式形成社会群体

寻找符合条件的雌性，到处一夜（或者 10 分钟）留情。到处乱搞仍然比竞争性更强的雌性防御或雄性守卫策略好，在后者中，雄性会尽最大努力阻止其他雄性与它们守卫的雌性交配。然后还有“偷摸交配”，仍然是雄性偷偷行动，只不过这次是躲在更具社会支配地位的雄性后面。正如我们在前面看到的那样，直接竞争策略对雄性是危险的，而且代价高昂——一方面，它们需要避免受伤死亡，另一方面，它们必须长得足够大才能在竞争中获胜。

在灵长类动物社会中，不是每个个体都有平等的生育机会。交配系统的类型从雄性垄断到雌性垄断都有，而且就像任何垄断一样，既有赢家也有输家。银背大猩猩也许是雄性大猩猩独占所有雌性最著名的例子，而且有趣的是，银背大猩猩长期以来还被用于隐喻人类雄性的竞争，尽管在所有现存猿类中，我们这个物种可能最不像这种笨重的素食主义者。[1]2 拥有混合性别群体也不意味着光荣的平等主义交配实践。占主导地位的动物可能仍然会到处示威，拒绝让不那么出色的邻居有机会交配。即使在成对生活更常见的物种中，仍然不能保证某一个体被压迫并赶出基因池。以看似可爱且无害的狨猴为例，这种耳朵毛茸茸的灵长类通常被视为终生只与一个伴侣交配的典范。然而，对于我们的小脸朋友而言，一夫一妻制天堂中的生活并不完全像外界看起来的那样。[2]3 即使有许多雄性和雌性生活在一起，一个群体中也可能只有一对配偶交配，因为一只雌性首领狨猴会使用腺体分泌物和暴力这对不友善的组合来抑制所有其他雌性竞争者的生育能力，从而维持自己的繁殖优势。这可不是亚当和夏娃。

因为灵长类动物学曾经在很长一段时间里都是男人俱乐部，所以我们想到的大多数繁殖策略都以雄性为主导，要么与其他雄性竞争，或者“偷偷摸摸”绕过更强势的雄性，接触到自己本来配不上的雌性。你可以看出，将这些策略拟人化是多么容易，而真的让人感到很奇怪的是，我们很少听说

[1] 除了我在北伦敦的所有邻居。

[2] 狨猴的样子就像有人将一只普通小猴塞进伊沃克人的服装里，然后用电吹风吹干。

雌性主导的策略是如何进化的，例如隐秘受孕或配偶选择（或者从臀部分泌抑制生殖的信息素），尽管其中的一些非常明显地被人类采用。但是在人类学令人兴奋的早期阶段，我们似乎完全可以肯定，通过仔细研究现存灵长类动物的行为并将其解释为“我们过去的行事方式”，并将我们所做的任何不同的事情称之为“进化”，我们就能确定一切事物的进化基础。一切都可以得到简单而实用的解释。

据说，我们那些习惯于独来独往的表亲——例如眼球凸出得惊人的眼镜猴——是为了避免引起骚动，因为它们的生活方式是在夜间爬行、躲避捕食者和寻找食物。它们可以过自己奇特的配对生活。相比之下，我们更喜欢群居的灵长类亲戚被认为是通过“以数量保安全”的策略避免被豹子捕杀。功能和环境因素可以解释灵长类动物生活的方方面面：资源匮乏的环境只能喂饱这么多灵长类动物的嘴，但是存在更多寻找食物的灵长类动物的眼睛，所有这些因素进一步影响群体规模和对由此必须建立起来的社会组织的适应。对于威风凛凛的山魈，这意味着战争。

诡计多端的灵长类动物需要结伴以提供保护——那些在热带稀树草原的边缘游荡的山魈，如果没有它们的群体来保护它们，将会是大型猫科动物的腹中之物；但是对于跑来跑去的猴子们的庞大数量，需要使用某种交配策略加以应对。受过文化熏陶的人类科学家认为竞争是自然的，而增加群体规模则是为支配和等级行为大开绿灯，因此在他们看来，山魈很显然必须想出竞争程度远高于简单的眼镜猴配对关系的交配系统。事实上，山魈确实会争夺配偶。恰如其分地称为抢夺交配系统的发展意味着山魈为了与雌性交配的权利相互打斗。在进化发育的过程中，这些极具攻击性的雄性对山魈的家庭生活造成了巨大的破坏，因此必须被放逐到社会边缘，直到需要它们参与交配，如此反复，由此看来整个山魈社会对雄性性犯罪者的解释奇怪到令人毛骨悚然。这里是我们必须小心的地方。雄性山魈的凶残气质令人印象深刻，就像它们鲜艳的红紫色臀部一样。但是，和不得不将雄性山魈拒之门外相比，同样有可能将山魈社会解释为是通过最有效地分配女性照顾以及社会关系来调节的。当我们讨论交配系统和支持它们的社会时，我们必须记住，交配比男人更重要——无论我们的文化偏见怎么说。

对灵长类动物社会中雄性主导地位的讨论大概是任何人类读物开始让人产生一种熟悉感的地方。人类当中的某些部分对某些灵长类动物社会的超级男性气质有着极大的渴望，可以从某些迹象中看出这一点，例如伪科学总是坚持将“阿尔法雄性”和“银背大猩猩”与人类社会组织联系起来。[1] 有一些进化叙事持续出现在大众想象中，想必是因为它们可以被

[1] 为什么人类要关注低密度的素食觅食者群体（如大猩猩）中的雄性和雄性之间的暴力冲突，并将其作为存在广泛合作、高密度的杂食性（我们基本上会吃任何东西，尤其是炸过的）人类社会的研究框架，这个问题也许最好留给心理健康专业人士。

强行塞进当前的西方社会文化规范，这往往会导致进化人类学界自身陷入困境。例如，一项研究决定测试女性是否真的更喜欢粉色——从而证明关于性别的每一种刻板印象都有进化基础，它调查了一所英国大学里的一群本科生[1]，得出答案，是的，她们确实如此。更妙的是，这些结论被认为具有普遍性，因为论文的研究对象包括中国学生，因此由于中国不是英国，所以任何共同偏好都只能是普遍性的。尽管该研究调查的中国学生很可能与她们的同学接触过相同的文化规范，所以才会乐意在英国上大学，但这一事实似乎丝毫没有困扰研究设计者。

无论如何，这类研究——女孩喜欢粉色！男人扔球！人类喜欢油炸食品！——立即被赋予了深刻的进化含义，因为不知为何，一切都必须是适应性的。甚至有一整门学科——进化心理学——致力于识别我们每一次行动和选择背后的进化原理。所以现在，一项研究报告称人类女性进化得喜欢粉色，而媒体一直在报道这个故事，直到我们用奇怪的事后结论来报道这件事，试图从进化的角度解释结果；几百万年前，一些女性祖先因为稍微偏爱草莓或类似的东西而获得了更好的繁殖适应度。世界上有毒的红色果实多于美味的红色果实，而我们认为的草莓是 17 世纪法国品种和美国品种杂交而成的，

[1] 就科学向任何人询问任何事的问题在于，研究人员从不询问“任何人”——他们只询问生活在 WEIRD——西方（Western）、受教育程度高（Educated）、工业化（Industrialised）、富裕（Rich）和民主（Democratic）——社会中的人。

这些都无关紧要。重要的是我们拥有女性喜欢粉色的理由，而且我们坚信女性喜欢粉色。研究对象背负的巨大文化包袱包含关于粉色的非常强烈的性别规则，这一点也被认为并不重要。这就是科学。

当然，除非这并不是科学。这是讲故事。而且这只是故事的一半。更机敏的读者会注意到，关于交配系统的整个讨论都包含许多对雄性来说令人兴奋的选择、益处和利弊权衡。雄性守卫、雄性竞争——这些争取成功的策略都没有为雌性灵长类动物留下发挥积极作用的空间。[1] 然而，如果没有雌性灵长类动物，实际上无法得到灵长类婴儿，而且对雌鹅有利的东西不太可能对雄鹅同样有利。灵长类动物的交配模式长期以来一直被描述为雄性竞争策略的较量 [2]，而在 20 世纪末，突然出现了改变游戏规则的重大发现——雌性较量。

就像我们的老朋友比萨鼠一样，雌性灵长类动物也有进化需求：平衡妊娠和哺乳的能量消耗、在怀孕后期行动不便时不被老鹰吃掉，生下一个不被杀死的婴儿。当你必须描述相关雌性的动机时，交配策略变得非常复杂。据观察，雌性狒狒并没有动力让成群结队的雄性狒狒总是徘徊在自己周围，纠缠她们进行性行为。雌性狨猴则受到雄性狨猴的极大激励，

[1] 无论这种成功意味着灵长类动物的繁殖能力，还是灵长类动物在进化人类学中产生可复制的研究成果的能力，这个结论都是成立的。

[2] 在“科学”的幌子下，“约会妙招”类型的建议专栏、书籍和骗子一直兴高采烈地将这项传统延续到 21 世纪。

后者愿意花一整年的时间带着它们极为笨重的婴儿四处走动。这在进化上有重要意义，而且不仅仅是对懒惰的知识分子厌女症的拟人化抨击，因为雌性灵长类动物实际上确实在交配策略中有一些自主权。她想要的东西是重要的。关于人类婴儿的生产过程，这是我们必须理解的最关键的事情之一。有各种各样的社会行为是由行为者实施的，这些行为者并不一定都有相同的目的，但都是为了一个普遍认同的目标：成功的后代。

那么我们呢？是什么策略让我们呈现出如今的面貌，拥有隐秘的进化、体形相同的男性和女性，以及社会性别？我们拥有一夫一妻制物种的所有特征——但这到底意味着什么？为什么这对我们的童年很重要？作为人类，我们已经投入了大量的电视和印刷资源来将这个问题应用到特定案例中[1]，而一个好的离婚律师可以在一分钟内废除我们所认为的一夫一妻制。当你真正统计一下灵长类动物在野外做的事情时，你就会发现“一夫一妻制”是相当含糊的。它可能意味着只和一个伴侣生孩子，或者和一个伴侣生活的同时低调地和其他几个伴侣生孩子。它可能意味着终生配对生活，或者先配对，直到遇到更好的。不管你如何定义它，实际上它在动物界是罕见的——只有不到 10% 的动物选择一夫一妻制，如果将鸟

[1] 人们想知道，如果一个灵长类动物从《国民问询报》（*National Enquirer*）之类的八卦小报中解脱出来，是不是也能同样摆脱无休止的争论，即哪个多代土地储备基因秘密会议的哪些受益子孙是哪个名人的后代。

类排除在外（90% 的鸟类非常热衷于结对生活），比例就更低了。其他哺乳动物通常反对一夫一妻制，只有大约 5% 的物种拥有一夫一妻制交配系统。然而，大约 15% 的灵长类动物满足于自己的“唯一”，毫无疑问，它们很古怪。问题是——为什么？

灵长类动物中的一夫一妻制几乎只出现在我们家族树中距离我们最远的分枝上，那里挂满小巧可爱的狐猴。那里有长臂猿、合趾猴、狨猴和绢毛猴，还有狐猴。虽然长臂猿至少是猿类，但它们远远不是我们的近亲，不过它们和我们一样，都是配对关系的实践者。所以，我们是怎么来到这儿的呢？对于配对关系的进化，存在一系列相关理论。一种理论是，配对生活源于想要寻求保护的雌性，这种保护要么是为了抵御冲进来杀死婴儿的雄性，要么是为了抵御雄性的一般攻击。另一种理论是，配对生活源于投入全部时间以确保只有自己有机会与雌性交配的雄性。当雌性稀少并且倾向于四处游荡时，配对关系的发展可能是为了确保交配，而且雌性还可以获得雄性保护者，降低被捕食的高风险。

配对关系进化背后的一种理论是，它让雄性动物能够“知道”哪些后代是他的。也许你可以说我故意指责早期博物学家痴迷于父系来源——这种痴迷与父权制度下代际资本转移的先占观念奇怪地吻合——而不是自然界的直接证据，但是认为灵长类家族的早期成员会积极地思考这一点的想法令人感觉非常奇怪。[1] 也许最极端的想法之一是，杀婴——或者更确切地说，杀婴的威胁——是社会一夫一妻制最重要的进化驱动力。吉特·奥佩[4] 及其同事最近针对数百种动物开展了一项令人印象深刻的调查，研究结果确实将杀婴认定为推动一夫一妻制的关键变量。这背后的想法是，杀婴的雄性杀死不是他们自己的孩子，试图用自己的后代取而代之。为了确保孩子的父系来源属于特定的灵长类父亲，雌性会寻求形成配对关系。其他因素，例如父母双方对婴儿的投资水平，以及雄性需要确保能够与本可以直接走开的雌性接触，都远没有那么重要。那么让我们来看看杀婴吧。

在 20 世纪 70 年代中期，当著名灵长类动物学家莎拉·赫尔迪（Sarah Hrdy）还是一名博士生时，她为了完成自己的论文前往拉贾斯坦邦阿布山（Mount Abu）的山坡上观察当地的叶猴（langur）。她指出，雄性叶猴经常会恶意地接管其他群体，杀死不太可能属于它们的婴儿。不过，赫尔迪认为，这场看似毫无必要的杀戮暴行实际上是一场很有适应性意义的杀戮暴行。通过清除不确定父系来源的这群婴儿，杀婴新雄性可以为自己的后代留出生存空间。不仅是因为这样就不会有来自前几代的任何资源竞争，还因为通过消除为这些婴儿哺乳的需要，该群体中的雌性将更快地恢复到能够繁殖的状态。

杀婴的进化意义的核心是人类学家霍莉·邓斯沃思

[1] 嗯，你是对的，我就是故意这样说的。

（Holly Dunsworth）和安妮·布坎南（Anne Buchanan）最近在为《万古》（*Aeon*）杂志撰写的一篇文章中提出的一个相当令人着迷的假设：从大脑只有豌豆大小的倭狐猴往上，动物们都明白父系来源的概念。考虑到处理复杂概念的巨大心理需求和将交配与生育联系在一起所涉及的长时间框架，作者想知道，与其说杀婴是一种有针对性的进化策略，认为杀婴只是更随机一些是不是有些过于简化。也许雄性倾向于杀死婴儿，但只是对依附于和自己有附属关系的雌性的婴儿，他们不会在弄清楚婴儿是不是“自己的”之前就杀死它们。鉴于大多数人类社会直到最近之前对受孕这一概念的理解往好了说也是高度混乱的[1]，因此选择性杀婴的运作机制很难令人理解。

最近的一篇关于证据质量的评论将人类学对一夫一妻制的痴迷——以及一夫一妻制的原因——与虚构角色联邦调查局特工福克斯·穆德[5]的困扰进行了比较：

“如果婴儿被外星人绑架的风险很高，那么他们就会是一夫一妻制。

“他们是一夫一妻制。

“因此，婴儿被外星人绑架的风险很高。”[2]

很有道理。我们使用一夫一妻制这个词来表示一切，从亚

[1] 这种混乱继续体现在许多当选政客身上，此类政客的数量令人非常担忧。
[2] 抱歉，这是一条传统脚注。Fernandez-Duque et al. 2020。

伯拉罕的婚姻规则到婴儿的基因组成，再到通过互相梳理毛发来提高催产素水平的两只狨猴。[1] 有时持续终生，有时持续一个繁殖季，有时雄性被替换，有时雌性被替换。无论我们如何理解它，我们都要求这种配对的特殊习性是“因为”某种事情——杀婴、照料婴儿、雌性的游荡距离等，而在很多情况下，这些可能是偶发的、必然的，或者只是恰好共同出现的特征，因为我们实际上并不那么擅长理解哪些因素推动了任何动物的进化，更不要说复杂的社会动物了。进化是难以理解的，我们不断发现新的因素——例如雌性，这些因素迫使我们重新计算仅仅数年前还让我们引以为豪的模型。

事实证明，要揭开人类行为背后的适应性意义是极其困难的，因为人类所做的一切都受文化的影响。因此，我们发现我们必须非常小心地回答我们提出的问题，即什么是“具有适应性的”或者什么是我们“进化”得要做的事情。历史就是这样，人类也经常是这样，我们需要付出一些努力才能让我们对进化史的理解超越对大猩猩后宫的对比，而人们担心的是一种带有愿望满足色彩的人类社会观。灵长类动物社会进化的本质（男人想要性爱，女人想要男人和/或家用电器）[2]6 是如此明显，以至于我们会停下来去质疑它实际上都是

[1] 不得不说一句，狨猴拥有灵长类进化分支中最好的毛发。

[2] 阅读有关进化机制的早期文献，完全有可能得出这样的结论，即雌性没有真正完全参与这个过程。哎呀呀，查理·D 先生。

一种奇迹。但是奇迹[1]确实会出现在科学领域——而在20世纪70年代，它们开始出现在人类学领域。这就是我们开始更细致地理解我们如今的进化史的方式。

人类似乎不太擅长想象人类是如何生活的。多年来，大众想象一直试图用诱人的假设来填补我们文化知识的空白。很难不怀疑，正是同样的本能导致了人们对想象中的人类性行为的“原始”状态的令人非常不悦的盲目痴迷，而且隐藏在人们对《我的妻子们是好姐妹》这样的电视剧所代表的一夫多妻制（polygamous）文化的痴迷背后的，也正是这种本能。事实上，人类交配系统是非常谨慎周到的。即使在允许多妻或多夫（的确存在）的社会系统中，大多数人类生殖关系都属于配对关系类别——只是这些配对关系可能不是终生排他的，或者并不意味着你期待它们意味着的含义。在来自纳米比亚的辛巴族（Himba）群体中开展的一项有趣的研究指出，当女性伴侣在婚姻中的发言权较少时，配偶外父系来源的比例最高，这表明尽管大多数人类社会进化出了具有高度排他性的规范交配制度，但仍然存在多种可供性选择发挥作用的渠道。

游荡在马达加斯加的成对狐猴是一夫一妻制最普遍的灵长类动物之一，即使在该物种中，基因测试也表明原猴亚目成员可能是时候上一档真人秀节目了，因为在被认为是一夫一

[1] 女权主义。或者可能只是科学。有时很难分得清。

妻制的配偶中，有超过40%的后代原来是其他狐猴的。在人类种群中，配偶外父系来源的比例被认为在1%至10%不等；很难统计出确切的数字，因为当科学家开始就此询问时，它会变成一个相当情绪化的话题。据估计，多达30%被“转手”给非生物学父亲的孩子实际上会遭受我所说的“杰里·斯普林格效应”[7]的影响，即在父系来源存在不确定性的情况下，往往会进行测试，潜在的关联是一开始就有多个候选父亲的可能性。不过，虽然配偶外父系来源确实存在，但它在许多其他动物中的发生率比人类低。

乍一看，一夫一妻制听起来并不是一个特别好的主意。这是一种资源沉没。对于真正参与后代养育的雄性而言，拖着一个受抚养者是可怕的资源消耗，而且如果你正在打算更换一个更好的配偶，这可能是你能做到的最糟糕的事情。带着孩子的父亲在浪费宝贵的能量，他本可能用这些能量磨炼自己争夺配偶的尖牙格斗技巧，以赢得特别有吸引力的雌性。母亲本可以去做任何比维持与父亲的社会联系更好的事情——与她的朋友和亲戚社交，寻找更多食物，评判尖牙格斗的结果[1]。但是这些配对关系中的任何一方都不能将时间花在这些精挑细选的追求上，因为它们有一个完全不能自理的婴儿。它需要它们。它们的生殖潜力被推迟了，本来可用于后续生殖的巨大能量直接投入到那个婴儿身上。在这里。对

[1] 或者完成本书手稿的编辑。

于“为什么是一夫一妻制”这个问题，我们或许有了一个可能的有趣答案：需求巨大的婴儿。一个总是长不大的无助婴儿，会在更长时间里面对来自杀婴雄性的更大威胁，无论后者知不知道自己在做什么。也许需求巨大的婴儿还可以让本来会忙于疯狂杀婴的雄性脱不开身，这就是我们如今在配对结合的灵长类动物中几乎看不到杀婴的原因，因此我们必须将其视作祖先状态放入计算模型。高需求、完全依赖的婴儿是否先于配对关系出现，这个问题仍然牢牢地停留在基于家禽的习语[8]的语义领域。有什么是确定的？

我们的婴儿昂贵、古怪，而且完全没有用——我们能拥有它们真是一个小小的奇迹。

译注

1.《我的妻子们是好姐妹》，美国真人秀节目，讲述一个一夫多妻家庭（丈夫和他的 4 位妻子以及 16 个孩子）发生的种种小故事。
2. 北伦敦是伦敦市传统的精英富人区。
3. 伊沃克人是电影《星球大战》中的种族。
4. 吉特·奥佩（Kit Opie），英国伦敦大学学院的研究人员。
5. 福克斯·穆德（Fox Mulder），美国经典科幻剧《X 档案》的主人公。
6. 查理·D 先生即进化论的主要提出者，大名鼎鼎的查理·达尔文。
7. 杰里·斯普林格（Jerry Springer），美国脱口秀节目主持人，他主持的电视节目《杰里·斯普林格秀》（*Jerry Springer Show*）以暴露隐私、家丑外扬为重点，噱头之一是当着男女双方的面公布亲子鉴定结果。
8. 即“鸡生蛋，还是蛋生鸡”。

乔治·波吉、布丁和派：受孕、生育和脂肪

05

乔治·波吉、布丁和派，
亲吻女孩们，把她们惹哭了，
当女孩们出来玩的时候，
乔治·波吉就跑开了。

无论你的高中性教育老师可能告诉过你什么，但在人类中，性行为后的成功受孕——即使是在精心安排时间并且身体完全可育的伴侣之间——只发生在大约 30% 的情况下。而且这还只是在你年轻时——女性生育能力会在正常灵长类动物的高生育水平上断崖式地下跌。而男性不再年轻后的生育要么更容易，要么更困难，这取决于你对年老时生小孩的感受。[1] 虽然很多男性可以一直产生有活力的精子，直

[1] 让我挑明了告诉你——没有人对此感觉良好。他们感到疲倦——如此疲倦。不过就算他们并不年老，也一样会感觉疲倦，因为小孩子本质上就是精力吸血鬼。

到他们自己不再有活力，但是对于一些男性来说，年龄增长确实会降低精子的质量。然而，灵长类动物的"生育能力"（fecundability）——表述它们怀上孩子的能力的一种略微让人讨厌的说法——则取决于几个因素。当然，你需要卵子和精子，以及将它们凑在一起的交配系统，这些交配系统我们都已经在前面的章节中看到过了。然而，受孕过程中的几个因素实际上以婴儿的形式将所有因素结合在一起，并标志着人类的独一无二：我们在什么时候繁殖，我们的繁殖频率，以及需要什么才能实现这一目标。

实际上，当你考虑到我们实际上很不擅长怀孕时，就连人们能够成功繁殖都是一个小小的奇迹——月经周期的大约一半时间毫无希望令女性受孕，就算我们在正确的时机交配，我们的机会也只有大约 30%。对于大多数其他灵长类动物来说，健康个体在正确时机交配，受孕成功率高达 90% 至 95%。和人类一样，大多数灵长类动物的月经周期大约是 30 天。然而，并非所有物种全年都有月经周期，所以它们的成功率取决于非常有限的机会窗口。

从进化角度来看，如果你依靠一次丰收来支撑你渡过难关的话，季节性生产婴儿是明智的。例如，马达加斯加的狐猴物种是季节性繁殖的，因为马达加斯加的季节差异非常明显，有的季节食物丰富，有的季节食物贫乏。季节性繁殖在动物中很常见，而且很多灵长类动物物种会在同一时间聚集繁殖。这样一来，婴儿生下来就能赶上食物最丰富易得的时期，此时孕期结束且哺乳期刚开始的母亲，或者断奶后找东西吃的婴儿最需要食物。季节性确实很会抓住可用于繁殖的时间，但其他压力也会有，例如捕食者。在任何给定的群体中，可爱且容易被捕食的松鼠猴婴儿都是在大致二月至三月期间前后相隔一周之内出生的。在这一时期可以看到数量最多的饥饿猛禽在头顶盘旋，寻觅美味的松鼠猴婴儿，这并不是巧合。

“发情同步”，或者生育周期同步，是确保你每年只有一个星期可以参加生日派对的机制。你可能听说过人类女性也会这样，并且是出于某些有点难以定义的进化原因。对于这个看似有进化论支撑的想法，只存在一个问题：它并不是真的。现代生活的介入赋予了我们令人着迷的新数据集：记录在一个名为“线索”（Clue）的“月经追踪”应用程序中的月经周期。尽管这个似乎无法消除的迷思认为，长时间待在一起的女性会同步生殖周期，但来自该应用程序的数千名女性的数据支持许多小型研究已经提出的结论。女性并不同步她们的月经周期，或许是因为每年二月没有猛禽在我们头上盘旋，想要吃掉我们。不过，女性可能会同步人类对确认偏误和不可靠回忆的适应，它们让女性以为自己同步了月经周期。

不过，人类确实有繁殖季。如果你在小学时总是默默怨恨班上那些你必须一起过生日的孩子，那么这实际上不仅仅是分享蛋糕的巧合。在我们的朋友狐猴以及美味的松鼠猴等其他动物中，食物丰富度的季节性差异和捕食者的存在等环境压力鼓励季节性繁殖。那么你怎么知道这是正确的季节？和你知道季节发生了变化的方式相同，即通过观察阳光水平等线索。在阳光水平全年变化的气候中，出生率显示出强烈的高峰和低谷。与舒适的赤道地区相比，北方高纬度地区（缺乏阳光在那里是个问题）的出生季节性要强得多。加拿大北极地区的乌鲁哈克托克岛（Ulukhaktok）位于北纬 70.7 度，而气候温和得多的巴布亚新几内亚位于南纬 4 度，对比两地的婴儿出生日期，可以看到出生季节存在显著差异。但这不仅仅与外面的天气有关——或者如果确实有关的话，那么这与人类在那种天气下想做什么有关。乌鲁哈克托克岛的婴儿出生在冬末至早春，这意味着它们是在春季和夏季怀上的，与其说这是某些进化指令的功劳，倒不如说这更多地揭示了婴儿的父母在好天气下喜欢干什么。怀上人类婴儿的时间段不止一个。在巴布亚新几内亚的研究中，婴儿的生日与乌鲁哈克托克岛模式完全不同，但是它们和北极地区的例子同样深入地揭示了进行受孕这一活动的社会信息。一个种植山药的社群，坦率地说，是痴迷于山药的社群，在关键的山药收获期的几个月里严禁性行为，甚至连相关的玩笑都被禁止了。不出所料，他们在 10 月——性禁令结束（1 月）的 9 个月后——迎来了强劲的出生高峰。

在北半球的城市社会，出生具有很强的季节性，主要发生在 7 月至 9 月。10 月是北纬地区制造婴儿的关键时间，于是产生了来年 7 月出生的婴儿。这种季节性会向南减弱：9 月至 12 月出生的婴儿在热带地区更为常见，而 1 月至初夏出生的

纬度 (°S)	1月	2月	3月	4月	5月	6月	7月	8月	9月	10月	11月	12月
60 ~ 70	8.3	7.1	8.3	8.2	8.2	8.4	9.1	9.0	8.9	8.5	8.1	7.9
50 ~ 60	8.6	7.7	8.2	8.2	8.4	8.4	9.3	9.1	9.0	8.8	8.1	8.2
40 ~ 50	8.2	7.4	7.7	7.6	8.3	8.5	9.2	9.3	9.4	9.0	8.1	8.4
30 ~ 40	9.1	9.5	9.0	10.4	9.3	10.3	10.3	11.1	11.7	12.0	10.9	10.7
20 ~ 30	8.6	7.3	7.9	7.4	7.8	7.6	8.4	9.0	9.0	9.3	8.8	8.9
10 ~ 20	8.5	7.3	8.0	7.9	8.3	8.0	8.3	8.7	9.0	9.1	8.5	8.5
0 ~ 10	8.5	7.1	8.4	8.2	8.5	8.1	8.4	8.5	8.7	8.8	8.4	8.3
-20 ~ -10	7.8	7.6	9.1	8.6	9.2	8.8	8.6	8.4	8.2	8.0	7.8	7.8
-30 ~ -20	8.6	7.8	8.8	8.3	8.5	8.3	8.3	8.5	8.7	8.0	7.7	8.3
-40 ~ -30	8.6	8.0	9.2	8.4	8.7	8.3	8.2	8.3	8.1	8.1	7.9	8.0
-50 ~ -40	9.3	7.6	8.1	7.5	10.3	7.2	9.1	8.4	7.6	8.5	8.7	7.5
-60 ~ -50 *	15.4	11.5	7.7	0.0	7.7	7.7	11.5	3.8	15.4	11.5	0.0	7.7
总计	8.6	8.2	8.5	8.9	8.8	9.0	9.3	9.6	9.9	9.9	9.1	9.1

图 5.1. 不同纬度出生的季节性。根据首都所在地按国家 / 地区划分的数据，来自 Undata，联合国统计司（2022 年检索；星号表示数据集小）。注意，没有南纬 0 度至 10 度的数据。（单位：%）

婴儿在赤道附近和南半球更常见。但如果不被我们的文化支配，我们人类就什么都不是，所以由于圣诞节 / 冬至 / 新年假期的时间安排，世界上有数量惊人的狮子座和处女座，无论他们出生在哪里（见图 5.1）。在我们的大城市社会中，出生季节甚至会随着阶级和教育程度的变化波动——例如，有证据表明，有能力又讲究的父母会将后代的出生时间优化到能够为正规学校教育提供最佳开端。然而，这些聪明的父母究竟如何做到这一点就完全是另一个问题了，因为关于人类受孕的另一件事是，我们在这方面很不擅长。

即使我们真的成功怀孕了，我们生下孩子的可能性仍然比我们的灵长类动物亲戚小得多。在所有发生的精子和卵子融合中，有 20% 至 30% 的融合持续不到五周，这种情况称为“化学怀孕”，这段时间足够短，以至于很多女性可能根本不知道自己曾经怀孕过。另有 30% 的怀孕将因流产而中断。相比之下，对于甚至无法进行怀孕测试的狒狒，大约 85% 的此类早期胚胎植入事件会产生活蹦乱跳的狒狒幼崽。实际上，人类受孕失败或流产的概率相当高，而且是少数会经历与怀孕相关的特定健康状况的物种[1]之一，例如先兆子痫（症状是怀孕期间血压失控），如果产妇出现在以 20 世纪 20 年代之前为时代背景的任何电视剧中，很可能双手紧握床单，大汗淋漓地死去。[2]那么，我们为什么如此不擅长制造婴儿？答案是双重的，而且或多或少可以互相解释：我们在任何一个月经周期都不太容易怀孕，但我们有很多月经周期可以尝试。全年都有月经是平衡惨淡成功率的好方法。

我们如今有这么多人口，可见我们确实很聪明——这表明和我们的灵长类动物亲戚相比，人类对环境压力的承受力相当强。在食物供应方面，黑猩猩面临的情况比人类更严峻；糟糕的月份糟糕到根本不可能生孩子的地步，因为母亲的身体已经进入“闭经”——她关闭了身体的生殖功能，不再释放卵子。然而，如今营养良好、身体健康的人类女性，一生中预计有大约 460 个月经周期。如果我们更激进地加快生殖节奏，这个数字实际上会大大下降。如果我们生活在许多保持无超市生活方式的社会之一，我们可能会母乳喂养几年而不

[1] 我们，一种猴子，还有豚鼠。不妨查查看。
[2] 安息吧，《唐顿庄园》中的西比尔小姐。

是几个月，生产比现在平均一两个孩子多得多的婴儿，而且一生当中有月经的时间会少得多，怀孕和哺乳的时间则会多得多。[1] 生活在马里的多贡族女性是没有超市的农民，她们拥有人口统计学术语中所谓的“自然生育”制度，这只是意味着她们避免了你必须支付的避孕措施。[2] 在她们的全部生殖寿命中，只有大约 100 个月经周期。每次月经周期，卵巢激素水平都会激增，从而让我们更容易罹患对激素敏感的疾病，比如乳腺癌。早在公元 7 世纪，医生就发现成为修女的女性（独身且不生育）患上乳腺癌的风险更高。

无论我们是否正在经历月经周期，我们能够拥有月经周期这一事实都是相当奇怪的。很少有其他动物的月经像现代人类女性一样；大多数动物甚至根本没有月经。我们这样做的原因一直受到相当程度的猜测。首先，当然，你必须接受女性有月经这一事实，根据非常吸引人的人类学家凯特·克兰西（Kate Clancy）主持的同样非常吸引人的播客《月经》（*PERIOD*），这可能已经发生了，也可能还没有发生。你还必须克服一些严重的文化问题——不，不是像早期民族学家花了很长时间来记录的臭名昭著的“月经小屋”那样的禁忌，而是当下存在于发达国家的禁忌。

---

[1] 我在撰写本书手稿的全部时间里不是在怀孕就是在哺乳，就切身体验而言，我可以向你保证，这不是一种改善。

[2] 自然生育对人类而言是一个糟糕的术语，因为人类会极大地扰乱自己的生育能力，无论是通过性行为、令人兴奋的化学物质、文化禁忌还是他们手中的任何其他工具。扰乱我们的自然本性就是我们的自然本性。

多年以来，女性在月经周期的某些阶段不洁的想法得到相当程度的“科学化”，某些非常有趣的言论称，月经期的妇女会散发一种“月经毒素”——一些有害、有毒的物质，会污染农作物，还会让婴儿患上哮喘和腹绞痛。[1] 这一切都始于一项相当新颖的实验研究，该研究让生理期中的女性触摸鲜花，然后让非生理期中的女性触摸鲜花，并观察鲜花发生了什么。[2] 这里没有用到科学实践中的最新词汇，不过和某些（男性）研究人员相比仍然是一种进步，后者决定通过计算一个月内艳舞舞者得到多少小费来揭示月经的进化作用。[3] 无论听起来有多可笑，这种有毒的想法也已经扩展到对人类生殖进化的理解上。用于杀死低质量精子、作为免疫循环的一部分抵御其他不利影响，或者“选择”可存活胚胎，月经如果有这些功能，的确比对餐桌装饰品造成轻微破坏在进化上更有用。

事实可能会让 20 世纪的某些科学家 [4] 感到惊讶，但女性在月经期间实际上并不会分泌毒素，而且我们对精子或伴随病原体的毒性并不比对花朵的毒性更大。不过，“挑剔的子宫”这一想法确实非常有趣。这表明女性体内有一种机制来决定

[1] 所以说，基本上包括任何可能让你被绑在柱子上烧死的罪名。

[2] 正如克兰西所指出的那样，也许最初说出“我现在不能碰花”的护士只是不想从她的实际工作中抽出时间应对某些医生的感谢花束。为此，我们得到了 80 年被误导的科学。

[3] 这就是我们需要研究伦理委员会的原因。

[4] 或者 17 世纪的女巫猎人。

我们将会为任何一次怀孕投入多少能量。这也表明挑剔是有原因的，因为不是我们所有精子和卵子的组合都是高质量的。这可能就是我们糟糕的怀孕率背后的原因：我们产生的可存活胚胎就是没有其他物种多。你可能还记得，我们就像旧世界的猴子、树鼩和那些蝙蝠一样，会在我们愿意的任何时候进行性行为。这意味着当我们忙活起来，令卵子受精时，它们可能已经成熟了一段时间，此时更容易出现遗传错误。如果我们让无法存活的胚胎沐浴在我们的血液中——人类、灵长类动物、树鼩和这些蝙蝠的胚胎就是这样的——那么，坦率地说，这是在浪费血液。最好丢弃一切，重新开始。考虑到我们的胚胎沐浴在血液中的入侵性，月经周期这件事可能只是母亲在为自己子宫的战争中先发制人的打击。在没有月经的动物中，胚胎的存在就开启了怀孕的准备工作。在像我们（以及猴子、树鼩和蝙蝠）的动物中，母亲有一种质量控制机制，如果情况看起来不妙，就会清空潜在的怀孕支持组织。因此，所有那些每月的出血和不便只是我们苛刻的质量标准带来的恼人副作用。[1]

怀孕还有最后一个主要障碍[2]，那就是你需要一名成年女性。还记得我们的大男小女难题吗？成年女性虽然看似到处都是，但如果一开始没有得到相当大的投资，就不会

[1] 恭喜——如果你看到这里，说明你曾经是高质量胚胎。

[2] 生物学障碍。文化障碍存在于你和你的在线约会资料之间。

成为成年女性。于是我们来到了生活史的第二个关键方面：选择何时从自身的生长转换到下一代的生长。生活史不仅可快可慢，而且令繁殖成为可能的时间点是一场流动的盛宴，这决定了地球上大部分动物的生活方式——包括我们。造就自己和造就别人之间的区别定义了儿童和成人之间的界限。[1] 我们在等式的第一部分花费的时间决定了我们童年的长度。

我们在第 2 章中已经看到，关于动物生活的快慢有一些（粗略的）规则；并不令人意外，类似的理论归纳让我们想到了童年时期的两种生活史策略。一端是短期生长、长期繁殖的动物。另一端是长期生长、短期（较短）繁殖的动物。例如，猫是热衷于繁殖的动物——如果你让它们繁殖的话，而且很多毛茸茸的小奶猫长到六个月就能怀孕，这让它们的主人感到惊讶。一只猫在生命度过大约 3% 后就可以繁殖了。[2] 然而，格陵兰鲨会等到更体面的 150 岁左右，度过它们公认悠闲的 400 年寿命的 37% 之后再繁殖，好好享受这段没有孩子的时光。

那么我们和我们的灵长类亲戚呢？我们在 15 岁左右成熟，

[1] 这是我的定义。对于这本书的其余部分，它现在也是你的定义了，尽管在文化、法律和认识论上存在令人数量多到难以置信的其他方案。

[2] 对于寿命大约为 15 年的家猫而言，而不是流浪猫，后者只能活大约一半的时间。我的猫恩奇都和吉尔伽美什将至少活到 30 岁，因为我不听任何别的话。

可能活到 80 岁，所以我们浪费了生命中 18% ~ 20% 的时间来当儿童而不是制造更多人类。不以活力闻名的红毛猩猩在 6 岁至 11 岁之间的某个时刻进入繁殖年龄。大猩猩、黑猩猩和倭黑猩猩都在 7 岁左右开始繁殖——但仅限于圈养时。在野外，黑猩猩和倭黑猩猩还要再等一些年，到将近 9 岁或 10 岁时开始繁殖。

这里就是事情开始变得有趣的地方。我们童年的长度——我们可以多快达到繁殖状态——并非一成不变。它可以变化，是有适应性的。如果它具有适应性，你就可以打赌我们已经适应了它——以及我们的整个生活史策略。这就是我们在这本书里讨论的——人类对我们拿在手里的牌做了什么，以及我们如何仍然在修补我们的基本操作参数。那么，我们正在操纵哪些拉杆，来改变我们生活史策略的这一基本方面?

首先，要想让具有雌性生殖器官的灵长类动物在交配后繁殖，她必须有两样东西：性成熟和维持怀孕状态的能力。这两件事都需要能量，而且比你想象的更依赖环境。例如，雌性灵长类动物的性成熟不仅仅是年龄或遗传决定的。它与身体脂肪水平和营养状况密切相关。

被喂食高脂肪食物的年轻雌性恒河猴[1]比正常饮食的年轻雌性恒河猴提早几个月达到性成熟。它们没有变得更胖，也

[1] 机灵的读者会注意到，实验室研究中使用的几乎都是恒河猴。这是因为它们是研究许多人类行为（包括社会行为和生物学行为）最常见的猴子模型，因为不幸的是（对它们而言）它们达成了宝贵的平衡，不但在生物学上和我们足够相似，能够患上我们的病，而且价格非常便宜，替换成本不高。所以，当你看到“实验室猴子”这几个字时，它很可能就是出现在你脑海中的那种棕色小猴子。

没有变得更大，但确实更早地达到了生殖状态——进化宁愿让你生孩子而不是变胖。反之亦然：两只患有进食障碍的红毛猩猩首次月经周期开始的时间，比一只肥胖红毛猩猩晚得多。圈养动物达到繁殖状态的时间通常比它们的野外表亲早得多，这一功绩通常被归因于圈养猿类懒惰奢侈的生活，而野外猿类的生活中时不时会出现可怕的暴力、猎杀猴子或社交性行为。有趣的是，大猩猩不是这样，它们在 7 岁时就已经准备好制造更多大猩猩了，无论是生活在动物园里还是野外。这表明，尽管野外的大猩猩不断受到捕猎的威胁并处于濒危状态，但它们实际上正在达到大猩猩能量平衡的峰值。当然，当你的食物基本只有树叶时，你也很难把自己吃胖。

一定量的身体脂肪似乎是触发启动青春期的激素变化所必需的，这种变化与在灵长类动物中（至少是雌性中）将儿童转化为潜在繁殖者有关。与此有关的事实是：除了生殖器官本身，脂肪组织是少数几个可以从中获取雌激素的部位之一——更多的脂肪储备可能意味着潜在的更高雌激素水平。体脂水平较高的女孩通常初潮时间更早，我们认为这一点就像季节性繁殖一样具有进化意义——你不想在没有充足能量预算的情况下开始制造婴儿。

一种普遍的观点认为，当今人类的生活方式——就能量预算而言处于深度盈余状态——落后于持续下降的女孩初潮年龄。我们怀疑，在过去，女孩进入青春期的时间比现在晚得多。当我们观察那些在生活中没有以果味麦片圈的形式摄入极度过剩能量的群体时，我们发现女孩们的平均初潮时间大约是 12 岁。在果味麦片圈友好的发达经济体中开展的大型研究表明，儿童期肥胖和女孩青春期的开始之间似乎存在关联，令人印象深刻的科学家罗斯·弗里施（Rose Frisch）[1] 将这种关联发展成了“临界体重”假说。她认为体脂水平存在一个下限，一旦你跨过这个门槛，身体就会向生殖系统发出信号，让它自己启动。她对女运动员的研究促进了一个观点被广泛接受，即体脂比例达到 17% 至 22% 是人类女性生殖所必需的，而且越早实现这一点，生殖能力就越早成熟。

最近的遗传学研究已经确定了人类基因组中与女孩初潮时间有关的多个位点；很多基因位点被认为可以调节与激素和体重直接相关的功能，所以系统中的反馈可能要比热量输入、激素输出的简单模型更多一些。男性的生殖成熟包括性腺大小和激素分泌的缓慢变化，和女性相比更难被识别为一次事件。对它的研究也少得多，我怀疑其原因深深根植于开展生殖研究的那些社会的文化障碍中。无论出于什么原因，识别引发生殖激素分泌和 100 万根纤细胡子的实际因素要困难得多，因此对于影响男性青春期时间的主要因素，陪审团仍然没有定论。[2] 然而，随着时间的推移，对大量男孩的研究发现，

---

[1] 1918 年，弗里施（当时姓爱泼斯坦）出生于美国的一个俄罗斯移民家庭，后来结婚生子，参与了曼哈顿项目，在哈佛度过漫长的职业生涯并颠覆了对女性生育能力及其与体脂关系的研究。多“普通”的一生。

[2] 大概是通过反复敲门来接近男性青春期，然后在仔细考虑来自内部的气味和声音之后做出判断，这种谨慎是科学勇气更好的体现。

他们和女孩一样，童年体重与青春期有关：体重越大，青春期来得越早。男孩比女孩晚一两年，但追溯他们进入青春期的年龄，我们可以看到，随着人们倾向于在儿童时期长更多脂肪，青春期来得越来越早。

然而，你吃了什么几乎和你吃了多少同样重要。在中国，一项针对儿童的大型调查发现，质量更高的饮食与较晚的青春期有关——但身体脂肪仍然有一定影响。参考世界其他地方的大型研究，支持了一种观点，你吃了什么——而不是简单直接的“吃了多少”——决定了你具有生育能力时的年龄。肉类和可乐较少、纤维和异黄酮（豆类和坚果产生的神奇的类雌激素物质）较多的饮食，似乎能让年轻人在为繁殖积攒能量之前有更长的时间来生长骨骼和其他部位。台北医学大学的一项研究发现，每天多吃一克动物蛋白，女孩初潮的时间就会提前两个月。这就像是一种循环，提前进入青春期的母亲会生育更大的孩子——而这些孩子自己也更有可能提前进入青春期。在我们体内的某个地方，有一个坚持不懈的小声音告诉我们要积累脂肪——这样我们就可以生更多孩子。

这种对脂肪的痴迷并不会伴随童年而结束。[1] 女性不仅需要脂肪来达到性成熟。她们还需要脂肪来保持繁殖能力——能够成功地怀上孕。患有进食障碍的女性、处于哺乳期的女性以及体脂率低的职业女运动员——特别是体操运动员和芭

[1] 如果它在童年过后就结束的话，该如何解释酒吧小吃？

蕾舞演员——经常会出现一种热量缺乏症，表现为月经完全停止。如果体脂低于一定水平——门槛是 17% 至 22%，女性会停止排卵，月经周期关闭。在大多数情况下，这可以通过减少能量支出和增加体脂来成功逆转，但整个系统在胁迫下会停工这一事实指出了身体脂肪在人类生殖中的重要性。

我们不仅有繁殖所需的临界体脂水平，而且我们需要的脂肪还比其他灵长类动物多得多。我们用在实验室里的雌性恒河猴，体内脂肪含量在 8% 至 18% 之间波动；人类女性的体脂率低于 17% 的话就很难生育了。然而，和黑猩猩相比，这根本不算什么——最近的一项研究发现，雌性黑猩猩的体脂率为 0% 至 9%，而且就进化史而言，它们比猕猴更接近人类。研究人员带着装满镇静剂的吹管在肯尼亚的安博塞利国家公园偷偷遛了一圈，发现野生雌性狒狒的体脂率大约为 2%。然而——当你考虑适应性的时候，这里有一个你最好记住的警告——在洛奇酒店后面的人类垃圾场里设法过上舒适生活的雌性狒狒拥有高达 23% 的身体脂肪。有了这么多额外能量，猜猜它们把大部分时间用来干什么了？生更多孩子。

这向我们指出了我们在谈论制造人类时需要理解的下一件事：我们到底为什么需要这么多脂肪？我们人类身上的脂肪普遍比其他灵长类动物多，而且不仅仅是在繁殖过程中，对此的一个解释是，人类习惯于生活在不确定性中。在整个进化过程中，我们的食物来源虽然广泛多样，但并不是按季节规律出现的，而且我们的主要生态位基本上是在我们死去之前找到新食物和吃它们的新方法。和假设你所处的环境会及时供应物资相比，将需要的能量随身携带是安全得多的好主意。我们可以在灵长类动物繁殖中的季节性（或缺乏季节性）中看到这一点，例如精明的松鼠猴将婴儿出生的时间安排在食物充沛的季节，因为它不像我们一样随身携带脂肪。

储存身体脂肪有其优势。例如，北极熊拥有很极端的“盛宴或饥荒”生活方式。母熊在盛宴期间能够储存下来大量脂肪，不但让它们能够在饥荒月份生存下来，而且还能在冬眠期间满足繁殖的能量成本。[1] 对于季节性食物来源有时丰富有时贫乏的大量物种而言，储存身体脂肪是保持能量平衡的方法。然而，这也有不利的一面。较大的身体在移动时会耗费大量能量，这是一方面。而且，正如对树上一些非常矮胖的猕猴进行观察的研究人员非常礼貌地记录的那样，额外的体重会给他们所说的“树枝末端觅食”—— 在旱季啃食支撑体重的树枝的细长末端——带来不幸的后果。[2] 这些研究人员指出，虽然脂肪对实验室猴子可能影响不大，但野生猕猴依赖它们柔韧和灵活的身体来获取赖以为生的食物来源。他们根本负担不起在脂肪上的投资，尽管我们已经全身心地投入到其中。而我们的脂肪储备的头号受益人是谁呢？下一代。

[1] 在怀孕期间睡过去，这种适应是有道理的。

[2] 本书包含数量多到无法预见但不可避免的猴子从树上掉下来的场景，我对此表示歉意。

快快给我烤个蛋糕来：妊娠的喜悦

06

做蛋糕，做蛋糕，面包房的大师傅，

快快给我烤个蛋糕来……

在前几章，我们讨论了灵长类动物为了繁衍后代而制定的各种方案。其中，有相当多的关于雄性竞争、杀婴和配对的内容，而且在最后，我们慷慨地“屈尊”看了雌性一眼。受孕过程相当艰难，我们暗示了一些杠杆可能会将雄性和雌性动物推向长度不同的生长时间。然而，关于婴儿生长的实际内容并不多，而它正如你想象的那样，确实对童年的运作方式产生了一些影响。影响我们童年的生活史权衡的时间线甚至从受孕之前就开始了，而且正如后面的章节将讨论的那样，它还在我们的一些直接关系中延伸成了一种无限的依赖循环。[1]但是对于我们这个物种，在向何处投资的所有选择中，

[1] 你的父母非常清楚我是什么意思。

一些最明确的生活史变量是为打造下一代而消耗上一代所持续的时间。

怀孕——我们如何怀孕，以及怀孕多久——是适应性的。还记得之前第 2 章中关于柔弱无助的晚熟老鼠幼崽和活蹦乱跳的早熟长颈鹿幼崽的讨论吗？你可以在孕期提前投资，在很长一段时间里生长出发育完全的长颈鹿，也可以将投资推迟到出生后，就像小小的老鼠幼崽将会需要一块比萨能提供的所有能量一样。然而，亲代投资并不是非此即彼的情况。正如你可能从亲身体验和 / 或对我们这个物种幼崽的偶尔了解中猜到的那样，我们生产晚熟、无用的婴儿。但是为什么呢？究竟是什么让我们在进化的版图中徘徊，偏爱又大又重、浑身无毛的婴儿？在和穴狮打斗时，这可一点都派不上用场。[1] 本章将特别关注推动我们从受孕到真正生下一个孩子——一个被希望长大成人的孩子——所需的投资，以及为什么我们在如此早的阶段就终止了这笔投资。

这一章近乎是对怀孕的更内省的审视，因为它是由一位怀孕的作者撰写的，而我原以为我在亲身体验之下会完全着迷于怀孕这个主题并且愿意写关于怀孕的内容。然而，迫使我重新审视这个主题的只是怀孕在进化上极其重要这一事实。[2]

---

[1] 我越来越担心，我们对人类进化的看法已经变得更像我们对综合格斗的看法，而远远偏离了生活的真实面貌。尽管我们倾向于将进化视为一场竞赛，但这并不是说我们与尼安德特人（Neanderthals）展开了最后一场史诗级八角笼大战，还有解说员在旁边大喊“干掉他！”。

[2] 除了这个，还有必须偿还我拿到的稿酬预付款的威胁。

其他女性可能觉得怀孕是一段迷人、情绪化、特别的生活时期，但我发现整个经历都符合预期参数[1]，而且是一段如此漫长、旷日持久的过程，几乎无法让我保持作为叙述者的注意力，更别说其他人了。我试图找到任何有趣的东西来传达人类妊娠的关键性和高度适应性，结果我主要是在想我有多么怀念美国熟食，随着时间的推移，我还很怀念我的脚。

事实证明，这就是故事的大部分内容。人类怀孕并不是什么大事，如果你幸运的话。这是一场持续九个月的烦恼马拉松，就我而言，幸好我的烦恼很小，而且除了我的腰围之外，没有对其他任何东西产生多大影响。[2] 不过，情况并不总是如此。人类怀孕确实有一些特殊之处，其中之一就是它们有可能杀死你，这一点似乎不是很有适应性。此外，令人类怀孕成为可能的，一定是动物生命中有史以来最奇怪的适应之一。

我们是胎盘哺乳动物，这种定义方式将我们与奇特的产卵哺乳动物（如鸭嘴兽）以及更常见的有袋哺乳动物（如袋鼠、袋獾和被严重误解的北美负鼠）区分开。胎盘哺乳动物是非常奇怪的存在，甚至比产卵哺乳动物还要奇怪。毕竟，卵这种东西已经存在很久了。蛋加乳汁（正是鸭嘴兽获得哺乳动物地位的方式）从技术上讲甚至符合犹太洁食教规。[3] 相比之

[1] 我预计它会很乏味和不舒服，嗨，我没有失望。

[2] 都怪 Abraço 咖啡馆酒吧卖给我土耳其风干牛肉芝麻圈款的熏牛肉百吉饼。卖给我真不少。

[3] 然而，吃鸭嘴兽不符合犹太洁食教规，因为如果你将它们视为水栖动物，那么它们没有鳍和鳞片，或者如果你将它们视为陆地动物，那么它们用肚子行走，而且没有分蹄也不反刍。我告诉过你，我花了很多时间思考食物。

下，胎盘并不存在于动物进化的历程中。它是胎盘哺乳动物怀孕时形成的一种小器官，而且只存在于怀孕时，在母体和胚胎之间起到某种过滤器的作用，不然胚胎就会被视为异物并被迅速排斥。胚胎若要长时间占据其哺乳动物母亲的身体，胎盘是必不可少的，这就是为什么负鼠等有袋类动物会在巨大的保护性育儿袋中养育幼小的婴儿——它们发育不全的胎盘无法为胎儿提供超过数天的支持，所以它们的婴儿不得不出生在育儿袋外子宫中的某种子宫边缘地带。胎盘过滤营养、废物和可能损害胎儿的物质；它们还会从母亲那里导入保护婴儿的抗体，并让婴儿持续沐浴在由血液承载的营养物质流中，就像巴托里那样。[1]

到目前为止，一切都很奇怪——但是等一下。严格地说，胎盘甚至不算是人类的。让你的身体产生合胞素（制造胎盘的物质）的遗传密码来自一种 RNA 病毒。在大约 1.3 亿年前，我们体内的某个部位捕捉到了我们如今称为人类内源性缺陷逆转录病毒（human endogenous defective retrovirus，简称 HERV-W）的片段，并将其制造合胞素的能力转化成了制造胎盘的能力，这样我们就可以在我们体内平衡婴儿的生长，而不是让它们在卵形容器中生长——很容易变成捕食者的美味零食。将 RNA 病毒收为己用肯定让人觉得奇怪，不过这种情

[1] 虽然匈牙利王国的伊丽莎白·巴托里公爵夫人作为 16 世纪吸血鬼沐浴在处女血液中的历史事实很有争议，但这一形象确实深入人心。

况实际上并不罕见——如果病毒能让我们适应于它们的需求，那么我们偶尔回报这种恩惠似乎是公平的。更重要的是，像我们这样的猿类确实有非常奇怪的胎盘。它们不仅是令人毛骨悚然的改编 RNA 病毒，而且还向母亲的身体发送各种编码指令。灵长类动物中的胎盘——只有灵长类动物的胎盘——负责发出激素信号，告诉母亲不要排斥胎儿。灵长类动物的胎盘调控一种名叫促肾上腺皮质激素释放激素（corticotropin-releasing hormone，简称 CRH）的物质，除了影响婴儿的出生时间，你不必要记住关于它的任何东西。时机在这里很重要：如果你的所有 CRH 都是在胎盘里产生的，而不是像比萨鼠那样在大脑里产生的话，婴儿会出生得更晚。

这似乎是一种模式的一部分，这种模式在人类怀孕期间表现得尤为鲜明。在我们体内，胎盘不只是某种过滤系统，它还是一个渗透系统。胎盘直接附着在我们的子宫壁上，让婴儿更容易获得生长所需的营养，并让婴儿能够实现和其他任何灵长类动物相比对母亲大得多的控制。人类胎盘以一种非常不均衡的方式调节营养的流入和流出，对胎儿的偏爱胜过母亲，以至于这些调节方式如果出现什么差错，可能会杀死我们。在怀孕初期，胚胎开始侵入并重塑血液流动系统，为自己创造一个母亲的身体无法再限制或控制的血液浸透的小小天堂。胎盘控制着向婴儿输送血液的主动脉，这意味着如果婴儿感到没有获得自己需要的营养，它可以通过吸取更多的血液要求更多营养。母亲的血压会因此升高，如果不加以控制，她可能会从高血压头痛发展到先兆子痫肿胀，再进一步发展为癫痫、中风和死亡。

人类胎盘非常喜欢向母亲发送关于婴儿想要什么的激素信号。它制造人胎盘催乳素（又是一个你不需要记住的长名字），命令母亲的身体在进食后产生更多美味的糖类，因为母亲血液中的糖越多，就越有利于婴儿的成长；如果她的身体试图通过产生更多胰岛素来抑制这个过程并且做得过头的话，她就会陷入一场消耗糖类的战争，名为妊娠期糖尿病。持续口渴、持续排尿、精疲力竭——当然，这听起来像是正常的怀孕，但这种不平衡可能会导致死亡风险或严重问题，例如婴儿过大以及前面提到的先兆子痫。妊娠期糖尿病是一种由你自己的婴儿导致的病症，它可能会使母亲变得虚弱，也可能对婴儿造成致命伤害，但在进化历程中的某个时刻，我们做出了决定：子宫内的额外生长压力是值得的。

从表面上看，这听上去像是一种可怕的、侵入性的、旷日持久的生孩子的方式。在事情的表面之下，这也是一种随机生下任何老婴儿的可怕方式。然而，这是生下人类婴儿唯一可能的方式，只有这种方式才能造就我们招牌式的硕大、肥胖、无助的婴儿。这让我们的目光转移到关于人类怀孕的第二件值得注意的事情，在旷日持久的全球疫情大流行于 2020 年暴发之际，我发现这件事对我的影响越来越大，而我却不能靠喝酒撑过这段时光：人类这种动物的 9 个月妊娠期是一个谎言。人类的孕期不是 9 个月。说是 9 个月，其实是 10 个月，平均 40 周，前后多出两周也是完全正常的。即便如此，我们又做了那样的事情：如果你将我们标注在动物生活史的图表上，我们的位置会——你猜对了——很奇怪。

所有哺乳动物都进化出了“半内半外”的婴儿准备过程，部分投资是对还在子宫内的值为 –1 的婴儿进行的，部分投资是在它们出生（值为 0）之后进行的。哺乳动物的孕期长度就是为了适应这一点而设计的。我们可以用来描述亲代投资的方法之一是绘制出我们让婴儿占用母亲身体的时间，即怀孕的持续时间。回顾第 2 章中快速和慢速生活史的对比，我们通常可以看到生活史缓慢的大型哺乳动物有大而慢的妊娠，而较小的动物孕期也较短。一吨重的长颈鹿妈妈将花费 430 天（一年零两个月）的时间来制造她的杰作，而我们的好朋友比萨鼠只用二十多天就能炮制出她的 5 到 12 只幼崽（pups，或者 kittens[1]）。一直以来，我们都要花 9 个月的时间[2]，等待一个出生时身体能力虚弱到甚至不能移动自己头颅的婴儿。

哺乳动物中更广泛的模式是，你长大后希望变得越大，你出生时的“完成度”就越高；和那些不追求成年尺寸的动物幼崽相比，希望成为庞大成年动物的动物幼崽在出生时做好了更充分的迎接世界的准备。像我们的老鼠朋友这样的小动

---

[1] 是的，kitten 这个单词不单指小猫，也可以指老鼠幼崽。讽刺的是，几乎所有人都忘记了这一点，除了现在的你。

[2] 42 可能是生命、宇宙及一切的答案，但我告诉你，对于怀孕的周数来说，这个数字多出了两周。

物在怀孕期间投入大量努力，以让它们的胎儿快速生长，而体形较大的动物不必将那么大比例的资源投入到怀孕中。这反过来又让我们想起了我们在第 2 章中了解到的关于老鼠婴儿的另一件事——它们的母亲无法储存她的宝宝们长到活蹦乱跳所需的所有能量。怀孕是对下一代的一种投资——一种危险的、消耗资源的投资。大型动物玩的是长期策略，双倍押注它们昂贵的怀孕会产生一个有行动能力的婴儿，而小型动物将它们的赌注分散在骰桌上，寄希望于至少一部分赌注能得到好结果。这意味着长颈鹿全力押上了一年多的时间，而比萨鼠只下了不到一个月的赌注。

因此，对于为什么我们怀孕这么长时间的经典答案是，灵长类动物的成长很难：我们使用额外的时间来为婴儿提供所需的能量。如此漫长的妊娠期让我们有时间让胎儿慢慢长大。还记得在上一章我们是如何谈论人类脂肪储备对于生孩子的关键性吗？这么说吧，在怀孕期间，最重要的就是你如何有效地将这些脂肪储备供应给子宫中需求巨大的小小闯入者。你可能听说过“吃两个人的饭”的说法——而且现在“吃两个人的饭”大概更像是一种喜悦的表达，而不是严格的生理需要。[1] 世界各地的许多人实际上在减少热量摄入，特别是在妊娠末三个月，肚子里的东西变得有些拥挤的时候。令人震

[1] 作为加州千禧一代（失败的）素食主义者，我真的非常喜欢几乎每天都要从咖啡馆点的芝士汉堡和薄煎饼配香肠和培根。

惊的是，孕期的额外热量需求实际上更多是一个理论，而不是得到验证的事实，因为很难计算出孕妇不断波动的体重和活动水平，也很难准确跟踪她的饮食。来自西方发达国家的官方最好的猜测是，妊娠末三个月平均每天只额外需要大约200卡的热量——还不如一勺冰激凌的热量高。[1]

我们都知道这对孕期体重意味着什么，当然，有些人比其他人更现实[2]，但我们的丰满女性的关键是，她们可以在臀部、胸部和大腿上方便的位置携带维持怀孕的额外资源，即使环境不再提供花生酱冰激凌。和比萨鼠不同，我们可以在身上携带足够的能量，所以不太容易受到营养危机的影响，这样的危机会导致其他动物自发流产甚至将发育中的胎儿吸收掉。在现实世界中，对怀孕期间的热量限制进行测试的实例非常少（感谢上帝）。最著名的例子是1944至1945年荷兰冬日大饥荒的影响，当时对荷兰的封锁导致城市发生了饥荒，随着情况的恶化，据估计孕妇每天的热量摄入为700至1 400卡。在妊娠末三个月，每天热量摄入少于1 500卡（推荐值是2 000卡）的孕妇要么体重下降，要么每周的体重增加量低于半千克，她们生下的婴儿比正常水平轻大约300克，但仍然生

[1] ……但相当于十根腌黄瓜。

[2] 女性名人在生孩子之后的几周或几个月内恢复“怀孕前体形”的能力备受推崇，但出于某些原因，她们通常不会提及是否有拿薪水的工作人员照顾新手妈妈的营养、情感和身体需求。我的建议是，当你刚刚生了孩子，而你想让自己看起来不像是刚刚生了孩子，你大概应该非常富有才行。我发现对于生活中的大多数事情，这都是很好的建议。

下了婴儿。我们似乎生来就能在面临受限或波动的资源时保持怀孕，如果这意味着在冰激凌方面犯了贪吃的错，那就这样吧，我觉得不用改。

新陈代谢条件决定了能量储存和能量转移的可能性——而这些条件并不完全由基因决定，而是在一定程度上由环境和饮食决定的。毕竟，我们就是我们吃的东西，而且我们吃的东西似乎也会影响我们的婴儿在子宫中的成长。灵长类动物抱着在全球范围内适应和繁荣的决心，涵盖了所有可能的生态位和所有可能的饮食。有几乎只吃昆虫的食虫动物，例如位于灵长类家族树底部的眼睛大大、脑子小小的懒猴（loris）[1]，以及高度特化的食叶动物（只吃叶子的动物），例如家族树顶部的大猩猩[2]。很长一段时间以来，从大量摄入蛋白质的灵长类到体形笨重、不停咀嚼的食叶灵长类，再到依赖季节性食物供应的水果采摘者，存在一条清晰的界线——拥有良好蛋白质来源的家伙长得最快，而那些必须更努力才能获取热量的物种必然会挪用哺育婴儿的时间。这在某种程度上解释了灵长类动物对哺乳动物“小的妊娠快，大的妊娠慢”这一正常模式的逆转——在灵长目中，小家伙的饮食蛋白质含量最高，而体形较大的物种选择叶片或水果的可能性大得多。它们是努力摄入热量的物种，所以它们应该是最快制造

[1] 得名懒猴的原因是它们移动得非常非常慢。

[2] 大猩猩，还有摄影图库中的成年人类女性。

出婴儿的物种。

热量本身在决定胎儿需要在子宫里生长多长时间方面的首要地位受到了一些研究的挑战，这些研究表明，食叶动物［原猴亚目的狐猴和类人猿亚目的疣猴（colobine monkey）］的妊娠期各自都比吃含糖量高且热量高的水果的狐猴和体形类似疣猴且吃水果的猕猴更长。这令人意想不到——除非重要的是热量的质量及其来源。和水果相比，叶片是更好的蛋白质来源，而且它们不像季节性的水果，是全年都有的。说到优质蛋白质，眼镜猴不是唯一一种令周围其他体形较小、可以当作零食的动物胆寒的灵长类动物。我们知道黑猩猩会捕猎，其他物种也会以动物蛋白为食，但是无论是黑猩猩还是顶级捕食者人类，从蛋白质中获取热量的比例都完全比不上眼镜猴（即使是现代美国人，动物蛋白消费在世界上的传道者，也只有 36% 的热量来自动物和动物制品，而这种尖牙利齿的原猴亚目动物做到了 100%）。

关于怀孕，我们人类有很多话要说，并且随着进化科学的出现，我们找到了新方法来喋喋不休地谈论旧思想。漫长的、旷日持久的孕期似乎是个愚蠢的主意，甚至可能是个危险的主意，它在我们想象的进化稀树草原上奔跑，渴望着腌黄瓜和花生酱冰激凌。[1] 现代医学和普通人都普遍将孕妇视为最脆

[1] 花生酱和冰激凌在 20 世纪之前都不容易获得，这一事实并不影响它们目前在我的祖国作为“典型”孕期食品的地位。然后商店里的猛犸象牌冰激凌又卖光了。

弱的社会成员之一，并且承受着极大的风险。她面临的危险如此之多，以至于甚至无法量化它们，例如，那份冰激凌可能没有经过巴氏灭菌，咸味腌黄瓜可能引发高血压。奔跑？在稀树草原上？高温天气？你已经和死掉没差多少了。孕妇严禁或不应该做的事情清单是一个非常好的例子，说明我们认为怀孕是多么危险。我们非常敏感地意识到妊娠失败的可能性，尽管三分之一的怀孕以流产告终的数字仍然让很多人感到惊讶。

作为一个物种，我们会担心——而当我们担心时，我们就开始神经过敏。在全球各地，孕妇要忍受的烦琐禁忌比比皆是。[1]很多地方有（或者最近有过）关于怀孕期间可以和不可以吃什么的规矩——在秘鲁不能吃太辣的东西，在孟加拉国绝对不能吃菠萝。在纳米比亚，孕妇吃鱼会让婴儿的眼睛长得像鱼眼，而在玻利维亚，吃有牙齿的鱼是危险的，因为这些牙齿会割断脐带。对于孕妇吃的任何动物你都必须非常小心，因为在坦桑尼亚，孩子的行为会像菜单上的任何东西；在中非共和国，吃爬行动物和乌龟等走路姿势怪异的动物会搞砸你的孩子走路的姿势；在尼日利亚，吃蜗牛会让婴儿变懒；而在中国，吃青蛙会让孩子举止失礼；在尼日尔，吃骆驼会让你怀孕持续一年，而各种食物都有风险：尼泊尔和印度的芒果，印度和泰国的木瓜。与此同时，冷食在布基纳法

[1] 维持事业似乎是最大的一项禁忌。

索是个坏主意，酸的食物在越南是禁忌。含咖啡因的饮料会让泰国的婴儿变傻，而鸡蛋会让赞比亚的婴儿不长毛发。

就像所有的食物禁忌一样，在每一条规则的背后都有令人着迷的人类学财富。很多规则特别限制肉或蛋，你会觉得这有点违反直觉，因为肉类是如此优质的营养来源，而谁不想要一个营养良好的婴儿呢？但是很多人类文化似乎建议孕妇停止摄入培根，背后的原因非常合理：它是一种过于好的营养来源。正如我们在上一章中看到的那样，让婴儿长得太大有可能导致先兆子痫和糖尿病双双出现。在加纳的部分地区，孕妇被认为不应该喝牛奶，以防她们——或者婴儿——增加太多体重，导致分娩困难。不过，一些禁忌似乎没有科学根据，例如在埃塞俄比亚禁止食用绿叶蔬菜。[1] 另外一些禁忌甚至和食物无关，例如在错误的时间仰望天空（看到日食或月食）的危地马拉母亲是不幸的，这会让婴儿患上腭裂。

但是，如果你可以在怀孕期间或受孕时做一些事，改变所生婴儿的类型呢？当然，似乎有一个变量令每个人都感兴趣，而且进化人类学家和大部分人一样，对生物性别[2]作为遗传物质代代相传的手段感兴趣。也许没有一个灵长类动物像臭名昭著的英格兰国王亨利八世那样对这个问题如此着迷，并造

---

[1] 或者被医疗机构中的某些强硬派分子禁止喝一杯庆祝用的碳酸饮料。你知道我在说谁。

[2] 这段讨论是关于生物性别的，这很乏味，而且是由遗传决定的。这不是关于性别的讨论，性别很有趣，而且你想让它是什么就是什么。

就了一段著名且充满血腥气息的历史。[1] 亨利在通俗历史中被指控与罗马天主教会决裂，因为他们不允许他和自己的第一任妻子（他之后还会有一串妻子）离婚，而他之所以要离婚，是因为在 23 年本来无可挑剔的首任婚姻中，妻子未能生下男性继承人。他的第二任妻子安妮·博林同样没有生下儿子；她和亨利的婚姻持续了三年，然后被斩首处死，接替者简·西摩尔成功生下一个儿子，但之后很快就去世了。[2] 我们现在知道这实在太不公平了。鉴于人类的女儿通常 [3] 有两条 X 染色体，而女性在繁殖中只能贡献一条 X 染色体，所以致命的第二条 X 染色体一定来自亨利的配子。他的妻子们无法选择孩子的生物性别；她们做的任何事情都不能改变决定生物性别的随机基因彩票的结果，在这件事上，她们没有发言权。或者她们其实有呢？

作为基准，人类婴儿出生时的性别比例是 101:100，男性和女性各占约 51% 和 49%。有两条染色体起决定生物性别的作用，所以你通常只能有两种选择，尽管并非总是如此，而

[1] 一想到都铎王朝后期的性别揭秘派对会是什么样子，就会让人感到不寒而栗。

[2] 在亨利八世的众多妻子中，死于分娩的（简·西摩尔，凯瑟琳·帕尔——尽管生的不是亨利的孩子）和被处死的（安妮·博林、凯瑟琳·霍华德）一样多，这不禁令人怀疑鼓励小女孩立志成为公主的适应性价值。

[3] 从技术上讲，有多种染色体组合可以导致婴儿具有女性生殖器，包括单 X（特纳综合征）和 XY（斯威尔综合征）；一些雄性也可能携带额外的 X 染色体（XXY，克兰费尔特综合征）。生物学讨厌墨守成规。另外，女性社会性别儿童的染色体构成的可能性是完全开放的。

且这种选择似乎是随机分布的，以至于大多数有性繁殖动物都拥有比例相等的雌性和雄性后代。当性别比例开始偏移时，生物学家会感到兴奋。如果出生时的性别比例可以偏移，那么必然是什么因素将它扭曲了。显然，对于为什么野外存在不同出生性别比例的动物，有一些行为学方面的解释；例如，雄性非洲狮以不愿支持其成年兄弟闻名，只有很少的雄狮能活下来统治丛林。[1] 然而，这是幸存者偏差的一个例子。很多雄性幼崽出生——它们只是没有活到成年。[2]1 这对狮子的交配系统产生了很多影响，导致了著名的狮群结构，即一头雄狮悠闲地趴在地上，看上去十分威严，而它的雌狮后宫则负责做所有的工作。灵长类动物也有同样的经历——而且雄性常常甚至没有死。我们孔武有力的银背大猩猩有自己的后宫，但是对于每个一男多女的乐队，都有一个孤独的家伙在丛林里游荡，等待着为自己的团体而战的机会。[3]

要是想控制实际出生的雄性和雌性的数量呢？这可能吗？在这里，我们可以再次关注灵长类动物。对可爱的倭狐猴的研究表明，并不是所有倭狐猴幼崽都是雄性和雌性的随机分

[1] 在现实版的《狮子王》中，刀疤百分之百会杀死辛巴。而辛巴最终也会有另外三四个妻子，并且一生都要与对手战斗。如果娜娜将他撵出去，他要么独自游荡，要么为新的狮群而战，并杀死所有不是自己亲生的幼崽。大自然是凶狠的。

[2] 如果它们活到了成年，一些混蛋到头的家伙还会去开枪射杀它们取乐。还有弗洛伊德。人类真是糟糕。

[3] 其中一些独行者甚至组成了大猩猩版本的男孩乐队。

配。在它们的原产地马达加斯加，雌性倭狐猴会待在它们的出生地附近，而雄性则分散得更广。女儿过多可能意味着对领地资源的竞争加剧，这种情况不太可能有利于母亲或后代。然而，可以放心地生产雄性，因为知道它们很快就会成为别人的问题。一个简单的实验对比了两批怀孕倭狐猴产下后代的性别比例，其中一批倭狐猴母亲与其他几只倭狐猴住在一起，而另一批倭狐猴母亲则独享居住空间。环境拥挤的倭狐猴母亲生育儿子的比例是 67%，而生活环境安宁的倭狐猴母亲则生下了 60% 多一点的女儿——差异显著，而且这是一种适应野外艰苦条件的极好策略。

那人类呢？亨利的妻子们是不是真的可以做某些事来拯救自己？[1] 有证据表明，在某些情况下，人类的出生性别比例的确会发生变化。进化人类学中最著名的例子之一是父母因社会地位差异产生的后代性别比例偏移。仿佛是不可避免的，特里弗斯再次现身，这次他与丹·威拉德（Dan Willard）一起提出了特里弗斯－威拉德假说，作为该现象背后的理论依据。该假说认为，有能力在自己孩子身上投资的母亲也有能力生下使用高风险繁殖策略的孩子，只有当一个性别在繁殖成功率方面存在差异时，这才是适应——而对于包括人类在内的灵长类动物来说，这个性别是雄性。女儿总是会繁殖，她们的产出可以说是相当稳定的。地位高的和地位低的女儿都很有可能拥有后

[1] 除了显而易见的不要结婚的建议之外。

代，所以生女儿是个安全的选择。与此同时，生儿子更像是一场赌博。一些非常成功的儿子可能会有一大堆后代，而不那么成功的儿子可能只有很少的后代，甚至没有后代。

从遗传的角度来看，对于无法在儿子身上投资并确保繁殖成功的母亲来说，选择女儿的适应性意义没那么大，而地位高的母亲享有大量社会资本和随之而来的优越营养条件，也许可以通过生儿子来提升自己的遗产。该假说催生了一些有趣的实地研究，包括在人类身上开展的——一项这样的研究甚至发现，亿万富翁生孩子的可能性比普通人高大约 10%。然而，大约一半的研究很少或者根本不支持特里弗斯 - 威拉德假说，而且有些在全球范围内发生的事情无法完全归因于社会地位差异——例如，在西方世界，近几十年来女儿的出生数量一直在缓慢上升，这可能与全球范围内生育问题的增加有关。也许性别比例确实反映了某种适应，但仅仅观察母亲的地位（即使是通过她的超级富翁配偶）并不足以捕捉到真正发生的事情。

那真正发生的事情是什么？说母亲“选择”后代的性别完全没问题，但必须有某种机制实现这一点——除了祈祷、吃特定的水果[1]，或者任何其他广为流传、未经证实的胡说八道。

---

[1] 对于《母婴》（*Mother & Baby*）杂志编辑所做出的努力，你只能击掌赞叹，这位编辑选择用这样的措辞来宣告香蕉让女性怀上男孩的绝对虚构的能力：“这种决定性的水果。”我把这想象成一个很棒的香蕉笑话的复杂但值得期待的铺垫，遗憾的是，这个笑话迷失在了完全空洞的主题中。

不过，存在这样一些机制，虽然不受有意识地控制，但它们似乎确实影响了本来随机的雌配子和雄配子的分配。在这里，我们有一系列多样到令人难以置信的“可能的”影响。雄性可能产生更多携带 X 或 Y 染色体的精子；这确实存在个体差异，甚至在同一个体中也存在差异并取决于禁欲时间长短（上一次性生活之后的时间越短，Y 染色体越多）。在受精过程中的某一阶段，X 或 Y 精子的获胜或失败概率可能更高——这可能与父亲年龄、母亲年龄或者其他在怀孕期间受多种激素调节的过程有关。或者可能是男孩胚胎或女孩胚胎更顽强，不容易产生导致流产的遗传错误。这肯定是 X 连锁缺陷的情况——拥有一条劣质 X 染色体的雄性胚胎只有这条劣质 X 染色体可以用，而雌性胚胎还有另一条也许能用的 X 染色体。

受精的一个方面受到了相当大的关注，那就是时机。将受孕时间移动到为期几天的排卵窗口两端似乎会影响性别，在排卵窗口早期受孕会生下更多男孩，而在排卵窗口末期受孕则会生下更多女孩；人们怀疑这是不是古代中医一项迷信的基础，它认为从经期算起，在奇数天怀孕生下的是女孩，在偶数天怀孕生下的是男孩。

我们对妊娠的执着被我们赋予后代的真正价值所缓和——同样的动力导致我们投入如此多的时间来生育和抚养他们。你可以从以下事实看出端倪：即使是针对孕妇最常见的建议，也缺乏明确的临床证据。例如，英国国家卫生服务中心和美国疾病控制和预防中心都坚持认为，任何酒精水平对孕妇都是不安全的，因为没有建立最低安全水平的临床依据[1]；尽管如此，全球各地的妇女会在偶尔来一杯葡萄酒时让你管好你自己的事。妇女实际上可以在孕期跑步，而且的确这么做了[2]，这也许并不令人惊讶，因为当我们周围仍然生活着穴狮的时候，孕妇的适应性策略不太可能是整个人成为一个移动不便的肉球，还有一只因高血压而肿胀的手卡在腌黄瓜罐子里。我们何时真正开始看到我们的选择——我们如何以及何时对这些婴儿进行身体投资——产生的后果是在接下来发生的事情上：真正生下它们。因为出生不仅是我们这个物种及其童年的进化的一个明显夹点[2]，而且它也是纯粹的混乱，任何人能幸存下来都是一个奇迹。

译注

1. 弗洛伊德认为人有攻击本能，又称死本能。解释为人的内在有自我毁灭的倾向，驱使人放下胆怯，狂热地参与冒险探索的事情，例如狩猎猛兽。
2. 夹点（pinch point）意为容易导致事故或伤害的狭窄区域。

---

[1] 这一是因为人类记不住自己喝了多少酒，二是因为让一群孕妇喝醉然后“看看会发生什么”被认为是不符合伦理的。

[2] 我一直跑到孕期的第38周，如果可以非常宽松地定义“跑”这个动词的话。放松韧带的松弛激素用于轻松打开骨盆，让婴儿在怀孕的最后阶段从中通过，这种激素对脚踝也有作用，所以如果你不想像“兴登堡号”飞艇那样在其他慢跑者面前一头栽倒的话，那么坚持适度锻炼你的韧带是相当明智的。

咯咯，咯咯，鹅妈妈：生孩子

07

咯咯，咯咯，鹅妈妈，

你有羽毛要掉了吗？

进化总是发生在其他人身上——直到你尝试要孩子，然后，砰的一声，它就像一个4千克重的保龄球直接命中你的生殖器。

人类婴儿的问题在于生它们的恐惧[1]——以及我们的婴儿在出生时就面临着相当大风险的事实。这也必须被视为我们整体童年投资策略的一部分。如果我们将孩子的成长视为一系列生活史和投资决策，请不要忘记我们实际上必须要在每个阶段生存下来。人类分娩是有风险的、痛苦的，而且是我们不太擅长的事情。考虑到繁殖是一个物种为了生存而需要

[1]《精神疾病诊断与统计手册》(*The Diagnostic and Statistical Manual of Mental Disorders*，通常缩写为 *DSM*) 将"分娩恐惧症"定义为"对分娩的不合理恐惧"。考虑到分娩死亡的实际统计数据，这个定义本身似乎不太合理。

跨越的主要障碍，那么在孕妇分娩时的“自然”（这里的意思是没有医疗辅助）死亡率超过百分之一的情况下，我们还能存在就已经很了不起了。在每一百个分娩的女性中，会有超过一个人死去。而且这不是一次性的事件；每次分娩都会重复这种风险。所以，如果你生一个孩子，你将掷一次骰子，但伴随你背后良好的农业生活方式提供的巨大能量储备，你将迎来我们这个物种的生育高峰，基本上每一两年掷一次骰子。当然，这些是回报很高的骰子，但风险仍然令人难以置信——你不会买一辆每年都有 1% 刹车失灵概率的汽车，对吧？

显然，你会。正如很多人所指出的那样，地球上生活着大量的人，而且他们大多数是通过标准的人类分娩过程抵达地球的。然而，几乎没有任何关于分娩的标准。如果非要形容的话，人类的出生可以说是晦涩费解的、旷日持久的，而且很容易变得非常复杂。然而，这些荒谬的生命障碍深深地绑定在我们的进化史中，不只存在于骨骼和组织中，还存在于我们的社会身份中——这正是我们将我们的人类社会凝聚在一起的方式。但它始于鲜血。

在我们这个物种中，分娩值得注意主要是因为我们认为它很尴尬——其他动物都成功地在不大张旗鼓的情况下生下了婴儿。[1] 虽然不会有动物在关于分娩的恐怖故事上超越可怜的鬣狗——通过阴茎形状的阴蒂生下拥有全套完整牙齿的婴

[1] 也没有将生孩子变成书里的一系列趣闻逸事。

儿是没人想要超过的水准，但我们并不是唯一在痛苦中挣扎的物种。但是你模糊地回忆起自己的高中生物课，说等一下。人类婴儿带来如此痛苦的原因显然是一种进化适应，而且我们在这些婴儿出生没多少年之后就在学校告诉了他们这一点。几乎每个人都学过[1]，原始人类进化出的主要特征就是我们的远古祖先学会了直立行走，并在适应新的草原行走姿态的过程中改变了骨盆的形状。与此同时，大脑在扩张，也许是因为我们可以通过高效步行获取很多新食物，而这就造成了人类学家舍伍德·沃什伯恩（Sherwood Washburn）所说的“分娩困境”。我们的婴儿对分娩造成困难，是因为我们在对独特的直立姿态（两足行走）和巨大人脑（伟大的思维机器，让我们称霸地球甚至可能最终统治群星）的需求之间做出了小心的平衡。我们很特别，我们的出生也是如此。到目前为止，一切都很好——除了没人告诉松鼠猴。

事实证明，松鼠猴在生孩子方面的表现也很糟糕。它们没有令其主宰地球的大脑，直立姿态只能勉强走几步路，然而它们仍然遭受分娩困难的痛苦。在一个圈养群体中，有 50% 的婴儿在分娩过程中死亡——比人类 2% 的比例糟糕得多，尽管如果加上不平等和疾病带来的所有健康负担，人类的情况可能会更糟。但是松鼠猴的生存挣扎让我们进一步质疑：我

[1] 相当令人沮丧的是，进化论的教学在某些地方有点急转直下，因为没有什么比从长远思考世界更威胁社会秩序了。

们在繁殖的那一刻有那么高的死亡率，这到底是怎么回事，我们是怎么走到这一步的？如果不是因为我们直立行走的习惯，那又是谁的错呢？

人类出生的机制至少是简单的、稳固的，而且完全违反常识。[1]1 首先让婴儿生长到几乎[2]和母亲的骨盆一样大，然后对于由此导致的“沙发通过楼梯间”问题，则强行推动一个复杂的解决方案，它包括三个阶段。[3] 作为参考，有第一产程，宫缩在这个阶段开始，并且可以持续数个小时；然后是相当令人不快的第二阶段，它就像你在电视上看到的那样有很多很多喘气，但至少持续时间很仁慈地以分钟计算，并且生下了婴儿；然后是第三阶段，实际上就是去除胎盘。在 20 世纪中叶，用气压测量来描述子宫受力是非常流行的做法，测量方法是宫缩可以将汞柱升高多少毫米，所以你可以从压强的角度来考虑整个过程，就像考虑某些更令人愉悦的东西一样，比如金星的有毒大气。[4] 例如，地球大气施加的压强相当于大约 760 毫米汞柱，而分娩时对子宫施加的压强经测量[5]平均升

---

[1] 我想花点时间让读者注意一下语言上的反常现象：说北美英语的人表达怀孕是 get pregnant，来自英国的人怀孕则是 fall pregnant。这种语言现象背后的机制不禁令人好奇。怀孕就像陷阱一样？

[2] 正是这个“几乎”拯救了我们。差不多吧。

[3] 这不是很有趣，除非它正在你身上发生，在这种情况下它肯定会引起注意，但你宁愿它不会。

[4] 金星的气压约为 70 000 毫米汞柱，如果你真想知道的话。

[5] 这是在产力计上测量的，它是一种有趣的小东西，在你分娩时绑在你的肚子上，充当稳定的宫缩地震仪。然后医院会给你它的读数，无论你想不想要，或者无论你是不是记得带上文件夹去医院，或者实际上只有一个足够大的塑料袋，用来装连续 36 个小时的反馈。

高约 10 毫米汞柱，最高可达 50 毫米汞柱。这听上去简直可以忽略不计，直到你意识到当子宫收缩达到实际上将婴儿驱逐出去的水平时，受到的压强达到了 2 000 毫米汞柱。这与四分之二到四分之三的地球大气层作用在一小块组织上的力相同。这种压强相当于每隔 30 秒重复将你的肚子（只有你的肚子）下沉到海平面以下 26 米。

无论你想如何想象所涉及的力，分娩的最初过程都几乎肯定更糟糕。不过，这远没有接下来发生的事情糟糕。接下来是分娩的第二个阶段，而且这就是杀死我们还有可怜的松鼠猴的阶段。在这个阶段，子宫宫颈软组织尽可能打开，而婴儿的头开始向外和向下移动到骨盆中。在绝大多数哺乳动物中，这都不是什么大不了的事。一个或多个婴儿沿着骨盆腔向下行进，并伴随着一些强烈的收缩进入这个世界，离开母体时很少出现实际问题，除非是被人类过度繁育的动物。有理论认为，可以松弛体内韧带的松弛激素在怀孕期间积累，这样它就能让骨盆的骨骼松弛一点，从而提供稍多一点的空间，但这一点尚未得到证实。[1] 无论如何，出没在我家门口台阶（在那里躲避捕捉和绝育）的流浪猫可以在隔壁的旧羊圈里生产小猫崽，不需要提供任何干预，除非你把我偶尔赶走好斗的公猫算在内。与此同时，像波士顿㹴犬或法国斗牛犬

[1] 当你的脚在孕期变平或者关节无法控制地抖动时，你也可以很方便地将其归咎于这种激素的作用，而不是你用芝士汉堡让自己增加的 5 至 10 千克的体重。

这样深受名人和社交媒体网红喜爱的纯种狗，在 80% 的分娩中都需要剖宫产，否则它们会死掉。[1] 猫的骨盆对这些小猫崽来说很大，而狗骨盆的形状和狗崽的头都被选择性繁育改变成了不能配套的样子。在意识到我们对可怜的小狗做了这种事时，感到惊骇是完全合理而且正常的反应，但还有一个小问题，我们似乎对自己也做了这样的事。

现在，我们来到了问题的症结所在：人类骨盆和人类婴儿头部。人类婴儿头部通常比我们希望它用来离开母体的通道略大。其他大猿没有犯这个错误——尽管它们当中的很多种类在子宫内时成年大脑容积占身体的比例比我们更大。实际上，我们不是在谈论所有人类骨盆。我们是在谈论女性骨盆。构成髋带的三块骨头在男性和女性身上的形状不同——这是我们可以在我们这个物种中识别出的为数不多的性别二态性之一。正如你可能想到的那样，女性的髋部更宽，底部的骨骼结构更分散，以便于婴儿出生。[2] 这是认为臀部尽可能宽以便生孩子的想法的基石之一——因为我们看到女性之间存在明显差异，她们可能想要这种容纳能力，而男性则不想要。在人类中，我们喜欢把大臀部归咎于分娩这一生死攸关之战。

但是那些大猿呢，那些轻松分娩的物种呢？它们也有性别

[1] 在我的亚马逊网站评论区发垃圾信息的人说我讨厌狗——我实际上很喜欢狗，因此我才反对不负责任的繁育。另外，谢谢你的关心。非常感谢。

[2] 也方便了希望用骨骼确定生物性别的骨骼考古学家的工作。看了这么多章，你不会认为我是靠写书谋生的吧？

二态性的髋部。雌性黑猩猩可以轻松生下婴儿，但是按照比例换算，雄性和雌性黑猩猩之间的差异与男性和女性人类之间的差异是一样的。实际上，我照顾的流浪猫也是如此，甚至就连婴儿小得可以装进育儿袋的负鼠也一样。新的研究表明，哺乳动物在很久之前就有了性别二态性的髋部，所以也许这种紧密贴合实际上并不是我们所认为的对婴儿大小的即时反应。最近一项对 24 个不同人群的髋部大小和形状的调查发现，和生育命运相比，地理对我们髋部的影响更大。

所以，如果问题不是髋部的形状，也许我们可以怪婴儿。

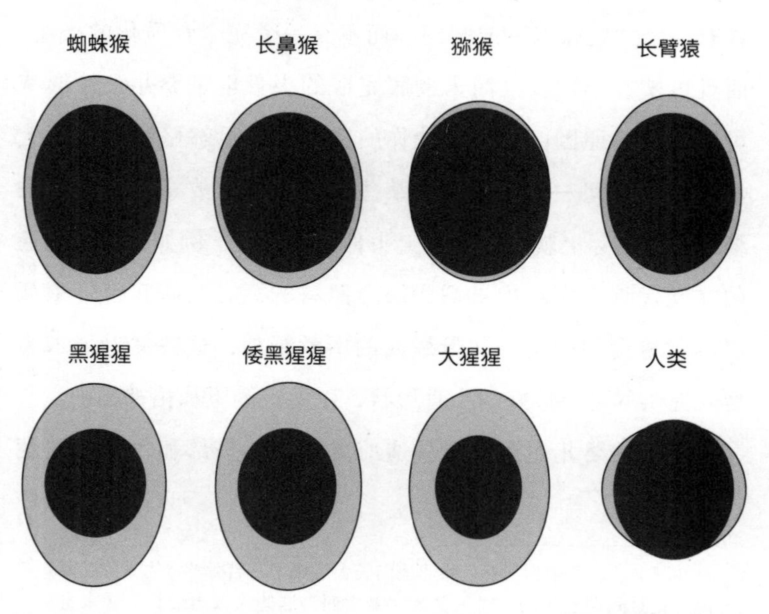

图 7.1. 在几种不同的灵长类动物中，产道（外圈）与新生儿头骨（内圈）的相对大小。根据 Rosenberg & Trevathan (2002)

嗯，在婴儿这边，可以看到新生儿的头骨显然适应了这种荒谬的状况。在你出生时，颅顶（也就是在你大脑周围形成一层硬壳的那些骨骼）不但很小，而且分成几块。额骨构成了成年人能够砸开啤酒罐的坚硬前额，而它一开始是两块骨头；侧面的骨头由两块不同的骨头组成，而后面的骨头分为四块。它们漂浮在你的大脑表面，只由胶原蛋白、肌肉和皮肤结合在一起。虽然从表面上看，这是个糟糕的主意，但当新生儿的头颅遭受上文描述的压力时，这实际上可以实现大得多的灵活性。新生儿的头很容易变形并弹回，因为它需要钻出来，然后它需要进行大幅度的生长。这就是为什么我们出生时头骨有一个"柔软点"或囟门，而不是一个完全骨质化的头盔，而且可塑、半软骨且尚未彻底完成的头骨也是婴儿头颅形状可以改变的原因：如果你让你的宝宝躺在足够坚硬的表面上足够长的时间——或者像在某些文化中那样故意将宝宝的头绑起来，实际上就能改变宝宝头骨的形状。[1] 例如，扁平后脑勺在现代临床实践中被视为缺乏照料的标志，而它曾经象征着尽职尽责的中美洲父母最大的奉献精神，这些父母力求为婴儿提供尽可能最好的头骨形状，以促进健康和精神福祉。

我们的婴儿还有第二种适应方式，对头部和骨盆之间荒

[1] 这并不会让婴儿感到困扰，除非他们长大后成了一名骨骼考古学家，并且不得不花时间在互联网上对一些人大喊大叫，这些人认为细长头骨来自外星人，而不是指示社会地位和文化归属的迹象。小提示：无论你在网上看到了什么，那都不是外星人。

谬的紧贴程度提出了一种解决方案，并且在很多年里被研究人员认为是人类所独有的。当婴儿从产道下来时，头部会转动以尽可能减少对骨盆的阻碍。婴儿的脸不像大多数其他灵长类动物那样朝向母亲的前方，而是转过身来，这样婴儿就会面朝后方，而且有点侧身。这最后一分钟的转动让我们得以诞生。我们曾经以为没有其他动物这样做，对于从小髋部中取出大婴儿的棘手问题，这是人类独有的创新。但实际上，还有其他几种灵长类动物会在骨盆底上稍微转身：长臂猿、猕猴和那些不幸的松鼠猴。就连轻松分娩的黑猩猩也有会轻微转身的婴儿。它并不是我们发现它时以为的独有特征，而且这对我们关于分娩和人类社会的许多更有趣的理论产生了不幸的后果。

多年来，奇怪的、脸朝后的婴儿为我们为什么像现在这样分娩的理论提供了肥沃的土壤。大多数灵长类动物就像我的野猫一样，在时机到来时跑开并躲藏起来。即使是在非常擅长社交和群居的猴子中，分娩似乎也是动物宁愿独处的时候。然而，人类却是在陪伴中分娩的。[1] 你如果为此事去一家大型医院，你会遇到不少于 12 个人：护士、医生、助产士、午餐服务员、清洁工，所有这些人都会帮助你将你的新新小人儿带到这个世界。即使在院外分娩，产妇通常也会被朋友、家

[1] 即使在新冠疫情大流行期间也是如此。他们可能会在分娩不到一个小时后就把你大大缩小的单人社交网络扔出大楼，但他们会向你介绍你最新而且最好的朋友氨酚可待因片。此外，麻醉师非常健谈。

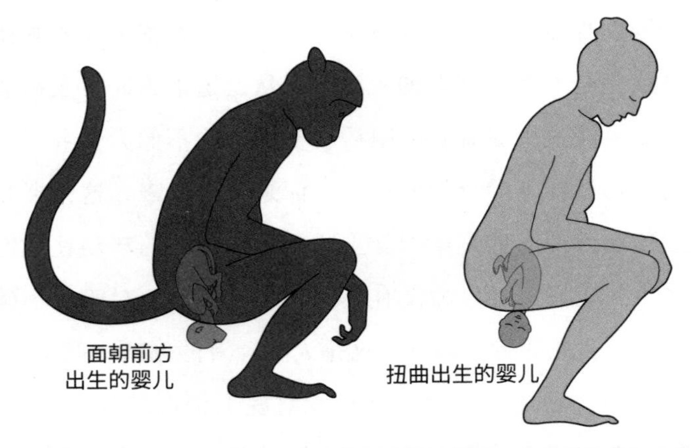

图 7.2. 新生猕猴（左）和新生人类出生时的相对姿势。人类新生儿在产道中头部发生了“扭曲”

人、有经验的大龄妇女、助产士或上述人士的任何组合团团包围。与灵长类动物学家在猴类和猿类中观察到的分娩相比，这真的是一段非常压倒性的群体体验，而且有人认为我们离开母体时的扭曲策略与此有关。

猴子的婴儿出生时脸朝上，而且其脊椎和头部的位置让其母亲能够伸手下去，在分娩过程中帮助自己。然而，人类婴儿的半扭曲姿态意味着婴儿面部的朝向让它不能从前面被拉出来，所以妈妈需要一些帮助。这种帮助——助产士、医生、朋友和亲戚——是研究人员提出的推动我们社会演化的事物之一。研究人员提出，人类需要能陪自己生产的那种朋友——这是充满进化意义的一步，由此迈向造就我们今日之面貌的相互依存的大型社会。毕竟，让别人在你最脆弱的时候接近你需要某种非常特殊的社会纽带[1]，而正是人类对社交独一无二的注重，才让我们能够以如此令人费解的方式生下这些大到不合理的婴儿。

除非，除非，除非。确实有猴子助产士。叶猴是生活在印度南亚次大陆上的纺锤形小猴子，尾巴几乎是身体的两倍长，曾被人们观察到在分娩时得到其他叶猴的帮助，尽管不可否认的是，这种情况只被观察到一次。黑猩猩婴儿从子宫出来时也有一点扭曲，是不是很像人类？黑猩猩母亲没有得到任何帮助，所以我们不能说助产士，或者让你接生别人孩子的社会纽带，是扭曲姿态出生过程所独有的结果。灵长类动物出生时几乎都是头先出来的，但只有少数几个物种采用扭曲姿态。然而当我们看到这种姿态时，它并不一定伴随着婴儿和骨盆之间更紧密的贴合。黑猩猩的分娩比人类轻松得多，因为她的髋部空间很大，但黑猩猩婴儿的头仍然会像人类婴儿试图逃离我们难以通过的人类骨盆的狭窄空当时那样扭转。

当然，黑猩猩也不是两足动物。黑猩猩可以直立，而且如果它们愿意的话，也可以用两条腿走路，但是当它们这样做时，它们会像上岸休假的水手一样脚步蹒跚。每迈出一步，它们的腿就必须向一侧摆动，因为将黑猩猩形状的短颈股骨连接在黑猩猩形状的髋部上只能这样走路。而我们可以自然地直立行走，而且虽然我们能够做出很多种非常傻气的走路

[1] 和 / 或芬太尼。

姿势，但我们的行走效率实际上很高，因为我们的股骨有长长的颈部，这样我们就可以得到八字脚的站姿，从而实现最佳步幅。我们的髋部形状非常适合步行，和黑猩猩相比，我们的髋部前后更窄，两侧更宽。将我们的分娩困难归咎于髋部形状或许是我们对自己这个物种提出的最著名、历史最悠久的进化假说。在很长一段时间里，婴儿在产道中最后的半屈体动作都是一项关键证据，用来支持我们迫使进化从字面意义上绕道而行以适应我们的大脑和直立姿态的论点。但是既然现在我们知道黑猩猩婴儿也会扭曲，我们就可以开始质疑“站立－分娩”假说的正统性了。

如果原因不在于我们的形状，那我们可能要开始考虑大小。这里就是婴儿的大小开始变得非常非常重要的地方。我们当然没有给错误留下太多空间。但我们不是产房里唯一的白痴，取决于你对大婴儿的看法，这要么让人欣慰，要么让人沮丧。例如，几维鸟产下的卵的大小相当于它们总质量的四分之一，和其他同样大小的鸟产下的卵相比，足足大了6倍。[1] 人类呢？我们制造出来的婴儿和它们母亲的体形相比非常、非常大。虽然我们应该庆幸自己出生时不像几维鸟的卵那样大，但仍然占我们母亲体重的6%至8%。与此同时，黑猩猩的数字只有一半——出生时的大小是目前的3%。我们的婴儿出生时非常可爱，脸颊圆润，让人想捏一把，它们身上携带的额外能量

[1] 你可以从它们的脸上看出它们知道这一点。

全都来自母亲。人类婴儿体重的大约 15% 是纯粹的脂肪。与我们现存关系最近的近亲黑猩猩 3% 的婴儿体脂率相比，你会发现我们是多么坚定地选择将储存脂肪作为生活方式。我们出生时就很大——而且我们长到这么大的速度很快。

大多数猴类和猿类的成长过程都比体形类似的哺乳动物更从容。例如，倭狐猴的体重最高仅为 85 克，而我们的老朋友比萨鼠可以轻松达到这个数字的三倍。然而倭狐猴的孕期将持续 60 天，而比萨鼠只需要三分之一的时间。三倍体形，三倍速度——我们的比萨鼠对怀孕的投资显然有明显的差异。当倭狐猴还在慢慢来的时候，比萨鼠已经快要结束短暂而迅猛的孕期了。你瞧——这些小老鼠的完成度甚至比灵长类动物的婴儿还低，出生时没有毛发，眼睛和耳朵紧闭。比萨鼠可以在这些后代出生后通过转移能量让它们继续生长。调整完成。

但是，而且很重要的是，如何看待倭丛猴（Prince Demidoff's galago）呢？[1] 这个丛猴类物种也是灵长类动物，体形和体重与倭狐猴相同，但孕期长达四个月，而不是倭狐猴的两个月。而长臂猿作为唯一被我们拒绝称之为大猿（很可能是因为它们真的很小，只有 5 至 7 千克）的猿类，需要将近七个月的

[1] 英文名的字面意思是德米多夫王子丛猴。令人失望的是，该物种之所以如此命名，是因为它是在热忱的博物学家帕维尔 · 格里戈耶维奇 · 德米多夫（Pavel Grigoryevich Demidov）赞助下建立的维纳德斯基国家地质博物馆鉴定的，而不是因为上述的这位俄罗斯皇室贵胄在 18 世纪 90 年代奔波于马达加斯加岛并命名灵长类动物。

时间孕育一个重 300 至 500 克的婴儿。与此同时，体形相近的猕猴更为省时，在五个半月的时间里就完成了所有的工作。向我们在进化树上的特定分支靠拢，大猿的幼崽体重相当小——我们的黑猩猩妈妈体重最大约 40 千克，生下的婴儿体重不到 2 千克，是她体重的大约 5%；和父亲 50 千克的体重相比，占比更小。作为一种巨大的野兽，大猩猩出生时也只有母亲体重的大约 3%，重 2 千克的小婴儿由重 70 至 110 千克的母亲生下（而父亲的体重高达将近 230 千克）。所以当我们以母亲体重的 6% 至 8% 出生时，我们知道还有别的事情在发生。在第 5 章，我们看到了让母亲和潜在母亲变胖的价值，这样做可以抵御不确定的（或者肯定会变糟糕的）食物供应的风险。但所有这些额外能量还有另一个用途，而这个用途正是进化人类学家特别感兴趣的。

1995 年，人类学家莱斯利·艾洛（Leslie Aiello）和彼得·惠勒（Peter Wheeler）发表了一项理论，认为脂肪对于构建我们成为人类所需要拥有的身体部位至关重要。“高耗能组织假说”认为，我们令人印象深刻的脂肪储存能力实际上是一种适应；我们储存的脂肪是一种预算，用来支持我们本来无法承担的器官的运行成本，该器官就是我们肥硕的巨型大脑。根据这两位学者的说法，在人体的基本代谢率中，人脑贡献了令人印象深刻的 16% 的份额。为了增加更多的大脑生长预算，我们必须从其他地方分走预算。艾洛和惠勒提出，受影响的区域之一是我们的肠道，它也是昂贵的器官，如果你确定你只要求它处理高质量[1]、营养丰富的食物，那么一位经营顾问会将其视为对该器官的“重大重组”。在我们祖先遥远的过去，也许远至数百万年前，即最早的人属（*Homo*）物种出现时，营养更充裕的饮食将允许肠道节省下来的效率直接转移到我们饥饿的大脑中。在种类更广泛的物种中对该假说的进一步检验表明，并非全部拥有肥硕大脑的动物都有缩短的肠道，但这与动物能够在体内储存多少脂肪有关。也有人提出其他能量节省方式，例如通过我们利落的运动方式节能，但这似乎被我们的运动量本身抵消了。无论起作用的是什么机制，最终的结果都清晰地体现在拥有肥硕、昂贵大脑的人类婴儿上。

灵长类动物大脑的形成需要大量努力——以及热量投资。以眼睛突出、转动脑袋、啃食蜥蜴的眼镜猴为例。眼镜猴是构成原猴亚目的狐猴、懒猴和狐猿与进化程度更高（或者和最近共同祖先相比改变更大）的其他猴类和猿类之间的中间类型，是一些疯狂的小东西。它们的眼球比大脑还重——这里说的是每只眼球，甚至不是两只眼球一起——而且比它们的胃还大。[2] 这说明在眼镜猴的进化史中存在对眼球相当全力以赴的适应，如果你意识到眼镜猴是唯一几乎完全依赖全蛋

---

[1] 进化意义上的高质量意味着的内容和现在恰好相反——忘记那些需要很长时间才能咀嚼和消化的密集纤维植物吧，我们谈论的是纸杯蛋糕上的培根。如果这两样东西存在于三四百万年前的话。

[2] 这说明我的遗传谱系上有直接的眼镜猴血统，出生于大萧条时代并且在我小时候负责喂我午饭的祖母这样说。

白质饮食的灵长类动物，这就不足为奇了。它们需要这样的眼睛。如果它们不能以一定程度的精确性捕捉蜥蜴或其他蛋白质来源，它们就没法好好活下去。因此，我们看到眼镜猴母亲花很长时间孕育她的婴儿，好让眼镜猴婴儿出生时拥有相对其袖珍体形而言更大的大脑，而这个大脑的主要功能就是操纵这两只眼球。

按照比例换算，眼镜猴在孕期比体形最肥硕的人类还要努力得多。一只雌性眼镜猴会在怀孕 170 天后生产出相当于自身体重大约 19% 的眼镜猴婴儿，平均每天增加 0.17 克眼镜猴的体重，直到制造出重 30 克的新生儿。相比之下，人类就是在磨洋工，在 267 天的孕期中制造母亲体重的约 6% 至 8%，平均每天增长 12 克，直到我们得到体重 3.3 千克的婴儿。这不是同等水平的努力程度——眼镜猴的 0.17 克约占其体重的 0.11%，而即使是最娇小的人类母亲，12 克也只有其体重的 0.03%。[1]

研究人员估计了在制造像猿类这样聪明的东西时可能消耗的热量成本，而且这个过程存在明确的权衡取舍。我们在前文中看到，长臂猿这种不是很大的猿尽管看上去仿佛刚刚将它们细长手臂上的一根手指插进了电源插座一样，但它们的

---

[1] 这些统计数据是使用哈维（Harvey）和克拉顿 – 布罗克（Clutton-Brock）1985 年的一篇关于“灵长类动物生活史变异”的经典对比论文计算得出的，该论文提出人类女性的评价体重是 40 千克，或 90 磅。就我的个人经验而言，90 磅不是人类孕妇的体重。我上一次称出 90 磅的体重时，涅槃乐队还在举办演出。[2]

怀孕时间比类似体形的猕猴要长。然而，猕猴出生时大脑重约 60 克，成年后则需要长到 100 克，这需要增加 40 克之多，也就是说它们出生时大脑完成了 60% 的生长发育。长臂猿出生时大脑重 55 克，需要长到成年时的 110 克，所以它们需要将出生时的大脑重量加倍，而新生儿的大脑完成度是 50%。这意味着长臂猿在子宫里实际上用较长的时间制造了较少的脑组织，剩余的部分要等到出生后再全部补齐。相比之下，恒河猴在子宫里时有一个大脑“生长高峰”，出生时大脑已经发育了大约 60%。

那么，为什么有些动物在怀孕时比其他动物更努力呢？有两种方法可以将大脑生长所需的热量输送给婴儿：当婴儿还在子宫里时努力输入，或者在婴儿出生后输入。例如，黑猩猩出生时的大脑重量约为成年时的 40%。我们呢？只有 30%。选择何时以及如何进行这些投资是塑造童年的因素。要想最终得到拥有硕大大脑的成年人，我们需要为孩子们提供足够的能量，让他们不仅可以长出通常的哺乳动物四肢，而且可以长出这个巨大的中央指挥枢纽，后者已经远远超出了传统的哺乳动物预算。当你生下来就会跑，或者像长颈鹿婴儿那样至少会跌跌撞撞地走路时，你想要的是一个几乎发育齐全的大脑：早熟动物的大脑往往在子宫中发育。对于那些在出生后一段时间内不得不应对婴儿哭泣和需求的动物，不妨把大脑的发育留到以后，那时你可以开始把比萨拖进养育婴儿的等式中。我们？是的，我们选择比萨。

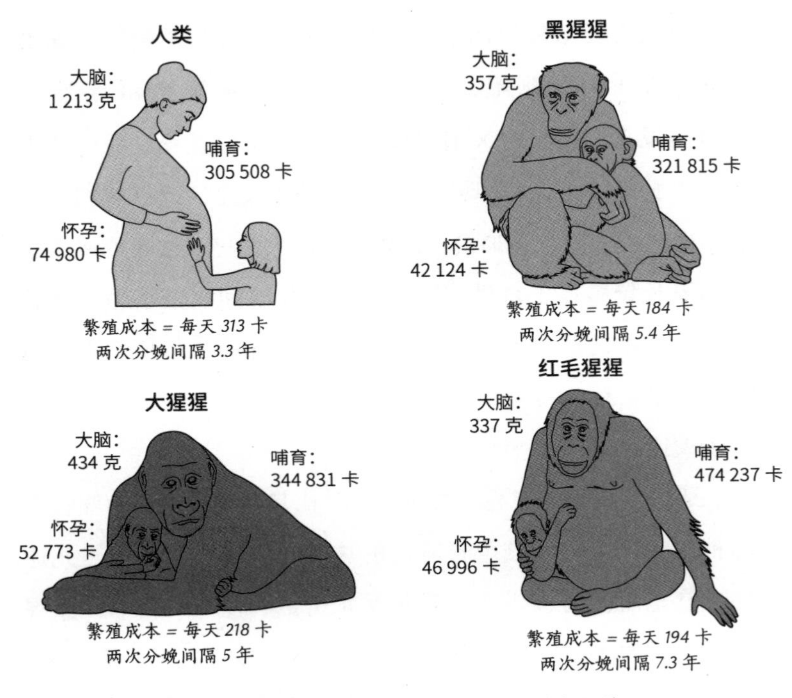

图 7.3. 各种大猿的繁殖总成本。数据来自 Pontzer et al. (2016)

如果我们真的想在出生时拥有和黑猩猩同样比例的大脑，我们必须怀孕 18 至 21 个月。[1] 然而，我们不是在制造大脑硕大的婴儿，而是在子宫外培育大脑硕大的婴儿，甚至没有育儿袋的帮助。这就是我们可以视为我们这个族群最伟大的适

[1] 以我直接无须科学论证的观点来看，这太长了。令人高兴的是，进化论在这一点上支持我。

应之一的东西：拖延症。我们真的会在婴儿出生后的 90 天内集中精力发育大脑，让我们的婴儿尝试在一个全新的世界中摸索，同时以每天 1% 的速度快速扩张它们的大脑。我们这些极其聪明的猿类研究了长出一个非常聪明的婴儿所需的能量，然后决定尽可能拉长时间并分散投资。

我们有着复杂的能量需求：首先要进入繁殖状态，然后是我们巨大的智力器官或者任何其他填充我们两耳之间空间的东西的压倒性重量。这些都需要能量。最近的研究工作终于成功地确定了人类相对于其他现存大猿所做出的另一种巧妙的适应：大功率运行。尽管这本书的中年读者可能会怀疑，但实际上人类的新陈代谢速率比我们的猿类近亲快得多。一只体重 40 千克的雌性黑猩猩每天消耗的热量略少于 1 500 卡，而体重 60 千克左右的人类女性则消耗超过 2 000 卡多一点的热量。这是为了满足所有那些昂贵器官的需要，并且为我们的最高成就留出空间——保留额外热量，这样我们就能生更多婴儿。当我们相当疯狂的胎盘分娩系统开始毫无保留地满足婴儿的需求时，我们就可以开始看到一些额外能量容量的去向——我们将其投资于我们聪明的婴儿，不管你喜不喜欢。然而，即便是我们加速的新陈代谢也不足以完全从我们自己的身体中制造出我们需要的婴儿，所以它们提早出生，身体尽可能囤积脂肪，并无助地发出抗议，一头扎进人类生活这个充满困惑的世界。

译注

1.pregnant 指怀孕状态，get 的基本词义为“得到”，fall 的基本词义“落入”。

2. 涅槃乐队最后一次公开演出是 1994 年。

跷跷板，玛琼琳·朵：对分娩的文化适应

08

跷跷板，玛琼琳·朵，
卖掉她的床，躺在稻草上；
卖掉她的床，躺在干草上，
小精灵过来，把她带走了。

在造就我们的进化史中的某个时刻，我们决定变得更大，而母亲的充沛活力（大功率运行）和婴儿尺寸（肥胖又可爱）的一两次冲击撞上了我们骨盆的骨感现实。要想确定我们这个物种是在何时何地开始调动潜能用于制造脂肪和富含脂肪的大脑，这项工作会涉及相当多的猜测，但从那以后，我们一直在加倍投资。这种投资有时会将母亲的新陈代谢挤压到接近死亡的地步来生长这些肥胖的婴儿，然后让我们在分娩时遭遇巨大的困难，这很可能是我们自直立行走以来就一直在走的钢丝；我们困难重重的分娩的起源大概比我们这个物种的出现还要久远得多。露西，我们古老的原始人类祖

先南方古猿阿法种（*Australopithecus afarensis*）的一员，肯定会喜欢硬膜外麻醉。然而，更古老的南方古猿的身体构造似乎不符合婴儿以扭曲姿态分娩的特征，例如南方古猿源泉种（*Australopithecus sediba*）。这就不免令人疑问——如果我们数百万年来生孩子时都一直遇到困难，那我们是如何生存下来的？就像我们可以对任何关于我们持久怪异之处的问题做出的回答一样，答案在于对人类生活产生最大影响的投资工具：其他人。

那位仅此一例的叶猴助产士无法与围绕人类分娩的丰富文化资源相提并论。我们在帮助孕妇生孩子方面成就卓然，正是因为我们在生孩子这件事上做得很糟糕。因此，虽然助产士可能不是我们滑稽而扭曲地进入这个世界的过程的直接结果，但她们仍然是人类适应的一个非常重要的部分。

如果所有与分娩相关的文化都如此有益就好了。关于你应该如何分娩，人类社会有很多话要说，而这些话常常不是剥夺人权的，就是非常刻薄的。这很值得注意，因为在这件事上没有太多的选择，而且你不太可能及时和经理反映以便做出任何改善。然而，文化对分娩的看法往往存在巨大的地区差异——甚至在两代人之间的差异也很巨大。例如，在我的出生地文化（美国）中，存在一些关于一个人应该如何生孩子的强烈观点，但这些想法和我领养文化（英国）的想法完全冲突——顺便说一句，英国和我的出生地有着共同的语言以及一切，过去两百多年的历史除外。[1] 我从来没有想要在我自己舒适的家里生一个孩子，即使不那么医学的自然分娩提倡者向我保证，这会让我在分娩过程中更放松，而且可能达到高潮。[2] 然而，对于我遇到的一小群预产期和我差不多相同的女性来说，这是一个极其重要的选项，而真正令人失望的是，在家分娩，无论是否会在特制的可移动浴缸中进行，都因为全球疫情大流行被禁止了。分娩文化期望之间的距离因代际关系而进一步加深，我在试图向我的母亲解释什么是分娩池以及为什么要在客厅里放一个时意识到了这一点。

世界各地的文化都热衷于通过帮助女性成功分娩来投资下一代，这是可以理解的。这导致了我们之前看到的一连串食物禁忌，而且也导致分娩的身体传统存在差异，这些差异可能与医院和家庭分娩池的差异一样大。[3] 人类学家温达·特雷瓦森（Wenda Trevathan）开展的一项调查研究了 159 种文化中鼓励女性分娩时采取的身体姿势，结果发现坐姿是最常见的，然后是跪姿和蹲姿。[4] 虽然还不清楚过去的情况会是什么，但在如今的很多文化中，女性在无辅助的情况下没有蹲下去

[1] 值得注意的是，如果你问一个美国人是否想要免费医疗，他们会说想要。这也适应于分娩。

[2] 这显然是很重要的一件事。

[3] 除了免费药物，真正让医院分娩卖座的是分娩池的资料单，它表明孕妇必须提供自己的筛子。（水中分娩时，筛子用来清除孕妇排出的血块等，保持水的清洁。——编者注）

[4] 躺下是西方医疗实践中的典型姿态，它只比吊床略受欢迎，我只能认为这是由于吊床的稀缺。

的肌肉力量，所以许多这些姿势都可以通过巧妙的发明来辅助，例如分娩凳（一种在座位上有洞的椅子），或者只是简单地依靠在物体和人身上。然而，姿势可能是文化差异中争议最小的。世界各地还有针对女性行为举止的强烈禁令。

跨越时间和地域的分娩文化非常令人着迷，而且真的应该比我能够收录在这份日益庞大的手稿中的内容得到更仔细的考虑。在现代，分娩在世界各地以不同的方式被理想化。在山达基教会中相当臭名昭著，但也出现在许多其他文化中的一种情况是，孕妇被鼓励不要发出太多声音，要安静地分娩；相比之下，英语世界的大众文化往往会拿这一过程中伴随的咒骂的质量和数量开玩笑。虽然“分娩会很不舒服”的想法看起来几乎是普世性的，但是在互联网上充斥着广藿香气味的角落里，女性被告知，只要做得正确，分娩可以达到高潮。这两种情况背后的基本原则实际上是一个可以理解的目标，即通过创造平静祥和的氛围来实现对母亲和婴儿来说创伤都更少的分娩。然而，即使是“理想的”分娩这一概念也可能被用来压迫产妇，并让那些未能将香味正确（不点燃）的蜡烛带进产房或者没有尽力尝试伴随鲸鱼歌声在水下生产宝宝的母亲感到沮丧。[1]

然而，对我们的分娩进行干预并胡乱摆弄的悠久历史无

[1] 给非英国读者看的脚注：分娩池在英国相当流行，而准母亲们都已被间接告知，理想的分娩是在家中进行的，而且基本上是在室内的租赁按摩浴缸中进行的。他们不会告诉你筛子的事儿，直到为时已晚。

可辩驳地证明了我们的分娩是多么困难。当然，早在书写还只是代币交换系统中的一个朦胧想法时，关于如何助产的知识就已经存在很久了，但是医学史确实有很多相关内容。可追溯至最古老文字的古美索不达米亚文本中包括安全分娩的祈祷和仪式（主要是揉肚子）、对死去产妇的悼词，甚至还有大头产妇注定会生产困难的实践警告。追溯到大约 4 000 年前，埃及提供了大量医学文本，但令人惊讶的是，最多的分娩相关内容[1]来自神话和魔法文本。在被古埃及学家让－弗朗索瓦·商博良（Jean-François Champollion）称为“玛米西”（mammisi）的小庙中，可以找到可能是世界上第一个专门为神灵建造的产房。这些小庙装饰着分娩场景，在这些场景中，助产士围绕在准妈妈的前后，而产妇要么使用小座椅，要么采用跪姿。不过，在现实世界中似乎更常见的是使用神奇的“分娩砖”，称为梅斯赫奈特（meskhenet）。这些带有特殊装饰的砖既可以作为分娩表面，也可以最终将婴儿放在上面以切断脐带。也许是一件令人意想不到的产科家具——但按摩浴缸也是如此。具有 3 000 年历史的印度阿育吠陀医学传统也强调助产士（称为 dai）和按摩的重要性。而在 2000 年前的中国早期，医学典籍中有一系列禁令，例如在分娩前的一个月禁止洗头，一旦发生这种情况，准妈妈就会进入一个分娩帐篷——无论是在室外还是室内——而且只有少量助手。

[1] 可能还包括堕胎；女神布巴斯提斯在被塞特神强奸后似乎选择了不生孩子。

你会注意到，这些文本当然不是助产士自己写的。这些是文学精英的文学文本，这些精英基本上是男人而不是助产士，而助产士是在过去几个世纪的医疗分娩中占据主导地位的男性产科医生的前身。女性从业者面临着与当时社会期望的艰苦斗争——而且有史以来的几乎所有时代似乎都是如此。一方面，助产士早在史前就已经是一种人类习惯。另一方面，我们是一个活的物种而不是化石——传统会变化，技术会进步。分娩如何成为医护人员而不是助产士的事业，这个故事与当今仍在我们的社会中激起涟漪的更大的文化变化紧密相关，这种变化在互联网论坛上引发了无数关于什么才是孕妇"最佳"分娩方式的争论。

在考虑西方传统时，"自然"分娩的理由不仅是医学上的，

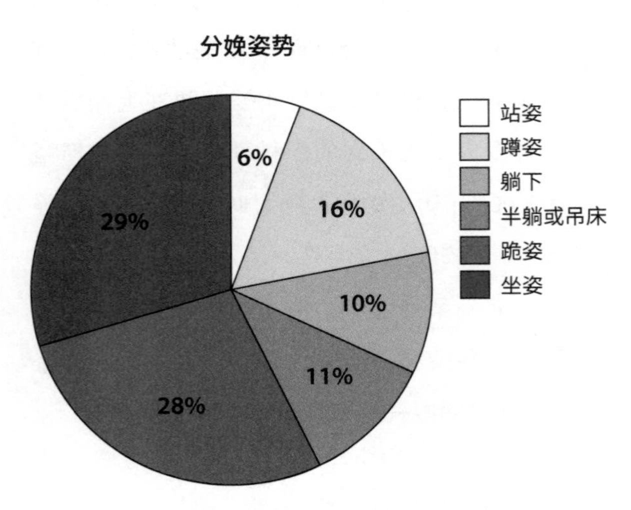

图 8.1. 世界各地的分娩姿势。数据来自 Rosenberg & Trevathan (2002)

而且还是道德上的。在基督教神学中有一种历史悠久的观念，将原罪（夏娃吃了上帝为日后保留的一个苹果）的痛苦与分娩的痛苦等同起来，并坚持认为女性必须感受到后者才能弥补前者的罪过。灵魂处于危险之中，必须杀鸡儆猴——例如可怜的老艾格尼丝·桑普森（Agnes Sampson）。艾格尼丝是一位助产士，也是一个“狡猾的女人”，1591年在爱丁堡的城堡山（Castle Hill）被活活烧死，罪名之一是使用一种神秘粉末、一块有洞的石头，以及一具最近挖出的尸体的手指、脚趾和膝关节帮助一个名叫尤菲米娅·麦克林（Euphemia Maclean）的孕妇分娩。虽然不太可能真正有效地缓解疼痛，但令艾格尼丝身死的不只是其治疗手段中潜在的萨满教信仰——这个针对她的案件非常清楚地强调，缓解痛苦的意图本身就是应被谴责的因素。在这种文化中，女性应该而且只能依靠宗教遗物和祈祷缓解痛苦。这些东西可以采取实物的形式，例如神圣的“分娩腰带”，它是系在孕妇身上的一种腰带，就像图书馆的书一样借给临产妇女。有一条这样的腰带在最近得到了科学分析，研究人员发现它被分娩过程中漂浮的细胞大量覆盖，这说明这些腰带确实被使用过。令人震惊的是，直到19世纪末20世纪初，分娩时的疼痛缓解才在世界上的某些地区被广泛接受。

了解分娩医疗化的最佳方法之一是思考产科在苏格兰的崛起，它从女性的工作领域转变成了享有声望和王室认可的男性就业市场。工业时代的苏格兰遭受着双重悲剧：工业污染最严重时期的阳光缺乏，以及限制优质食品供应的严重贫富差距。19 世纪，许多苏格兰城市的儿童维生素 D 缺乏症（佝偻病）急剧增加，这是因为他们无法从天空或食物中获取使骨骼硬化成适当形状的维生素 D 前体。这导致了佝偻病的流行，一提到佝偻病，大多数人会想到罗圈腿，但缺乏矿物质密度还会导致股骨在身体重量下变形，也会影响骨盆。这倒没什么，如果你是男孩并且不打算让婴儿从骨盆通过的话。如果你是女孩，而且后来怀孕了，那就等于被判了死刑。

大量此类情况复杂的分娩刺激了新兴的产科学科的发展。你只需要知道，电锯实际上只不过是耻骨锯的放大版，而后者是由精明的苏格兰人发明的（发明了两次），目的是帮助尽快完成分娩，以免母亲和婴儿都保不住。现代麻醉剂首次用于分娩的使用对象是一位因童年佝偻病而患有“骨盆收缩”的妇女。1847 年，她在爱丁堡著名产科医生约翰·辛普森（John Simpson）的乙醚麻醉下成功分娩。然而，辛普森这样做是在强烈反抗《创世记》和其中的这句诅咒，“你生产儿女必多受苦楚”。宗教方面的反对仍然是缓解分娩疼痛的一个主要障碍，直到维多利亚女王亲自让辛普森帮助她生下自己的第八个孩子之后，才稍微缓和了这一障碍。

无论是否用于王室成员，乙醚和氯仿都很快被引入到产科实践中，令以前无法被容忍的干预措施成为可能，包括剖宫产，从名字就能看得出来，它本身已经相当古老了。[1] 令母亲和婴儿都能保全的剖宫产与中世纪的做法大大不同，后者是在产妇死亡后将婴儿从子宫中取出以便接受洗礼，但没人指望婴儿能活下来。任何一方幸存下来的例子都极其稀少；1974 年，《英国医学杂志》（*British Medical Journal*）发布了一篇相当令人震惊的报道，讲述 1738 年玛丽·唐纳利（Mary Donally）——一名“文盲爱尔兰妇女”[1]——如何使用一把直剃刀进行剖宫产，挽救了一位分娩失败的母亲的生命。目前还不清楚剖宫产在 20 世纪初的分娩中占多大比例，但它似乎确实已经成为一种风潮——而且是危险的风潮，因为很多不熟练的产科医生纷纷开始做手术。然而，到了 20 世纪中叶，剖宫产已经成为一种相对安全且越来越常见的手术，在撰写本书时，世界各地的平均剖宫产率约为 20%，尽管世界卫生组织估计（1985 年）只有大约 10% 至 15% 的分娩需要剖宫产。有些国家的比例要高得多：巴西、智利、塞浦路斯和埃及有超过 50% 的母亲进行剖宫产，而这个数字在多米尼加共和国是 58%。

尽管有非常非常充分的理由进行剖宫产，例如避免死亡，但很多国家的剖宫产率升高表明在孕妇和婴儿健康的支持方面确实存在真正的失败，导致了严重的医疗干预。去羞辱那些在分娩时接受手术干预从而令这些数字升高的女性是很容易的，但这却忽略了一个事实，即推高剖宫产率的因素不是在真空中发生的，而是在社会中发生的。在很多国家，令婴

[1] 不清楚这位受过教育的男性英国作者觉得哪一点更令人震惊。

儿生长过大的身体状况（如妊娠期糖尿病）背后的营养不平等以及鼓励晚孕[1]的社会压力和经济压力，都会导致只能通过手术来纠正的分娩问题。话虽如此，和人类一样古老的出生（以及分娩）的医学化并不是没有影响——有些影响已经足够可怕，让你可以理解为什么在自家客厅的分娩池里放松听起来像是个好主意。

18 世纪的男性助产士开始取代此前的女性助产士，带来了大量技术性的医学创新，例如上文所讨论的救命麻醉和令人愉快的麻醉。他们还将助产从一项社区活动重塑为一项赚钱的业务。产钳在 17 世纪的引入标志着医学分娩的一个转折点，张伯伦产钳的勺状末端使得在很多从前会导致母亲和孩子死亡的情况下有可能取出活婴儿。它的发明者彼得·张伯伦（Peter Chamberlain）知道自己正在做一件好事。他建立起一个产科帝国，并将张伯伦家族打造成一个王朝，让他的后继者都可以用这些产钳奇迹般地解决分娩受阻——而且永远不会透露他们的商业秘密。据说，他们甚至在助产时使用了床单——不是为了保护病人的隐私，而是为了隐藏赚钱的产钳。

到 17 世纪，产钳在英格兰已经足够流行，以至于在讽刺小说《项狄传》中受到了嘲讽，书中的叙述者哀叹自己出生

[1] 恭喜所有负担得起在 60 岁之前生孩子的人。

时因产钳事故造成了扁平鼻梁[1]，但在将近100年中，张伯伦家族通过将他们的发明保密，以“男性助产士”的身份大发其财。在他们的权衡中，从作为奇迹创造者的名声中获利的潜力远远胜过了为公众利益带来的潜力。这听上去很可耻，不过它与当今的医疗专利制度并没有太大不同，而且我们仍然在富人和穷人的分娩结果之间看到了巨大差异。关于分娩结果最令人震惊的统计数据之一不是电锯，甚至不是火刑柱上的焚烧——而是如今美国有色人种女性的产妇死亡率高达白人女性的五倍；在英国是四倍。社会和经济地位仍然是世界各地分娩结果的首要预示因素，关于我们离张伯伦家族和他们的秘密有多远（或者有多近），它会告诉你你所需要知道的一切。

我们知道，分娩在很长很长一段时间里都是困难的，因为我们可以在考古记录中找到最糟糕结果的证据。在英国赫特福德郡的希钦有一座相当迷人但又不起眼的市镇博物馆，里面的一具骨架静静地讲述着一个伤感的故事。骨架的髋部很宽，头骨小巧[2]，所以我们知道她是生物学上的女性。我们知道这具骨架在生物学上是女性的另一种途径是，她和身边的两个婴儿一起埋葬，而且最后一个新生儿还留在她的骨盆区

[1]《项狄传》写于1759年，当时几乎每个有点身份的人都有梅毒。遗传性梅毒的典型特征之一是鼻梁扁平，所以作者劳伦斯·斯特恩（Laurence Sterne）是否真的开了第一个已知的骨骼病理学笑话，我留给读者来判断。

[2] 比较小巧。古罗马时代的英格兰人身材更加健壮，因为他们实际上肯定会忙着做事情，而不是整天都泡在博物馆里。

域。大约 2 000 年前，这位妇女在即将成为母亲时和她的孩子一起去世。当然，三胞胎即使在今天也是有风险的。已知最早的分娩死亡案例发生在将近 8 000 年前的西伯利亚贝加尔湖地区，一名来自狩猎 – 采集者群体的妇女在生下双胞胎时死亡。虽然这两个例子中的婴儿数量都多于人类女性一次分娩通常生下的婴儿数量，但世界各地也有一些即便是单胎也会造成糟糕结局的例子。

我们有更多来自更早时代的分娩死亡证据，例如大约 6 000 年前被埋在中国河南附近的一位妇女和她的胎儿，二者很可能都是该妇女过长骨盆的受害者。世界各地都有许多此类胎儿遗骸，要么是在母亲的体内发现的，要么刚生下来并出现在母亲旁边。例如，在对大量钦乔罗木乃伊样本进行法医检查时，发现 187 具木乃伊中有 14% 死于分娩并发症，其中大部分与感染有关。我们之所以知道这一点，完全是因为软组织得到了保存，因为只有少数几人的情况严重到在骨骼上留下痕迹。

多年来，考古学家一直争论人类分娩在过去是否真的那么困难，尤其是在我们发明农业并随之获取额外热量之前。有人认为，新石器时代的定居生活方式和以碳水为基础的饮食使得更多能量可以转移到子宫内的婴儿身上。按理说，这应该会导致更大的婴儿——以及更困难的分娩。然而，最近对南非石器时代晚期人群死亡率的估计表明，妇女在第一次分娩时仍然面临很大的风险。在我们采取定居生活方式后，我们当然会看到分娩死亡留下的骷髅数量增加了，但我们也能看到骷髅数量总体上也增加了。到了新石器时代，无论在世界哪个地方，人口都变多了。而这时我们作为一个物种取得成功的核心——尽管面临种种障碍，但我们已经变得非常非常善于制造更多自己。

问题是，分娩如今还是困难的，还是有人因此丧命。如果它不是那么危险，却又是对我们这个物种的生存而言至关重要的一部分的话，我们就不会那么关心它，关于它也不会有那么多奇怪的规则。但因为分娩很重要，我们仍然在胡乱摆弄它。我们这个物种非常热衷于抓住生活中重要的事物，并用我们极具适应性的进化杠杆来胡乱摆弄它们，这个杠杆就是文化。有时这很有帮助，有时却于事无补。在过去，我们的文化习惯让我们能够建立人类女性生育所需的支持网络。无论是过去还是现在，对于许多女性来说，我们的文化习惯极大地导致了分娩比原本的情况更糟糕，而我们的技术创新正在努力适应产生这种变化的方式。我的意思是，分娩对我们这个物种来说仍然不容易，但我们可以把汽车送上太空做广告。

既然生孩子这么危险，那为什么不放弃呢？为什么不适应、进化，变成一个不再因为试图繁殖而死掉的物种？嗯，那不是我们投资策略的一部分。我们用死亡并让我们现有的孩子失去支持的风险来交换总体上孩子数量减少这一不太直接的威胁。回想上一章，我们发现人类母亲在体外生长自己的婴儿。我们当然没有让它们发育完全——没有婴儿一出生就能两足行走，跟随人群。我们所拥有的婴儿的类型，以及我们为抚养它们而做出的文化和生物学适应，意味着接下来就是艰苦的任务，养大婴儿。分娩只是一生投资的开始——而这些投资就是令我们成为人类的东西。

译注

1. 剖宫产的英语表达为 caesarean section，字面意思是“恺撒切开”，这里的恺撒就是古罗马的恺撒大帝。这个词经德语被吸收进日语，其日语词直译为“帝王切开”，沿用至今。

睡吧睡吧胖娃娃：以传统办法照料孩子

09

睡吧睡吧胖娃娃，

爸爸打猎顶呱呱，

剥下一张兔子皮，

回家好裹胖娃娃。

我们不是谷仓蜘蛛，在婴儿出生的那一刻就准备好退出繁重的育儿工作。我们是哺乳动物，更糟糕的是，我们是灵长类动物。加入这些要求苛刻的俱乐部，需要我们在孩子出生后对他们的身体成长进行投资，以弥补我们较弱的能量转移动力和生育过大婴儿的意愿。除了物质上的投入，父母还有义务为子女深入挖掘并投资，向他们教授丛林法则，并建立社会资本以便他们有更好的机会在社会中摸索并茁壮成长。[1]这是哺乳动物、灵长类动物和人类父母的共同之处：在涉及

[1] 噢，如果你成为父母，你就会失去这些社会资本。

我们的孩子时，我们必须关怀照料，否则整个局面都会崩溃。这就是为什么这一点特别令人震惊：当历史回顾过去的儿童时，竟然存在这样一种普遍的假设，即人类没有真正特别关心他们的孩子。

这完全是胡说八道。除了最古老的祈求神灵保护和支持的书面文字之外，我们还发现了所有和令人焦虑的育儿有关的事物——用来喂养婴儿、给婴儿洗澡、用襁褓包裹婴儿以及和婴儿玩耍的工具。3 000 年前的护身符上装饰着一个狮头鸟爪女人的可怕形象，以祈求万神殿的众神保护孕妇和新生儿不受贪婪的女神拉玛什图的伤害。我们可以从文字中看出，就像世界各地的父母一样，历史上的阿兹特克父母会给自己的孩子取昵称，虽然这些称呼反映了特定的文化背景，例如"珍贵的项链""珍贵的羽毛""珍贵的绿宝石""珍贵的手镯"和"珍贵的绿松石"。尽管上述奇怪、病态的假设似乎在过去几百年的某种历史中盛行，但这些人还是关心自己的孩子是否会受苦和死亡。[1] 因为没有读过霍布斯或马尔萨斯的书，他们不一定能够意识到应该将儿童死亡率作为支撑城市经济功能所需的人口密度的一个统计特征。在古罗马时期的美因茨，为 8 个月大的女儿树立墓碑的父母显然不知道在刻下他们的悼词时应该有怎样的表现："噢，如果你从来没有出生，你本

[1] 这似乎是某个历史学派的恶劣倾向的一种分支，这种倾向将过去视为不一样的国度，并且觉得在不一样的国度生活的人实际上并不是真正的人。

应受尽宠爱，但在你出生之时，就注定你很快就会离开我们，这让你的父母痛苦非常……玫瑰开花，很快就凋谢了。”[1]

他们如果知道，当博学多才（而且应该没有子女）的科学家在 19 世纪开始讨论童年的历史时，认为如果古罗马人的孩子在一岁以下死亡就不会得到父母的哀悼，肯定觉得这些科学家非常愚蠢。而这些科学家们之所以这样认为，是因为普鲁塔克和普林尼等权威是这样说的，他们当然是完全公正的人类状况记录者，而不是脾气急躁的卫道老头儿，痴迷于武断僵化、冷漠无情、在现实社会中永远无法真正执行的社会规则。

在我们眼中，童年这一观念在过去被剥离了情感，这确实非常奇怪，例如我们可以了解到古罗马婴儿没有固定的葬礼标准，并从中解读到，古罗马人不在乎他们的婴儿是否死亡。古代世界各地的死亡儿童也受到类似的暗示：斯巴达人遗弃“缺陷”儿童，或迦太基人屠杀婴儿。[2]生物考古学家海伦·吉尔摩（Helen Gilmore）和沙恩·哈尔克罗（Siân Halcrow）做了一件我认为很正当的事，她们将我们看待过去的方式与早期人类学家看待世界上“异域”和“原始”文化的方式进行了对比；即使是在今天，在考古学家中仍然存在这样一种倾向，将过去改写为异类、陌生的东西，充满我们当今世界无

[1] 见参考文献：Carroll, 2018。

[2] 这个问题充满了现代民族主义情结。

法想象的黑暗和神秘。当我们将不人道归咎于未知的过去时，这并不能说明我们的同理心，更别提我们的自我反思能力了。而且我们的敏感性被拔高并且显得文雅，而他们却被认为是肮脏和野蛮的，这不禁令人想起殖民主义情绪的肮脏污点。

令人高兴的是，一些自我反思已经开始在挖掘——和研究——过去之人的学科中得到回报，让我们得以修正对过去之人的一些最苛刻的判断。一个最好的例子是为庞大的北非海上力量迦太基正名的战斗：两支由考古学家和人类学家组成的对手团队展开了至今长达十年的战斗，以确定关于儿童献祭传说的真相。普鲁塔克[1]不是唯一指责迦太基人将自己的婴儿当作祭品投入腹中燃烧烈火的巨大金属雕像的作家。必须承认，事情一开始看起来对迦太基人非常不利。20 世纪 20 年代，人们在迦太基古城外的托菲特（Tophet）墓地中发现了数千具火化遗骸，全部是幼童和婴儿。这些年幼的孩子全都被火化了，而在迦太基下葬的其他遗体都没有被火化，这样的事实似乎能够证实“喂食摩洛克神”假说。[2]然而，生物考古学家（对死者进行专业分析的人）有其他方法来调查此类流言的真相：通过骨架本身的证据。

和流行的看法相反，火化不会摧毁整个骨架，除非达到令人难以置信的高温；即使是使用工业热源的现代火化，也

[1] 是的，又是他，可悲的家伙。
[2] 以及普鲁塔克对人性的悲观看法（《论迷信》，第 13 章）。

会留下骨架的一些部分。在迦太基，问题是这些骨架是否是公民的婴儿，是否像历史学家们坚持认为的那样曾向神灵哀号和尖叫：骨灰瓮中的遗骸是孩子么，这些孩子是被烧死的吗？极端高温确实会摧毁相当多通常用来确定死因和死者年

图 9.1　描绘"摩洛克神"的插图，摘自查尔斯・福斯特（Charles Foster）1897 年出版的《圣经图片和它们教给我们的东西》（*Bible Pictures and What They Teach Us*）

龄的证据，而这两个信息可以让我们清楚地知道谁被埋在了托菲特——以及为什么。然而，对科学来说幸运的是，这些火葬从未达到真正完全火化一具骨架所需的热量——遗体的一些比较坚固的部分（比如骨骼和牙齿）保存了下来。

鉴于现代科学知道婴儿骨骼的大致尺寸，那么测量幸存骨骼的长度，然后对照年龄和生长曲线以确定这些骨骼是否确实属于新生儿，应该是一件简单的事情。此类分析得出的第一组结果表明，那些骨灰瓮里的确是婴儿，但它们非常年幼——其中略少于三分之一的婴儿年龄小到无法在子宫外生存。这就导致了一种假设，即托菲特墓地中的遗骸至少有一部分是死于其他原因的婴儿，而且这座墓地更有可能是专门埋葬婴儿的地方而不是特别的献祭埋葬地。支持儿童献祭说的研究人员反驳称，从这些骨头上判断年龄是不可能的，因为它们很可能因火化 / 雕像火灾而扭曲，更重要的是，很可能在高温下缩小。各种报纸刊发了采纳这些反对者看法的头条新闻，报道了 2 000 年前的儿童献祭传闻和一个看似无法回答的问题。

无法回答，直到你开始直视问题的关键：牙齿，它们的矿物质含量很高，这让它们能够在高温下保存并进入考古记录，讲述一个身体其他部位无法再讲述的故事。我们知道的一件事是，在这里我确实是在说我们，因为这是我与英国自然历史博物馆（Natural History Museum）尊敬的同事们多年来一直在研究的事情，那就是你唯一可以指望绝对能在牙齿上留下疤痕的一种创伤就是出生。出生是一种足够强烈的创伤，以至于婴儿的身体会先停止再开始正常生长，而这种停止-开始在牙齿上表现为一条“新生线”（neonatal line），它是贯穿牙齿内部的疤痕，那里的所有小细胞都经历过存在主义的恐慌时刻。它存在于你的所有童年牙齿中，甚至也存在于你成年后的牙齿中——你长出的第一颗粗大的成年臼齿实际上在出生前就已经形成了，所以在那里也能看到这条疤痕。这条疤痕让生物考古学家和法医科学家能够确定婴儿有没有活着出生，而在2017年，支持并非全部献祭说的团队清楚地证明，埋葬在托非特的婴儿样本中有一半样本的牙齿里没有新生线。因此，虽然我们不能肯定地说迦太基人不喜欢把他

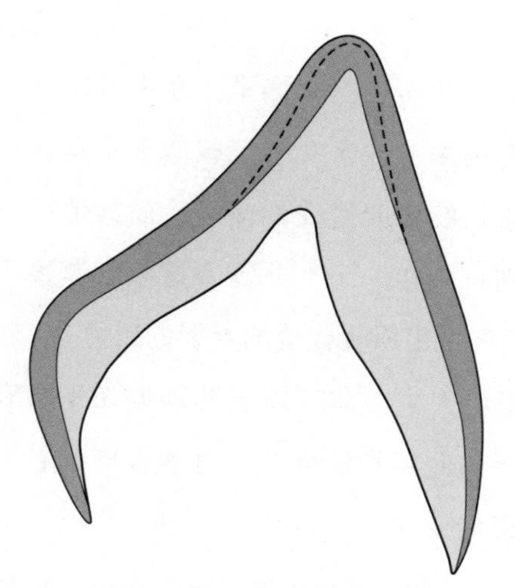

图9.2. 穿过乳牙（在这里是一枚犬齿）中心轴的组织切片将显示出生时形成的标记（虚线）。

们的孩子扔进摩洛克神或塔尼特女神（Tanit）的火喉中——当然有压倒性的（也是有偏见的）历史证据支持他们这么做了——但我们可以说，在迦太基城外被火化和埋葬的数千婴儿中，有很多可能死于一种更为残酷的力量：自然死亡。但这当然不意味着它们的父母不关心它们。

人们到底有多关心自己的孩子——以及他们是否关心年长的孩子超过年幼的孩子——这是一个相当古老的问题。普鲁塔克告诉我们（就像任何人在事情发生600年后所能告诉我们的一样），斯巴达人将任何被认为身体形态不完美的婴儿遗弃致死的传说实际上是基于真实情况的。[1] 足够多的历史资料同意他的观点，我们可以理解，遗弃在古希腊对新生儿来说是真正的威胁，但据估计，有10%至20%的婴儿在出生后几天内就会死亡，这太过分了——在一个人口正常运行的社会中，失去这么多的婴儿实在是太多了。在古希腊社会，无法抚养婴儿的原因有很多；许多文字记载似乎暗示，遗弃是那些已经无法茁壮成长的婴儿遭受的命运，而其他原因可能包括非婚生子和性别——在一个女儿需要嫁妆的制度下，可能存在选择性地杀死须付出昂贵代价的女婴的压力。

这并不是说失去或放弃新生儿的创伤不会和今天完全相同。而是对于如此年幼的婴儿，有着不同的社会规则，自然或环境都可能促使父母采取极端行动。当然，对于古希腊人

[1] 又是他。普鲁塔克不喜欢对所有人表示鼓励和善意。

而言，遗弃和杀婴并不是一回事，而这是人们没有意识到的。后来的历史学家指出，很多被父母“抛弃”的孩子其实被新的家庭收养了，而这样的遗弃可能会增加他们的生存机会。除了遗弃的传统之外，我们还有拯救和收养的传统——如果说希腊道德家喜欢斥责他们的同胞生下自己无法养育的孩子，那么希腊戏剧家至少乐于拯救那些在劫难逃的孩子，让他们得到更诗意的命运。

父母的关怀有时候比较难以理解。如果你在今天尝试过去的一些照料方法，社会服务机构会很快找上门来。回想一下第 7 章，从前的父母是如此重视自己的孩子，以至于他们花了相当多的时间和精力把婴儿的头压成奇怪的形状。孩子未融合的柔软头骨会被一系列布带包裹，迫使头骨向上或向后生长，远离时髦的窄腰形中部；可以像做三明治那样将平板绑在婴儿的头部两边，将头骨挤压成高而窄的形状，探索古代外星人的电视节目非常喜欢这一点。在所有有人居住的大陆上，都有人类文化将婴儿头骨改造成受社会欢迎的形状，例如在早至 13 000 年前今澳大利亚境内约塔约塔族（Yorta Yorta）土地上的科阿沼泽（Kow Swamp）、11 000 年前的中国东北，以及大约 10 000 年前的中美洲。

在我们看来，故意让颅骨变形似乎是一种将对儿童身体和社会福祉的投资结合起来的奇特方式，但它与今天仍在实行的打耳洞和包皮环切术等习俗相去并不十分遥远。研究人员提出，故意让颅骨变形可以成为社会地位的标志，这是有道理的，因为这种做法必须刻意努力多年才能达到最终效果——这只是父母愿意做出的另一种类型的投资。将他们的小脑袋塑造成社区可接受的标准所需的时间是人类可以如何具体体现对自己孩子投资的又一个例子。

鉴于当我们想到过去的儿童时，往往会想象一个更残酷的霍布斯式的世界，在那里生存必须将情感和关怀从童年中剥离出去，那么或许令人惊讶的是，我们实际上看到的虐待和身体创伤的证据如此之少。玛丽·刘易斯（Mary Lewis）是一位儿童生物考古学专家，她曾经研究过历史上的虐待儿童这一难题，但对于这种冷漠的世界，就连她的研究也发现了极少数引发创伤性骨折的案例，两只手的手指就能数得过来。当然，虐待是一个很难确定的类别，毕竟很多社会对究竟什么构成虐待的态度在短短几代人的时间里就发生了转变。[1] 但是我们在古代世界看到的大量童年相关证据表明，父母尽力为孩子做到最好，并为他们做好进入成年的准备。我们一度将过去的高婴儿死亡率视为潜在的麻木不仁——同时假设每个婴儿墓地都一定是由于谋杀而不是出于埋葬的文化规则，而现在我们有一个完整的子领域，致力于理解人类为了让挚爱之人活下去是多么不遗余力，它就是照料考古学。我们有大量的物质文化——这些东西充斥着我们的考古记录——可

[1] 举个例子，找个出生在20世纪中叶左右的人问问，他们和“拿过来”“皮带”“拖鞋”“别跑”等词语或短语有什么直接关联。

以说明父母倾注在孩子身上的爱和投资。

并不是说这样做很简单。这就让我们来到了每个人类父母都会遇到的困境：担心自己做错了。在面对我们这个物种显然有点问题的迭代品时，无论它是在哭泣、哀号还是仅仅看了你一眼，你一定能够理解我们为什么对如何照顾我们的婴儿提出了那么多禁忌。我们如何照顾婴儿？这是可以推出一千本书的问题。是否存在一种正确并且在进化上有意义的方式？事实上是否存在某种原始童年，以及某种适应性最佳、完美响应我们进化需求的古养育场景？对此的答案是一个响亮的"不"，当然除非在我完成这部手稿时我们这个物种已经完全灭绝[1]，而且将几十万年的存在浓缩成一种典型经历突然看起来像是可取的做法。否则的话，当然不存在。我们是一个不断适应的活的物种，而且作为一个进行中的事物，我们正在积极改变我们与环境互动的方式，这是通过基因、行为和人类的伟大媒介——文化——实现的。

照料和喂养是进化的育儿舰队中不可或缺的部分，但是——剧透警告——人类做这些事的方式取决于文化。我们如今照料婴儿的方式与我们绝大多数祖先的经历有很大的不同。我们分开睡觉，我们喝配方奶粉，而且我们担心这两项创新都没有好处。但达尔文的进化论是一个简单的概念，而

[1] 本书的大部分内容是在造成新冠疫情的新型冠状病毒大传播导致的封锁条件下写的，所以说实话，对于末日问题，我比以前更矛盾了。

我们已经成功地将它转变成了一种奇怪的世俗神学，在“适者生存”的祭坛上询问我们的生活方式是否具有进化适应性。没有人比焦虑的父母更愿意寻求指导。

我们的婴儿照料策略是适应性的吗？那你想适应什么呢？以狩猎、采贝或搜寻食物为生的人类越来越少。而那些我们在谈论某种可感知的“进化”生活方式时经常提到的群体，即被我们称为“狩猎－采集者”的人群，并不比你更习惯于他们的生活方式。他们生活在一个环境遭到破坏、开发活动不断蚕食自然的世界里，资本主义制度甚至在自然条件最严酷的地方也势不可当。本书提到的各种过着非农业生活的人群并没有过着比任何地方的任何人更整齐一致的生活，而且他们并不生活在某个原始、不变的世界中。从巴西到坦桑尼亚，几乎所有采集者群体都在农业生产状态的压力下被推向越来越边缘的处境，其中一些还存在于活人的记忆中，而另一些则散落在过去几千年的历史中。当我们讨论“古”的生活方式时谈到的采集者群体并不比我们更适应石器时代。他们是适应特定现代环境的现代人——当有人试图向你推销古零食棒时，记住这一点准没错。

在这个竞争激烈、努力营销蛋白棒的世界上，数十万年来这种对单一、稳定的人类文化的令人恼火的坚持或许是可以原谅的，但它完全不能决定你如何养育自己的孩子。达到不变、稳定状态的另一个词是死亡；人类社会无法实现可以行得通的稳定，正如个人无法实现永生。我们变化，我们引发变化，我们适应。当我们扩散到世界各地，跨越我们故乡非洲迥然不同的生态交错带，抵达地球上一些最极端的环境时，我们需要适应新气候。我们必须跨越陆桥、山脉和整座海洋，才能在新的大陆站稳脚跟。大约50 000年前，人类在澳大利亚定居，这一成就很难在现代欧洲人的祖先在中东与尼安德特人攀谈的文化条件下复制。[1]1

因此，如果不能假设人类文化在所有时间里和我们做出的无数变化中一直保持静态不变，那么我们真的可以说“进化适应”（不可以）或“古”童年（千万别这么说）会是什么样子吗？因为很多人似乎相信他们可以。一方面，令人难以置信地安心的是，进化思想的词汇已经如此深入地渗透到我们的社会中，以至于人们在多代适应框架内为我们的现代行为和现状寻求解释。令人不那么安心的是，几乎所有渗入大众意识中的解释都具有一只死鹦鹉的所有进化适应性。进化为描述发生在过去的事情，而且通常发生在过去的特定部分。我们对它的认识是高度选择性的：我们主要谈论我们这个物种在大约200万年前开始居住的稀树草原环境中会做何表现，却忽视了我们的祖先在森林中度过的时间比这长得多。

在我们存在于地球上的极长一段时间里，我们都在以我们

[1] 不过第一批澳大利亚人可能在离开时遇到了弗洛勒斯人（*Homo floresiensis*），即被称为“霍比特人”的远古人类。这让每个人类都有些尴尬，因为弗洛勒斯人就像尼安德特人一样，在与现代人接触之后就从考古记录中消失了。这意味着不止一个物种在遇到我们之后真的像幽灵一样不见踪影，不过只要了解我们的秉性，就知道这并不令人惊讶。

（大多数人）今天早已告别的生活方式生活。我们在地球上超过 99% 的时间都生活在自由游荡的小型群体中；我们甚至直到大约 20 000 年前才抵达美洲。我们直觉地认为，这样简单的存在方式本可以是不变的存在方式，因此是建立一种“理想”人类生活方式和“理想”育儿实践的完美进化沙盘。这就是任何小贩试图卖给你的每一件标榜“古”的商品背后的推理过程；这是一种伊甸园式的想法，认为我们曾经将一切都安排得井然有序，而现代人只需要抛弃面包圈，就能以某种方式重新获得一种美妙的堕落前的平衡状态，享受健康和有光泽的头发。然而，有害的是，这种以古为理想的现象并不局限于膳食补充剂和奇怪的锻炼日程。生活有“唯一真正的策略”，这样的想法也潜移默化地进入了我们的育儿建议。于是，在进化上更优越的育儿方式这个概念将千斤重担压在想要“以正确的方式”做事的父母肩上。当这些概念被“科学”包装起来时，非专业人士就更难辨别什么是人类进化的长期趋势——以及什么只不过是长篇大论的胡说八道。

我们在第 4 章中遇到的灵长类动物学家和人类学家莎拉·赫尔迪指出，我们所认为的“正确的”育儿方式实际上是短暂的文化趋势的产物[1]，而进化观点向育儿中的引入并不一定是直截了当的。很多父母和无辜的旁观者都听说

[1] 父母们对斯波克博士（儿科医生，而不是《星际迷航》中的同名瓦肯人）工作成果的狂热认同就是这样一个例子，在二十年的时间里，父母的态度从 20 世纪 50 年代的强硬沟通转变为 70 年代的热情拥抱。

过约翰·鲍尔比（John Bowlby）和玛丽·安斯沃斯（Mary Ainsworth）的“依恋理论”，即婴儿天生就会尽可能牢牢依附于它们的母亲，这是一种进化上的适应性特征，会提供安全和保护。在发达国家，以威廉·西尔斯（William Sears）和（Martha Sears）的工作成果为基础的“依恋育儿”如今已经成为一种非常强烈的趋势，它对照料者提出了高度限制性的指导要求，这些指导的基础是出生后的即时接触、整个婴儿期的持续身体接触（包括睡觉时），以及提高对婴儿的意识和反应。很多人会通过“婴儿穿戴”（即把婴儿绑在父母身上）现象来熟悉这一趋势。婴儿穿戴很可爱，而且很棒的是可以解放双手，但如果发展到极端状态，就意味着新父母如今需要能够迅速将一大条昂贵的布料打成各种结和绑带，用来固定一个体重和宜人性不断变化的活体动物。[1]

我们奇怪的进化轨迹最终摆脱了毛茸茸的灵长类婴儿需要的依附，而上述现象是对这一轨迹的奇怪逆转——不过，与其说这是一种逆转，倒不如说这是一个新的方向，毕竟我们还没有恢复到像我们长得像树鼩的祖先那样将我们的婴儿藏进树干。这种全有或全无的依恋育儿方式，在最极端的形式下要求母亲完全屈从于婴儿的情感需求，但它实际上可能并不能反映人类依恋如何发挥作用的现实。鲍尔比在他早期对

[1] 买个现成的婴儿背带绑在胸前？这很现代，现代就是作弊，不是吗？不过，根据经验，婴儿不太可能注意到这一点。

灵长类动物的研究中发现的对婴儿发育很重要的依恋类型仅来自母亲，这是因为在他研究的物种中，母亲是唯一的照料者。人类拥有无穷无尽的非父母资源——祖父母、亲戚、兄弟姐妹、雇来的帮手[1]，因此在创造依恋方面可能比狒狒灵活得多。

然而，即使在接受度最高的育儿理念中，这种模棱两可也无法阻止人们的担忧，即在某些地方，存在一种更具适应性的养育方式。古式育儿的一个品牌——既然是品牌，就说明他们在向你兜售一些东西——真的被称为"进化育儿"，"重点在于这样的想法，即无论我们在任何时候偏离了已知的生物学常态，我们都应该有充分的理由，并尝试尽可能地模仿生物过程。"如果你正在处理的问题是（举例而言）心脏功能，那么这是很好的建议。心脏具有非常特定的生物状态范围，否则事情会变得非常非常不对，我们绝对应该努力让我们的心脏（以及我们孩子的心脏）保持在人体能够承受的非常狭窄的耐受范围内处理血液。如果我们做不到这一点，我们应该使用可以帮助我们模拟心脏正常运作状态的设备，例如起搏器。

然而，当涉及诸如是否应该始终将婴儿绑在胸前之类的事情时，此类说法是毫无意义的：在无休止且争强好胜的刻薄

[1] 例如，我的父母选择把孩子留给一个女人照顾，她唯一的过错在于她是我们城市最大的可卡因贩子的老婆，我的父母过了一段时间之后才意识到这个事实。

论战中——令人恼怒的是，这场论战被称为“妈妈战争”——这是一个出现得相当频繁的争论话题。[1] 人类婴儿在很多时候都能、有时候能或者根本不能绑在你的胸口上生存。婴儿的生物学常态是一系列人类接触、温度和压力要求，除非你突然掉入金星大气层，否则肯定可以通过绝对令人眼花缭乱的各种方式满足这些要求。那些已经过上充实而幸福的成年生活的婴儿曾被绑在胸前、绑在木板上、挂在墙壁上、抱在父母的怀里、挂在悬带里，甚至——这是我个人最喜欢的——先绑在木板上然后再挂在墙壁上。

然而，关于生物学常态的想法是有害的。婴儿照料的某些方面直接涉及满足成长中婴儿的生物学需求；在那些认为必须有一种正确的方法来满足这些生物学需求的人中，这引起了最多的担忧，而且毫不奇怪的是，也引起了最多刻薄的话。如果我们指出满足生物学需求并不等同于婴儿的生物学需求必须以特定的方式得到满足，这将为互联网节省大量数据流量，但线上文化分歧很少允许这种细微差别的存在。相反，关于如何照料婴儿的趣闻式建议层出不穷，还有大量的殉道式表演。没有人比睡眠不足的父母更愿意接受建议，任何建议。

大约 4000 年前，一名在古城尼普尔（Nippur，位于今伊拉克南部）城外工作的抄写员在黏土上用整齐、棱角分明的

[1] 这是我们乐于将领地侵略归咎于女性的一个例子——而它涉及对天然织物的截断。

线条刻下咒语。这块载有咒语的泥板与其他这样的魔法文本一起埋葬并失落了数千年，最终在20世纪重见天日，并被煞费苦心地从阿卡德语翻译过来。尽管这些文字排列得如此精美，但它们很可能来自一种古老得多的民间传统，作为摇篮曲被人吟唱。它祈求的魔法是任何新生儿父母都熟悉的：

> 住在黑暗屋子里的小家伙；
>
> 好吧，你现在在外面，已经看到了太阳的光。
>
> 你为什么在哭泣，为什么大喊大叫？
>
> 你为什么不在里面哭？
>
> 你唤醒了房屋之神，库萨里库姆醒了：
>
> “谁吵醒了我？谁吓了我一跳？”
>
> “小家伙吵醒了你，小家伙吓了你一跳！”
>
> 睡眠快降临在他身上，就像降临在饮酒者身上一样，就像降临在酒鬼身上一样！[1][2]

我们都认同睡眠是一种生物学需求。婴儿需要睡眠才能茁壮成长。然而，它们的睡眠方式无关紧要。这有点令人震惊，因为有大量的专栏内容警告新父母，如果他们的婴儿与父母分开睡觉，长大后将成为反社会的怪物，或者如果它们总是

[1] 祈祷婴儿入睡（这里祈祷的是像酒鬼一样睡着）的证据是相当古老的，不过真的需要证据吗？

[2] 费伯译，1990年。

被搂在怀里，长大后将产生病态依赖。如果我们的祖先像树鼩一样，也许我们就不会遇到这样的问题。要是那样的话，我们的婴儿会基本上睡在自己的巢里，远离自己的母亲，而后者将会是单亲妈妈，最关心的是将婴儿安顿在安全的地方，直到婴儿长大到可以自己觅食。在树鼩身上体现得非常明显的单亲存放养育方式很可能是我们所有后续睡眠行为的基础或祖先条件，不过当然，你得问问树鼩的祖先本身——而它已经灭绝几百万年了。

大多数灵长类动物不会将婴儿存放在某个地方，也不会总是独自睡觉。群居的优势延伸到了在群体中睡觉——这样能够更好地察觉捕食者并进行防御。例如，狒狒在地面上挤成一团睡觉，依靠它们的数量来保护自己免受捕食者的伤害。虽然大多数灵长类动物选择树栖睡眠，但试图在一棵树上容纳整个群体也有不利之处。在我们的进化分支上，独居生活基本上已经让位于群体生活，而你不可能把那么多猴子放进树上的一个洞里。在树上群居的灵长类动物必须在不同的树枝上睡觉，这既不利于保护自己抵御空中捕食者的侵袭，而且根据野外猴子坠落的实地报告来看，也不利于睡懒觉。另一个挑战来自体形。以大猩猩的重量，除了最牢靠的树，它们不可能在任何地方打盹。根据定义，大猿的体形都比较大，而它们需要额外的结构支撑：大猩猩、黑猩猩、倭黑猩猩和红毛猩猩都为自己建造睡眠用的巢穴或平台。[1]

然而，在几乎所有情况下，无论是在树洞里还是在用树枝和树叶精心搭建的巢穴中，灵长类动物的婴儿都会和母亲一起睡觉，或者睡在母亲身上。根据床的大小和动物结对、群体生活或一般社交的倾向，可能有婴儿的父亲、兄弟姐妹、姑姨叔舅或任何群体成员的组合加入其中。在我们家族树顶端的许多灵长类动物中，这种群聚睡眠的原因之一是对白昼生活的适应。[2] 在更大的保护群体中，时间更短的单次睡眠似乎是树鼩从夜间活动转变为地栖群居的结果。大猿中婴儿和母亲分开睡觉的唯一情况发生在少数现代人类的文化中。

但是分开睡意味着什么？在灵长类动物中，一同睡觉在物理上非常受约束——在树洞或巢穴里，没有太多选择。然而在人类中，看待“共同睡眠”的方式有很多种。巴里（Barry）和帕克斯顿（Paxton）主持的大型跨文化调查就和孩子（以男孩为主）相关的各种事情对全球 186 个文化地区进行了数据收集，从谁带孩子去什么地方到孩子什么时候学会走路。他们报告称，在全球范围内大约 79% 的文化中，婴儿至少与父母之一睡在同一个房间，而与父母之一睡在同一张床上的比例是 44%。其他人则提出，一种更亲密的共同睡眠形式——“母

[1] 长臂猿不是大猿，它们不建造睡眠平台。不过，它们非常专注于树，似乎可以安稳在树枝上睡觉而不发生重大事故。相比之下，我正在蹒跚学步的孩子只要有半点机会，就会从任何表面上滚下来。

[2] 虽然小婴儿的所有者兼操作员可能看不出这一点，但人类婴儿实际上是白天活动的动物。

乳睡眠”——应该被视为人类常态，即孩子采用与母亲直接接触且有利于母乳喂养的睡姿。他们认为，西方或欧洲医学所确立的生物学常态——和婴儿分开睡觉——实际上只是非常晚近的发明，而且与正常情况相去甚远，以至于实际上是不利于适应的。

共同睡眠在现代采集者群体中的普遍存在导致有人认为，对于在哪里睡觉的问题，我们的那些同样不在一个永久地点定居生活的人类祖先也会有同样的解决方案。一般而言，与使用不同生存策略的群体相比，采集者群体中的人更倾向于和他们的孩子睡在一张床上，并且开始分床睡的时间也晚得多。事实上，在像坦桑尼亚的哈扎人（Hadza）这样的现代采集者群体中的营地，一张床上的平均人数是 2.4 人。你可能想象不到这样做是可行的，或者认为这样不利于睡个好觉，但在被研究的一小群家庭中，整个营地只有一位父亲被发现放弃了和家人睡在一起。[1]

假设共同睡眠对于我们祖先来说是常态，最明显的论据是，令婴儿和儿童在没有父母的情况下睡觉的育儿所的独立物理空间是不可能存在的，除非你拥有包含多个房间的私人住宅。很难想象旧石器时代晚期的新父母会在婴儿出生时耐心地收集猛犸象牙，好给自己的象牙庇护所增添一个育儿

[1] 而且他说这是因为热，而不是因为孩子。论文没有说明这句话是不是在他的家人听得到的情况下说出来的。

所。我们大概可以有把握地认为，在发明有多个房间的住所之前，我们都习惯性地共同睡眠。多个房间的发明是否是病态的，无论是对于睡眠还是其他任何事情，都是另一个话题。就目前而言，可以肯定地说，来自现代人种学和进化人类学的证据都表明，在某个时候，人类婴儿与它们的母亲睡在一起——可能还有它们的父亲、兄弟姐妹和其他受邀客人。[1]2 重要的是，无论你是特别想和你的婴儿睡在一起好让它亲昵地整晚踢你的肾，还是你拥有足够的资金建造一个巨大的猛犸象牙房间来确保自己享有一些安宁和平静，我们人类的适应方式都是通过我们的文化进行的，而这基本上意味着你说了算。[2]

译注

1. 尼安德特人是一种晚期智人，曾广泛生活在欧洲。科学界有观点认为，尼安德特人由于气候变化而避入山谷，近亲交配增多，及其与抵达欧洲的智人相竞争，是其灭绝的主要原因。
2. 在英语里，博士和医生是同一个词：doctor。

---

[1] 重要提示：西方 / 欧洲医学警告不要共同睡眠是有很充分的理由的，这与婴儿面临的风险相关，很简单，因为如今的风险与旧石器时代晚期的风险不同。在这些事情上，请尽可能听取最好的医疗建议——正如我一再指出的那样，我是博士，不是医生。
[2] 或者更准确地说，你的婴儿说了算。说真的，睡上一觉吧，无论你用什么法子。

哈伯德大妈的橱柜：乳汁的魔力

10

哈伯德大妈走到橱柜旁，

给她可怜的狗拿一块骨头。

但是当她走到那里时，橱柜里是空空的。

所以可怜的狗什么也没有。

有照料，然后有喂养。人类婴儿需要一种非常特殊的喂养方式，这是由我们的进化史决定的，不仅可以追溯到爬满树的灵长类动物早期，而且可以远远追溯到哺乳动物生命的开端，再远远追溯至出生后照料的发明。我们是投资者，是筑巢者；当我们能够从活着的母亲那里得到多得多的东西时，我们就不应该吃她的尸体。人类接受了对后代所做的投资，而且会在分娩后加倍甚至三倍地投资。当然，很多动物都采取这一策略——有鸟儿把虫子扔进雏鸟的喙里，还有幼狮学习突袭。照料是很多物种做出的一项投资。当投资于孩子身体方面的福祉时，我们很高兴地看到它在整个动物界中体现为自身的资本。一只肥胖的幼年知更鸟，是稍微不那么胖的知更鸟父母养育的结果，后者放弃了自己的一些东西来传给后代。哺乳动物的热忱不亚于知更鸟；更重要的是，在婴儿出生后的后代成长投资上，我们甚至有自己的适应性策略。这就是乳汁的奇迹，事实证明，乳汁对我们的进化史产生了很多影响。

“我如何长成像我这样巨大又令人难忘的东西？”对于这个问题，哺乳动物的答案是来自特殊腺体的一种相当令人难以置信的分泌物，这种分泌物以不可思议的响应性和高度适应性为我们的后代提供营养和水分。我最喜欢的乳汁研究人员之一[1]是凯蒂·欣德（Katie Hinde），她的工作为本章提供了很多信息。乳汁被她称为一种“生物流体”，这反映了这样一个事实，即进化在数百万年的时间里手工制作的这种被我们视为一成不变且无趣的东西并不只是为了放进我们的冰箱里。乳汁起关键作用。所有哺乳动物在出生后都会经历一个只摄入母亲乳汁的阶段。然而，并非所有乳汁天生平等[2]；有些乳汁脂肪含量高，有些糖分多，有些水分大，有些含有这种蛋白质，有些含有那种蛋白质。有些乳汁被设计为应对迅猛生长的短期解决方案，而另一些的持续应用时间则似乎设计得比看似切实可行的情况长得多。不同的适应策略导致了

[1] 拥有最喜欢的研究人员可以大大提升生活幸福感。

[2] 豆乳。呸。

哺乳动物对乳汁的不同投资类型，其中也包括人类进化过程中的某些决策，我们至今仍然生活在这些决策的后果中。

乳汁的目的只有一件事——让来自子宫的婴儿成长到具有功能性，而将营养从一个动物转移到另一个动物体内的方法没有那么多。我们人类喝其他动物的乳汁——牛、水牛、牦牛、马、驴、山羊、绵羊、骆驼，甚至驯鹿。[1] 然而，每个物种都有特定的乳汁配方，这种配方经过世世代代的打磨，以适应忙乱的哺乳动物生活方式并提供最佳营养。不同乳汁中有脂肪、蛋白质、水分、维生素的不同平衡，都是以特定且优化的方式准备的。不妨想一想：如果你是一个冠海豹母亲，在你被什么东西吃掉之前，你有正好四天时间在北极的冰面上哺育幼崽，那么你肯定会制造脂肪含量高达 60% 的乳汁，因为你需要让婴儿迅速生长。乳汁脂肪含量与母亲试图输入婴儿体内的总能量密度有关。相反，如果你要在像北极熊处于冬眠关闭模式时哺乳，你就会保留一部分关键的营养物质，以确保自己毛茸茸的巨大躯体能够熬过冬天。

乳汁旨在满足特定婴儿出生之后的特定需求，当你将商业化生产的牛奶搅拌到早晨的咖啡中时，这大概不是你想要考虑的。[2] 每个物种都有自己的特别配方：冠海豹制造脂肪含量

---

[1] 一种动物只要可以挤出奶，那么人类很可能就已经挤过它的奶了。动物权益活动家、前披头士乐队成员妻子希瑟·米尔斯（Heather Mills）曾提议，鼠奶可能是人类消费乳制品所引发的严重道德和环境问题的唯一生态解决方案。目前还不清楚老鼠对此有何感受。

[2] 但也许你应该考虑。大规模乳制品生产并不……并不好。无论是对母牛还是对环境。

高到不可思议的乳汁，是因为北极熊成功地令它们的乳汁持续足够长的时间，以养育出更可怕的、以海豹为食的北极熊。根据凯蒂·欣德提供的数据，人类制造的乳汁大约含有 4% 的脂肪、1.3% 的蛋白质、7.2% 的碳水化合物（乳糖）和 90% 的水。你知道还有什么动物制造这样的乳汁吗？斑马。正如她正确指出的那样，我们不是斑马。我们不会身披条纹在平原上嬉戏、吃草，并且，根据科普作家贾里德·戴蒙德（Jared Diamond）的说法，斑马凶杀成性。[1] 我们和斑马占据着完全不同的生态位，对于生活史上的重要事件而言有着完全不同的时间表，而且亲缘关系也不是十分密切。然而我们的乳汁是一样的，你制造的乳汁反映了你打算如何分配它。

母乳的内容会根据环境和需要而变化，无论是在广泛的物种规模上还是在个体婴儿的规模上。[2] 一般来说，漫游觅食的母亲会分泌营养更丰富、含水量更少的乳汁。这是有道理的：如果母亲必须远离婴儿去寻找食物，她们就无法经常哺乳，因此最好在能够哺乳时提供尽可能多的营养。另一方面，在婴儿附近活动的母亲可以提供稀得多的东西，因为它们几乎可以随时喂食。对于灵长类动物婴儿而言，有两个基本选

---

[1] 好吧，四分之三的斑马凶杀成性。不过我不能确定我是否相信戴蒙德关于斑马凶手的说法。

[2] 例如，人类婴儿只需要看起来很饿，就可以促使它们的母亲按需产奶。通过一系列在时间上精心安排的哭声就可以让母亲接受训练，按照婴儿的时间表产奶，而意识不到用餐时间改变的母亲会遇到麻烦，因为奶吃得太饱是痛苦且不可持续的。这也不必要地增加了需要洗的衣服。

择：存放或搭车。[1]一些灵长类动物——主要是那些远离我们特定的类人猿分支的物种，例如长得像松鼠的丛猴——会在婴儿很小的时候将它们叼在嘴里，就像特别可爱的猴子猫咪一样的。这些用嘴叼婴儿的灵长类物种倾向于将它们的孩子长久存放，这看上去很明智，毕竟嘴里叼着婴儿跳跃着穿过它们的树栖——或者至少满是树木的——栖息地相当有难度。于是丛猴宝宝被留在树上，就像小鹿斑比被留在深林空地一样，它的妈妈得以快速高效地寻觅食物，尽管偶尔会发生悲剧。事实上，被存放的婴儿面临的威胁——不一定来自迪士尼画师的恶意想象，但肯定来自仓鸮和其他猛禽捕食者——可能刺激了另一种选择的发展：抱紧母亲或"搭车"。对于被存放的婴儿，乳汁需要尽快输送好东西，因为妈妈必须四处走动，不想将捕食者吸引过来。为存放型婴儿提供的乳汁是高脂肪、低水分的；例如，不同物种的婴儿型丛猴和懒猴的乳汁脂肪含量在7%至13%之间（和我们的4%差异巨大）。

我们（还有斑马）习惯于比幼崽独自在家的懒猴更频繁地与母亲亲密接触，这在我们的乳汁中有所体现：我们的乳汁更稀，含水量高得多，可以随意喂食，因为婴儿总是在母亲身边。对于斑马来说，这很容易做到，因为斑马生下来就

[1] 一位灵长类动物学家用这句话作为自己关于灵长类婴儿照料的论文标题，在此向他致敬。不过，这还没有达到另外五位瑞典科学家的水平，他们将自己研究生涯的后半段献给了鲍勃·迪伦的歌曲。谁不想读一读《一氧化氮：答案在风中飘荡》以及《心乱如麻：后分子时代的分子心脏病学》呢。

能跟在母亲后面走，但对于灵长类动物来说，这有点复杂。正如我们在前几章中看到的那样，许多灵长类动物的婴儿出生时没有发育完全，也没有做好准备。它们出生时不能走路。相反，很多灵长类婴儿学会了抱紧。抱紧母亲实际上并不是大部分哺乳动物会选择的生活方式——它只在灵长类动物、负鼠[1]、食蚁兽以及蝙蝠中真正流行，后者出人意料，毕竟大家都认为将婴儿附着在飞行器上有明显的缺点。对于运动技能学习速度较快的灵长类动物来说，抱紧母亲——或父亲——是确保食物和保护永远不会远离的一种可行选择。所有这些抱紧的动作甚至可能是发展出我们如今引以为豪的灵长类灵巧双手的催化剂。这肯定会对我们制造的乳汁类型产生连锁反应。

树栖红毛猩猩母亲大约 85% 的时间都带着自己的宝宝，后者紧紧抱在她的胸前有点高于大腿的位置，直到可以安全地做出高空走钢丝的动作——这是红毛猩猩的运动方式然后她更多地起到桥梁的作用，用身体连接那些看起来特别令人担忧的树木空隙。更亲近土地的黑猩猩母亲只有 12% 的时间让婴儿紧贴在她们身前，但是当婴儿探索如何在树木之间移动时，她们也会让自己成为结构支撑。关键的是，她们的漫游范围距离自己的后代并不远。这两个物种的乳汁脂肪含量都在 2% 左右。使用指关节行走的大猩猩的第一种婴儿携

[1] 像盗贼一样戴面罩的北美负鼠，而不是可爱的澳大利亚负鼠。

带模式是有趣的三足大步慢跑，与此同时用一只手将婴儿轻轻托在自己胸前，婴儿长大一些之后则骑在成年大猩猩的肩膀或背上。这得益于婴儿握力和猿类体毛机械性能的精确设计——毫不意外，身体光秃秃的人类非常不擅长背小孩[1]，至少有一种理论（尽管不是得到广泛认可）认为，我们坚持直立行走背后的原因之一，可能是必须携带一个无法抓紧任何东西的婴儿。然而，使用奇怪的单臂携带姿势的大猩猩制造的乳汁脂肪含量低于其他灵长类动物，大约是 1.5% 至 2%。不过，寡淡乳汁的冠军是倭黑猩猩：她们的婴儿至少有一年的时间不会离开母亲几米远，她们的乳汁脂肪含量约为 1%，显然是一种专为近距离持续哺乳而设计的。

对于必须制造乳汁的动物，乳汁是一种直接的负担。每个婴儿本质上都是在开采母亲的身体，以获取其所需的基本材料：为生长提供能量的碳水化合物（例如母乳中最重要的乳糖），做到碳水化合物无法做到的事情的脂肪，生长骨骼和牙齿所需的维生素 D、钙和磷酸盐，用于建造复杂组织和酶的蛋白质，以及构成动物身体的所有其他物质。乳汁的组成部分——蛋白质、脂肪、维生素，等等——必须来自某个地方，而这个地方只能是生产乳汁的人。有一个词可以用来形容哺乳动物母亲为了产奶而进行的自我蚕食：分解代谢——母亲

[1] 如果人类测试婴儿抓握和紧附在头发上的能力，那么他们的头也很容易变得光秃秃的。

分解自身的组织，无论是脂肪、骨骼还是更不妙的东西。

婴儿不仅通过乳汁获取能量和维生素，而且乳汁还疏松微生物群、免疫球蛋白和激素，并为生长在婴儿肠道内的肠道菌群提供营养。乳汁确实是一种生物活性物质，不仅促进婴儿的生长，还负责繁殖和喂养生活在肠道内的生物，发送激素信号，甚至阻止和中和有害病原体。例如，人类乳汁中占比很低但至关重要的一部分已经进化成由有趣的糖链组成（低聚糖），人类不能消化这种糖，但我们的肠道细菌可以；事实上，我们不仅用乳汁喂养我们的婴儿，还喂养婴儿的细菌。

乳汁是又一种投资后代的方式——当然，投资策略有所不同。大量营养通过妈妈的食物传递，这基本上让她享有吃下更多东西的美妙余地，以便为婴儿供应营养。我说了美妙这个词，但是女性在母乳喂养时燃烧的 300 至 700 卡热量很容易通过调整饮食和活动水平以改变新陈代谢来轻松调节。这意味着，即使女性不再需要自己在怀孕期间积累的资源，仍然需要采取一些措施来转移它们。虽然一些女性高兴地报告称母乳喂养是一种神奇的节食方式，但另一些女性并不容易靠哺乳减去怀孕体重，比如真正的体育明星塞雷娜·威廉姆斯（Serena Williams），即使她采用了无糖纯素饮食——顺便说一句，她之所以必须采用这种饮食，正是因为她在哺乳。乳汁是一种如此高效的运输系统，以至于它可能携带成人饮食（动物蛋白质、葡萄酒、意式浓缩咖啡）中婴儿难以应付的一部分物质。在富裕国家，通过完全剔除潜在的不利因素来应对这些问题的做法已经非常普遍，所以对于有肠胃问题的婴儿，哺乳期的母亲常常会从饮食中剔除不同种类的奶制品、小麦、肉类、糖、蔬菜和水果的组合，而威廉姆斯尽职尽责地为她的孩子做了这件事。[1]

然而，总的来说，乳汁能够以令人难以置信的巧妙方式将能量从一个实体转移到另一个实体。母亲自身储备的脂肪和糖被用于生长新的哺乳动物婴儿，这项任务的消耗非常大，甚至于母亲的骨头被磨碎并通过神奇的乳汁制造过程喂进婴儿的身体。例如，比萨鼠母亲会释放出骨骼中 44% 的钙来喂养她的幼崽；猫可能会失去骨骼中将近三分之一的钙（如果它们的饮食中没有足够的钙来补充的话）。乳汁在进化方面的全部意义在于，让婴儿在无法通过其他方式生存和成长的环境下生存和成长，而调动母亲体内锁定的资源就是我们做到这一点的方式。对于人类，胸脯上的婴儿每天需要 300 至 400 毫克钙，因此如果母亲不想让钙从自己的骨骼中流失，她们自己应该摄入 1 000 至 1 500 毫克钙。这相当于三四杯脱脂牛奶，因为膳食钙存在于许多食物中，我们不妨换算成三四杯无花果。[2] 然而，由于每天吃三四杯无花果实际上相当困难，人类母亲仍然会因她们的婴儿失去一些骨骼。她们只是损失得没有那么多，大概不到 5%。乳汁是一个奇迹，它让你能够

[1] 这很不好。
[2] 注释：这些无花果多得难以一次吃完。

多年来以合理的量摄入美味的无花果，将其中的钙储存起来，然后在正确的时间释放，用于打造婴儿的身体。

即使在同一个物种内，乳汁的成分也会发生变化。当哺乳动物的婴儿刚刚出生时，根本没有“乳汁”，母亲分泌的是一种名叫“初乳”的东西。初乳是母亲在“正常”乳汁出现之前产生的一种较浓稠的黄色液体，其中充满增强免疫和生长信号物质，这些物质基本上为婴儿一生的进食和生长做好了准备。然而，它看起来不是很妙[1]，而且数量也不多，因此在世界各地的许多文化中，母亲被鼓励推迟哺乳，直到这种量身定制的强化免疫力超级食物被白色的乳汁取代。这包括某些人可能认为其生活方式更“符合进化”的群体，即那些靠狩猎和采集为生或者采用其他一些更“传统的”生存方式而不是坐在车里对着塑料话筒点餐的人。[2]

古代医学权威一直对初乳的危险保持警惕。我们从 20 世纪伦敦北部的一位爱好医学史的医生那里听说，古印度医学文献建议，在正常乳汁出现之前的最初几天，应该给婴儿喂食蜂蜜和澄清黄油。但也许更令人惊讶的是，这位医生将这一点与源自古希腊人和古罗马人的“现代”习俗（不能确定这是哪一代人的习俗）联系在一起，即给婴儿喂食糖和水而

[1] 初乳看起来像脓液。

[2] 澄清这一点非常重要，即如今活着的所有人群所经历的进化在数量上都是一样多的，因为这就是生命周期和线性时间的运作方式，所以绝对没有人按照“古”的方式生活，绝对没有。除非你把一群非常严格的健身爱好者所热衷的东西算上。无论那是什么东西，都并不古老。

不是母亲的初乳。事实上，这是糟糕的医学建议，但似乎在今天和古代都非常普遍。凯蒂·欣德在一篇漂亮的博客文章中收集了关于不同文化对初乳看法的一些非常有限的知识。非洲南部的桑人（San）过着一种完全不耕作的生活，他们与有着数千年历史的印度阿育吠陀医学传统以及北美纳瓦霍族的勤恳农民一样禁止给婴儿喂食初乳。真的有很多文化反对初乳，要么提供不合格的替代品（人或动物的乳汁、稀粥或其他固体），要么什么也不提供（这样更危险）。我们只能假设，人类之所以能够存续，是因为过去的绝大多数母亲并不总是接受听到的建议，而那些接受建议的母亲也有足够多的缓冲，可以让她们（和她们的孩子）承受打击。[1]

初乳之后就是主力军——我们称之为乳汁的白色物质。但乳汁并不“只是”乳汁。它甚至不同于今天早上醒来时的乳汁。取决于婴儿的即时需求，它含有不同水平的营养成分；在人类中，它会根据一天中的时间、天气状况或者婴儿（或妈妈）的情绪而变化。刚开始喂奶时的乳汁甚至不同于喂奶结束时的乳汁。首先出现的“前段乳汁”往往糖分和水分都比较高，可以让婴儿迅速获取它渴望的糖。相比之下，“后段乳汁”的脂肪含量是前者的两到三倍，更有利于婴儿产生饱腹感。在炎热的天气下，母亲会制造含水量更高的乳汁以防

[1] 关于励志生活方式网站和危险的医疗建议，我有一条评论，但我肯定不会以具有法律约束力的印刷形式将它发表出来。

止婴儿脱水——斑马也会这样做，这也是我们乳汁的另一个相似之处。在一天的开始和结束，乳汁的脂肪含量比午后低得多。早晨的乳汁富含振奋精神的皮质醇，夜间的乳汁含有大量褪黑素和色氨酸，这两种令人昏昏欲睡的东西通常与吃了太多火鸡有关。就连乳汁中增强免疫力和饱腹感的因子水平也会在一天中发生变化。研究人员詹妮弗·哈恩－霍尔布鲁克（Jennifer Hahn-Holbrook）及其同事指出，乳汁的这种"时间营养学"特性对于被迫泵出乳汁储存供婴儿食用的女性有着巨大的启示。如果一个社会在关爱下一代方面是认真的，这就需要对迫使乳汁制造和食用发生脱节的经济体系进行相当严肃的重新评估。[1]

乳汁还会随着婴儿的成长发生变化。我们最早喝到的乳汁具有保护作用，富含免疫增强因子，营养组成适合小婴儿的肠胃，而且大量和微量营养素的配比具有高度适应性。对于人类，我们发现尽管乳汁携带的总能量在第一年保持在每 100 毫升约 70 卡不变，但半乳糖、氮以及最重要的蛋白质的含量随着时间的推移减少。不过，蛋白质对成长中的婴儿非常重要，而且一旦它们开始吃"真正的"植物，它们饮食中的蛋白质含量就会开始回升。然而，与此同时，脂肪和糖在乳汁中的含量却很稳定。就像所有灵长类动物的乳汁一样，人类乳汁含有一些脂肪，但最重要的是它含糖；想象一碗吃剩下

[1] 我将翘首以待。

的彩色棉花糖燕麦圈泡牛奶。事实上，我们天生就渴望糖。这就是为什么婴儿和幼童对糖有不同的味觉感受，并且比青少年和成年人更渴望糖，因为后者不再通过身体系统制造大量能量用于生长。

事实上，我们对糖是如此情有独钟，以至于一些临床医生使用蔗糖作为止痛药；我们当中很多年龄应该足够大的人，记得自己小时候会在一次痛苦的就诊后得到棒棒糖。[1] 当然，这并非没有后果；含有彩色棉花糖的食品可以帮助婴儿撑过血液检查，而对此类食物的口味偏好也导致我们出现日益严重的肥胖相关健康问题。现代健康危机的种子深埋在我们的进化史中，我们和其他哺乳动物一样，在进化历程中受到味觉感知的鼓励，去追逐这些复杂的碳水化合物。然而，如今我们周围到处都是容易获取的糖分来源，不用必须等到水果成熟的季节或者爬上树和蜜蜂搏斗才能得到糖。生命早期对糖的追求被加强和鼓励，以至于我们成年后也偏好甜味。

乳汁也会根据你喂养的婴儿类型而变化。这尤其令人着迷，因为它向我们揭示了产奶母亲的一些根本性投资策略。谁得到更多乳汁，谁得到质量更高的东西，这些信息很好地表明了一个物种将其基因筹码押在什么地方。如果你回忆一下第 6 章中的特里弗斯 – 威拉德假说，即投资儿子是一种霰

---

[1] 据我了解，现在的孩子们会得到贴纸。和糖不同的是，没有《考科蓝文献回顾》（*Cochrane Review*）的数据表明小猪佩奇的图像具有镇痛作用。

弹枪策略——大量射击但没有什么方向性，而投资女儿则万无一失，但成本更低。男性一生的生殖产出有能力达到成吉思汗的水平——他的男性后裔达到了不可思议的1600万人而且还在增加，而女性则更多地受到身体状况和可用于制造婴儿的时间的限制。那么，精明的动物投资者要怎么做呢？

嗯，有点并不令人惊讶的是，它们折中了投资差异。根据实际上是为了量化奶牛产奶量的研究，女儿们获得了更多牛奶。不过儿子们吃奶的时间更长。这可能反映了这样一个事实，如果你更快地让自己精心打造的女儿达到生育状态，你就能通过她得到更多后代，或者这可能是不同类型的婴儿产生的激素作用于母乳生产单元所产生的后遗症。这是你可以在奶牛身上研究的东西，因为通过调整奶牛生物学状态的微小方面来生产更多牛奶，可以赚取大量金钱，还因为奶牛是经过训练的，愿意让你挤奶。大多数灵长类动物在被挤奶这方面都没什么兴趣，当然人类母亲除外，她们可以给自己挤奶并勇敢地自愿参与研究项目。对于较大的灵长类物种，欣德已经成功说服猕猴在对这个问题的解答上提供至少轻微的借鉴，她的研究结果表明，母亲在儿子首先出生时会很喜欢它们，给它们喂的奶更浓郁，水分较少。但总体而言，女儿会得到更多乳汁，其中含有更多的钙。那么影响乳汁质量的主要因素是什么？出生顺序、性别和婴儿多大。

噢，对了，还有你的社会进化到告诉你该做的事情。

稀奇，真稀奇：乳汁的文化生活

11

稀奇，真稀奇，

小猫拉着小提琴，

奶牛跳过月亮去，

小狗看了哈哈笑，

碟子跟着勺子跑。

俗话说，你吃什么，你就是什么。但这句俗话没有提到的是，人类对于婴儿应该吃什么有一些非常独特的想法。哺乳动物婴儿需要乳汁才能生长，对于人类和比萨鼠来说都是如此，考虑到母乳喂养的困难，这是很了不起的。即使对于那些能够待在家里并接受挤奶工再培训的母亲来说，母乳喂养仍然很糟糕。尽管对于物种延续至关重要，但大多数人类女性刚开始都会在母乳喂养时遇到困难。我有一位好朋友的母亲是一名哺乳顾问医师，而在某个领域设置顾问资格是一个相当强烈的信号，表明人们觉得有必要就此进行咨询。虽然大多数尚未生育的人不会考虑这种情况，但一旦你生产出一个立即就要而且总是想要乳汁的婴儿，那么让这样一个完全不了解世界的东西完成进食的问题就显得非常困难了。

母亲们会遭受乳头破裂、出血、感染和肿胀的痛苦，随着时间的推移，甚至还会被咬伤。尽管我们做出了那么多投资，将自己的骨骼分解，在卫生间隔间泵奶，避免摄入咖啡因和酒精[1]——但是在大约6个月后，我们的乳汁质量开始变化，婴儿成长所需的蛋白质水平必须来自我们的身体之外，然后婴儿必须开始了解真正的食物。我们需要不断补充婴儿可以塞进自己小嘴里的富含脂肪和糖分的糊状食物，但存在一个转折点，母亲的需要和婴儿的需要不再一致——必须做出一些妥协。

在撰写关于人类进化的内容时，让自己陷入麻烦的第二种方法[2]是触及母乳喂养这个主题，尤其是讨论怎样的母乳喂养持续时间和方法在进化上是正确的。关于这个主题，存在很多非常情绪化的观点——而且有非常充分的理由。纯奶瓶喂养如今普遍不受欢迎[3]，原因部分在于人们认为母乳喂养有益于健康，部分在于二十世纪末掀起轩然大波的大公司丑闻。20世纪70年代，慈善组织“消灭匮乏”（War on Want）出版了一本爆炸性的小册子，揭露发展中国家婴儿配方奶粉的不

[1] 并不是所有的母亲都这样做。向我的后代道歉。

[2] 第一种方法是开始撰写关于人类进化的内容本身。

[3] 在我居住的伦敦北部的某些地区，这简直被视为一项不可饶恕的大罪。

道德营销，标题是“婴儿杀手”。反对使用人工配方奶粉喂养婴儿的主要理由之一（而且是很大的理由）是，奶瓶喂养被玩世不恭地打上了“现代”和“富裕”的营销标签，鼓励人们放弃母乳喂养并依赖奶瓶，即使是在无法保证卫生的地方，或者是如果母亲自己的乳汁因为缺乏直接喂养而干涸，并且母亲负担不起足够的配方奶粉以防婴儿营养不良的情况下。西方大公司在利用母亲“为自己的孩子做到最好”的愿望，这样的想法成了母乳喂养支持者的战斗口号；对于一家公司而言，推广一种可能携带危险甚至致命细菌或导致营养不良的婴儿喂养方法，这样的指控对公共形象非常不利。

和奶瓶喂养相比，母乳喂养有几个优点：它廉价，可迅速获得，而且对母婴关系而言是一种愉快的亲密体验。还有证据表明，婴儿出生后乳房的第一种分泌物——初乳——特别有益，富含营养物质和有助于婴儿免疫系统做好准备的物质。话虽如此，然而母乳喂养经历了至少数千年的艰难时光。这可能与数十万年来母乳喂养的难度一直很大的事实有很大关系。这并不是说所有的人类母乳喂养都很糟糕，而是要指出，尽管我们声称自己是适应哺乳动物繁殖方式的有机生命形态，但是哺乳却像出生一样，是我们这个物种似乎非常不擅长的事情。

母乳喂养的现代统计数据相当令人震惊。世界卫生组织建议婴儿出生后的前 6 个月进行纯母乳喂养，但这一比例在世界范围内差异极大，从哥伦比亚的 0 到卢旺达的将近 90%

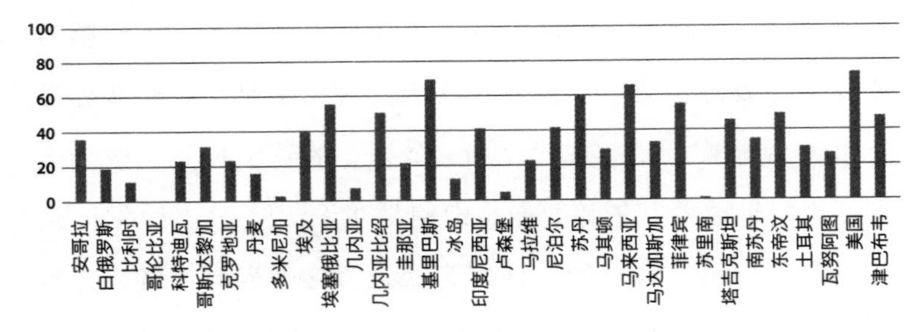

图 11.1. 全球婴儿出生后前六个月纯母乳喂养比例的数据，来自世界卫生组织（2019），单位：%

（见图 11.1）。在英国，有大约 1% 的母亲进行了 6 个月的纯母乳喂养——符合世界卫生组织的推荐标准。只有 34% 的母亲能够进行部分母乳喂养直到第 6 个月，而在美国，这一比例接近 58%。其他工业化国家的数据有时会更好：在 20 世纪 60 年代的中国，大约 60% 的母亲在婴儿四到六个月之前一直进行部分母乳喂养，而纯母乳喂养的比例徘徊在 30% 左右；不过这一数字此后似乎有所上升。

鉴于这些数字的范围，似乎可以肯定地说，只有某些人群在母乳喂养方面表现不佳。但是，考虑到母乳喂养是我们从长得像树鼩一样的祖先就开始做的事情，如今的情况又是为什么呢？其中一个因素可能是我们一开始如何进行母乳喂养。直到过去几十年，西方医学实践才认识到母亲和新生儿在分娩后第一个小时内的皮肤接触对于在双方体内触发负责刺激哺乳的反射具有潜在重要作用。对任何体形或胎龄的新生儿进行皮肤接触最初是向体重不足或早产婴儿提供有益环境的

“袋鼠护理”解决方案的一部分，在进行试验之后，如今它已经成为许多产房的默认做法。[1] 最近的一期《考科蓝文献回顾》——医学元研究的黄金标准——并不是结论性的，但是提出工业化国家的医院实践可能干扰了成功母乳喂养的建立。

这是对全球母乳喂养成绩差距巨大的一种解释，但是还有另外一种存在大量证据支持的解释：社会和经济地位的差异。在经济较不富裕的国家，母乳喂养婴儿的比例较高。相比之下，在高收入国家，一岁及以上婴儿的母乳喂养率几乎为零，而在低收入或中等收入国家，这个比例仍然约为 80% 至 90%。母乳喂养的机会成本似乎令世界各地的低收入和中等收入国家偏好继续母乳喂养，但是当你观察各个社会的较富裕或较贫穷的部分时，就会发现强烈的背离。这些背离伴随着女性进入劳动力市场的机会，并让她们能够在不遭受不利后果的情况下协商离开劳动力市场的时间。在较贫穷的国家，较贫穷母亲的母乳喂养时间比她们富裕的同胞更长。而在较富裕的国家，较富裕母亲的母乳喂养时间更长——或者至少从 20 世纪 60 年代左右开始是这样。我们进行母乳喂养的时间长短并不能证明我们是擅长还是不擅长母乳喂养，而是在于我们是否有机会做这件事。在婴儿配方奶粉仍然被宣传成高档产品的低收入国家，社会地位上升的母亲可能有充分的社会性

[1] 如果你在美国的话，皮肤接触通常是可选的额外措施。犹他州的一位家长因为这项特别服务被收费 39.95 美元，并且与其他医疗护理项目开在了一张账单上。或许不可避免的是，这件事被这位家长发上了推特网站。

理由选择配方奶粉喂养；在可用于母乳喂养的时间和机会是难以想象的奢侈品的富有国家，母乳喂养也会得到同样的待遇。对于人类，总有某种文化因素决定着本来应该是标准生物学过程的东西。

当谈到我们的现代实践与大多数人类在配方奶粉等替代喂养技术发明之前的经历之间的不同之处时，还有最后一项考虑因素，那就是我们似乎需要学习如何做到母乳喂养。母乳喂养的方法并不显而易见，也不像互联网更空洞的另一端所暗示的那样发自本能。其他哺乳动物只是简单地做到了这件事，而灵长类动物需要学习如何利用据说是我们最后的固有反射之一。并不只是人类会这样——研究表明在第一次面对婴儿时，猕猴会遭遇困难，而且坦率地说，很多猴子的表现十分糟糕。但相当残酷的是，人类母亲被设定得对此感到特别难过。在面对女性被告知是“自然的”生物学过程时，如果没有必要的支持或建议来帮助理解自己的经历，拥有合理化自身遭遇的能力或许并不理想；对英国新手母亲的人种学调查表明，当她们被告知母乳喂养“应该是世界上最自然的东西时”，内疚、压力和对疼痛的担忧都是她们在这件事上遇到困难的因素。

有争议的是，我建议也许我们应该考虑不要羞辱那些做不到母乳喂养的女性。在确实实现了高母乳喂养率的社会中，存在着个人能力或毅力之外的印度，例如母乳喂养行为是一种正常的公共活动，随时可以从有经验的母亲那里获得支持和建议。哺乳动物乳汁专家凯蒂·欣德和人类学家布鲁克·谢尔扎（Brooke Scelza）与来自纳米比亚的辛巴族母亲讨论了母乳喂养的问题，那里的每个母亲都能进行母乳喂养，但这在大多数西方文化中肯定是不可能的。两位作者指出了导致这一突出成功率的两个关键因素：其他母亲的支持，以及不存在任何与公共场合母乳喂养相关的禁忌或羞辱。在其他社会中阻碍母乳喂养的因素——例如工作时间或者阻止频繁喂奶的社会规则——根本不是辛巴族生活的一部分，而且也不存在与不进行母乳喂养相关的压力甚至内疚。

尽管自从长得像最小的鼬一样的产奶动物从剑龙后面探出头以来，母乳喂养就已经成为我们作为哺乳动物历史的一部分，但对于人类或人类婴儿来说，母乳喂养实际上并不那么容易。母乳喂养是一项技能，而且在它公开进行的社区中是你可以轻松学习的技能，而当你看不到这种行为本身，而且还缺乏有经验的母亲伸出援手时，就不那么容易学习了。但是由于世界的其余部分不太可能立即重组成为一个对母亲友好的环境，特别是在可以监测婴儿体重增长并安全卫生地使用高质量婴儿配方奶粉的背景下，我们可以不再担心自己没有达到某种进化上的理想状态，并且不再对那些无论出于何种原因不进行母乳喂养的母亲们发表情绪激烈的批评。毕竟，人类进化适应的最终目标是避免死亡。其他一切都只是额外收获。

过去的父母和我们今天一样热衷于确保自己的孩子吃饱。

考虑到母乳喂养的困难，以及许多可能意味着母亲不能直接给孩子喂奶的情况，我们可以想象到婴儿奶瓶应该是相当古老的。因此有点令人惊讶的是，我们似乎没有在考古记录中见到很多奶瓶。我们不得不假设，在我们看到保存至今的极少数黏土和金属质地的奶瓶之外，应该已经有了使用动物的角、皮、葫芦、木头或任何其他可爱的有机物制成的长颈瓶或器皿，这些材质无法留下我们可以找到的痕迹。果不其然，一旦我们发明了陶器，就有一些非常有趣的陶瓷大口杯开始出现在大约8000–7000年前的中欧婴儿坟墓中。这恰好也是我们作为一个物种进入乳制品行业的时间。这些器皿有可以用来喂养婴儿的出水嘴，有时甚至呈现出可爱的动物形状——就像在德国弗兰茨豪森 – 科科隆遗址（Franzhausen-Kokoron）发现的来自3000年前形状奇特、带有兔耳和兔尾巴的罐子那样。对这些器皿底部的微量残留物进行的化学分析使用了一种酸性反应来识别脂质（脂肪），发现其中一种物质的脂肪含量很高。对残留物进行汽化以确定其元素结构的分析方法（即气相色谱法）表明，这些脂肪中的三酰甘油和（举例而言）烧烤油脂相比更符合乳制品脂肪的特征。那么，这些器皿确实是古代婴儿奶瓶，而且还出土了许多其他奶瓶——在苏丹杰贝尔·莫亚（Jebel Moya）的两座3000年前的婴儿坟墓中，人们发现了一些小巧的带嘴容器，形状像尖头鞋并且表面装饰着一张笑脸，以及其他许多东西。

对于上文中德国奶瓶的拥有者而言，不幸的是，它们在过去可能不足以维持婴儿的生命。正如在上一章中所讨论的那样，人类乳汁有非常特别的营养特性，而我们的驯养动物的乳汁与真正的人类乳汁并没有达到相同的水平。令过去使用奶瓶喂养的危险变得更大的是，致病细菌对婴儿小小的免疫系统始终存在威胁。在公元前 1000 年的德国，现代不受经济条件限制的父母可以使用的售价数百美元的奶瓶消毒系统还不存在。

这些器皿出现在婴儿坟墓中的事实，确实表明这些儿童没能茁壮成长。在过去，父母缺乏现代药物和人乳的大量营养替代品，在婴儿出生后的前六个月喂养母乳以外的任何东西都有可能带来灾难。很多母亲难以产奶，这一点我们可以

图 11.2. 来自奥地利沃森多夫（Vösendorf）的婴儿奶瓶的线条图，约公元前 1000 年。基于卡塔琳娜·雷鲍伊 - 索尔兹伯里（Katharina Rebay-Salisbury）博士的慷慨许可使用的一张图像

在很早的文本中看到：从拥有 3 500 年历史的古埃及埃伯斯纸草（“Ebers” Papyrus），到 1 500 年前孙思邈所著的《千金方》，再到 1000 年前的阿维森纳（Avicenna）[1]，历史上的作者们都讨论过喂养婴儿的考验和磨难。建议和禁令比比皆是。例如，上一章的那位古怪的伦敦医生对人类历史上的母乳喂养有一段相当非同寻常[1]的描述，它告诉我们，古埃及妇女在产奶困难时应该用热油加温过的剑鱼骨头摩擦自己的背。

这些奶瓶和文本构成了一道前线，抵御我们对婴儿喂养的奇怪看法，即认为我们在过去一定做得正确；旧石器时代晚期的任何一位有自尊心的母亲都不会让她的婴儿失望，一定会坚持直接用乳房喂养婴儿，而且比我们如今的母乳喂养时间长很多年，除了乳汁什么都不喂给婴儿，除了之后完全有机的食品和猛犸象肉糜。这给婴儿喂养的实践带来了“古饮食”疗法，过去被想象成伊甸园，一切都是“自然的”。虽然在动物驯化之前，通过爬到毫无戒心的哺乳期野驴身上挤奶来喂很小的婴儿获取替代食品确实非常困难，更不用说是极其不明智的，但也存在一个相当确定的事实，即母乳分泌可

[1] 伊恩·威克斯（Ian Wickes）对母乳喂养数据的人种学描述中流露出的随意的种族主义读起来令人反胃；他声称，某些种族有下垂的乳房，让她们能够将乳房翻起，喂养自己背上的婴儿（这是种族主义的 18 世纪荷兰殖民者在非洲的古怪虚构，并不是真实存在的东西）。对于一个不是英国的国家的四岁孩子被描绘成在哺乳之后享受香烟的场景，他还发出了只有作为富有的 20 世纪中叶英国医生才能想到的嘲讽，斥责这种“原始”和“现代”习惯的可怕混合。永远不要忘记我们的一些“科学”是从哪里来的。

能失败，而旧石器时代晚期的父母就像任何父母一样希望自己的婴儿活下去。

很有可能发生的情况是，在自信地为动物挤奶成为一种现象之前，人类开始涉足分享母乳，就像如今在各大医院运转的“母乳银行”服务一样。在很多文化中，女性将乳汁分享给无亲缘关系的婴儿一点儿也不奇怪；这可以成为将她们的家庭联系在一起的重要文化纽带的一部分。我能想到我在土耳其的朋友和同事中的几个例子，他们遵循古老的“母乳兄弟”习俗，即两个原本不相关的婴儿通过同一个女性的哺乳而建立起密切的社会关系。然而，并不是所有的母乳共享安排都是平等的，随着分层社会制度的全面展开，你可能会在城市世界发现人们愿意利用自己的生物学特性获得物质保障。这指的是涉及金钱的母乳喂养，就像任何其他实物交易一样。

我们用“乳母喂养”这个词来形容该现象，即母乳喂养婴儿的工作被分配给不是当事婴儿亲生母亲的人。与合作性的母乳银行不同，我们对过去这一角色的理解具有更多牟利性，特别是当它开始以实际合同雇用的形式写入历史时。我们对乳母的第一次文字记载来自美索不达米亚——无疑滞后于最早的母乳共享经历数十万年，雇用乳母的合同被首次刻在黏土上。《埃什南纳法令》是更为人所熟知的《汉谟拉比法典》的前身，有 4 000 年的历史，我们在其中看到了大量提到乳母及其合同的内容，在整个合同期间，被称为楔形文字板的早期文本揭示了这种安排的细节，例如三年母乳喂养和抚养孩子的费用是 10 谢克尔。[1] 古代较富裕阶层将母乳喂养外包成了一项合乎社交礼仪的事。虽然这可能是由于亲自进行母乳喂养所涉及的不便和潜在不适所导致的，但也可能是由于富裕女性希望更快地恢复生育能力所致。

无论原因到底是什么，数千年来，西南亚和地中海的王室一直雇用乳母。有些乳母变得像是第二个母亲，陪伴她们照管的孩子进入成年，例如，3 000 多年前，卡特纳的贝尔图姆公主（Princess Bēltum）带着她的乳母嫁入马里王室。在古埃及王朝时代，乳母喂养可能是提升社会地位的一条极其精明的途径。大约 3 500 年前，相当了不起的女法老哈特谢普苏特（Hatshepsut）下令将她的乳母西特拉（Sitra）埋葬在埃及的国王谷，那里通常是王室成员的保留地。然而，情况会发生变化：1 500 年后，埃及地位较高的女性不再梦想为婴儿哺乳。一位愤怒的岳母给她女儿的丈夫（一个叫鲁菲努斯的人）写了一封纸莎草信，坚持要求他雇用一名乳母——她不会让自己的任何一个女儿哺乳。

乳母的历史一路延续到现代，尽管沿途被赋予了不同的社会意义。虽然中世纪的欧洲王室也会像鲁菲努斯的岳母一样对乳母喂养自己婴儿的想法惊骇莫名，但到了现代早期 [2]，乳母喂养已经失去了控制，丑闻几乎不断发生，这个因素或多

[1] 未能在合同期结束时付款可能会导致你的孩子被没收并卖掉。美索不达米亚法典上的小字附属细则确实写得非常小，但是很重要。

或少让欧洲人不再毫无遮掩地继续这一做法。正如 18 世纪发布在伦敦报纸上的广告所反映的那样，一位清醒的、受人尊敬的女士会以某种方式成为寡妇（因此不会再继续生孩子），并拥有充足的奶水。[1]

乳母喂养足够有利可图，而城市在过去数百万年里是如此充满污染和危险，以至于将孩子送到乳母那里喂养实际上就是把孩子送出城外。乡村地区的乳母可以为焦虑的伦敦城市的中产阶级母亲提供她们梦寐以求的那种田园式的健康，而婴儿确实被成群结队地送到乡村，偶尔会被探望，但基本上都被丢在“更健康的”环境中成长。然而，商业成功与女性提供充足乳汁的实际身体能力之间的平衡是微妙的。人类乳汁的营养成分在整个哺乳期是不断变化的；乳母得到的给养会根据婴儿的年龄和各种因素进行调整。17 世纪和 18 世纪伦敦周边教区的墓葬登记簿上记录的数千名“寄养孩”婴儿在一定程度上反映了其中的一些风险。

当然，并非所有的乳母喂养都安排得如此公平。这一方面可能是一种社会或物质利益的交换，但也可能是一种具有强烈剥削性的交换。将一个女人的生物资源强制转移到另一个女人的孩子身上，这种现象自古以来就屡见不鲜；古希腊的奴隶可能会被要求给女主人的孩子喂奶，甚至先于自己的

[1] 很难说她们的丈夫有多少是虚构的——声称乳母的丈夫“去了东印度”的广告数量相当惊人。

孩子。要是能够说这是一种仅限于古典世界的现象就太好了，对于这个世界，我们还能够在安全距离外想象各种残忍的行为；然而在距离现在很近的过去，美洲还存在令人心痛的故事，被奴役的妇女被迫养活另一个人的孩子，而她们自己的孩子却遭受痛苦，甚至可能死亡。

当然，喂养人类婴儿还有其他延伸问题。我在这里指的是让我们极度晚熟、无助的婴儿不要在自己、父母和其他清洁起来很烦人的表面上拉屎或撒尿的数十万年的经历。这段漫长而且看似无法获胜的战斗大概自古以来就是父母们进行的斗争，但当你不再到处游荡并且如厕是一种地点更加固定的体验时，解决排泄问题就变得尤为重要。人类生活方式的改变——定居、室内——令父母必须在婴儿臀部管理方面采取一些独创性的做法。当人类达到城市人口的密度时，就需要确保整个社会已经解决了与垃圾（无论是不是婴儿生产的）相关的问题，否则这种人口密度的持续时间不会很长。城市生活需要在个人生活和垃圾处理之间采取一系列中间步骤。对于城市儿童来说，掌握这些相当关键的技能将确保一定程度的尾声，这将使你的社会和你自己保持活力（但愿吧）。在现代社会，关于上厕所我们有很多成人文化选择：包括用到水、纸、蹲姿、坐姿、附近绿植等的各种方法。

对于婴儿，我们只有两种相互竞争的理念：穿裤子或不穿裤子。[1] 考虑到策划婴儿尿布展览通常来说应该很不受欢迎，对于它们的物质证据非常之少，我们也就不会感到特别惊讶了。我们所拥有的是偶尔出现的视觉证据，表明人们已经在包裹尿布这件事上做出了一些努力：在一个相当虔诚地实行裹紧婴儿的文化中，古埃及的一些聪明人想到了把婴儿包裹起来但在后面留下一条空隙的想法，这在海港城镇比雷埃夫斯发现的一座2 400年前的祈愿小雕像中清晰可见。从正面看，婴儿身体完全包裹在布中，但翻到背面就可以清楚地看到露出来的臀部。[2]

大约2 500年前，附近的雅典是一座繁华的大都市，充斥着父母、婴儿，还有一个形状特别奇怪的陶器，它被埋进了著名的古市集（Agora）遗址，直到20世纪30年代又被再次挖掘出来，在那里，它会让试图描述它的饱学之士感到困惑。这个罐子像两个宽底碗底部粘在一起的样子——但是碗底都被切掉了，所以这个东西更像是一个腰部收紧的鼓。它的高度稍微超过1英尺（0.343米），一位技艺高超的艺术家在上面描绘了植物、动物和神话角色——几只鹅、一头狮子和两

[1] 中国穿开裆裤的传统在某种程度上是一种折中，这种没有裆部的裤子是蹒跚学步的幼童穿的，以防裤子挡住说来就来的排泄物。尽管你会认为这种裤子在拥挤的地方可能是一种危险，而且如今的城市显然已经不怎么使用它们，但我曾在火车上坐在如此着装的婴儿旁边，并且完全没有从这段经历中受到伤害。

[2] 著名考古学家克里斯蒂娜·吉尔格罗夫（Kristina Killgrove）在她为《福布斯》（*Forbes*）杂志撰写的非常有趣且容易理解的专栏中写到了几件此类物品，感谢她介绍了不穿裤子的希腊婴儿襁褓风格。

个看起来相当友好的塞壬[3]。顶部的“碗”有相当大的开口，而且两侧各有一个把手用来将其提起。发掘者名叫荷马·汤普森（Homer Thompson），一个在一定程度上受名称决定论影响的人，他没有办法理解这件物品，也就没有给它起名字。几十年后，大英博物馆的一位名叫彼得·科比特（Peter Corbett）的古典学家检查了这个有趣而且有些漂亮的形状，并搞清楚了它是什么：一个古希腊训练便盆。1931年在布林莫尔学院获得博士学位的考古学家多萝西·伯尔（Dorothy Burr）成为第一个参与雅典古市集大发掘的女性研究人员——后来还嫁给了上文提到的荷马，她指出这个便盆的尺寸正好适合一个优雅的古希腊幼儿的下半身。

在有一个便盆的地方，必然会有更多——事实证明确实如此。后续对一些原本令人困惑的陶片进行研究和重新鉴定之后，人们在古希腊和古罗马的世界发现了很多婴儿便盆；一个可爱的黑色人物故事花瓶上甚至还描绘了一个正在被婴儿使用的便盆，还有自豪的母亲在一旁观看。虽然这些重要的婴儿用品可能仅限于社会较富裕的阶层，但我们仍然可以将它们视为婴儿照料的重要证据。婴儿和幼童生活的许多其他物质方面很可能是用有机材料编织、雕刻或缝制的，当我们确实发现一些东西将我们与过去这些微小的生命直接联系在一起时，这总是令人着迷的。例如，在阿拉斯加气候区的幸运发现中，包括由与现代因纽特人相关的文化用海豹皮制成的婴儿裤。我们需要有完美的保存条件，才能重新获得诸如

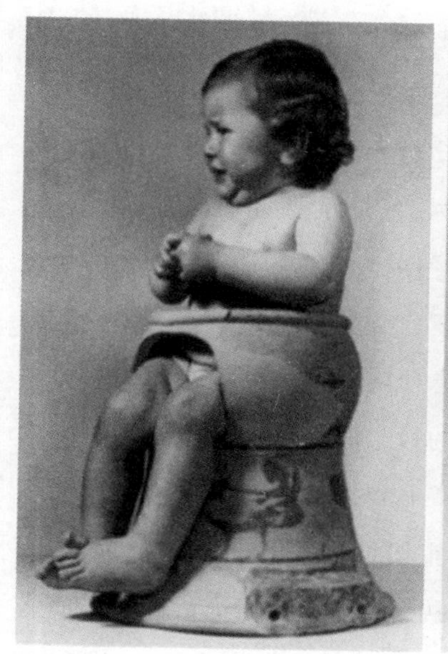
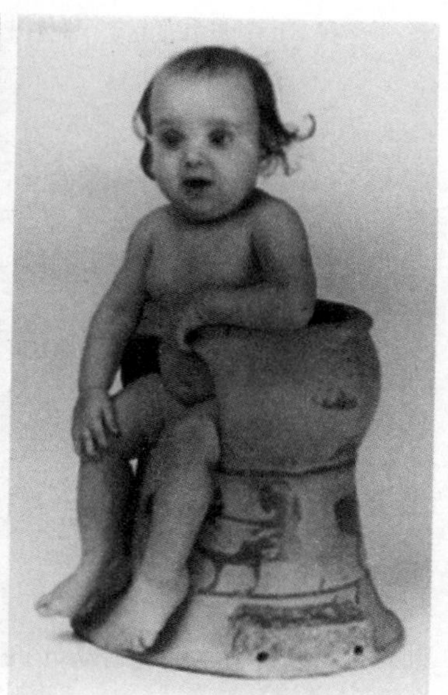

图 11.3. 研究人员在两名儿童的帮助下验证了他们对这个古雅典便盆椅的解释，左图中的匿名儿童裹着一块尿布，无法成功使用这个便盆，而右图中的伊丽莎白·卡莱尔·坎普（Elizabeth Carlyle Camp）没有裹尿布，成功地使用了便盆。P 10800 号物品的图像来自雅典古市集发掘和雅典古物管理局，古市集，ASCSA：Agora Excavations © 希腊文化和体育部 / 希腊文化资源开发组织（H.O.C.RE.D.）

衣服或毯子之类的人类生活的短暂片段，所以找到来自古罗马的花纹小皮鞋始终是一个奇迹，因为它们已经在厌氧下水道中失落了数千年。同属奇迹的还有 2 700 年前埋葬在秘鲁蒂亚瓦纳科文化（Tiwanakuan Peru）半木乃伊坟墓中的一个幼童的凉鞋，以及中国西北地区塔里木盆地干旱条件下一个木乃伊化婴儿的墓葬中令人震惊的紫红色布料和羊绒帽。

当我们考虑我们这个物种对婴儿照料和喂养事务的文化适应时，事情的真相是，如果你正在读这本书，那么你是婴儿穿戴者、共同睡眠者还是长期母乳喂养者可能并没有那么重要。在孩子的生活中可以做出的最重要的干预已经做出了，即父母在将你养大的过程中将你提高到一定的社会经济地位水平，让你能够做出一些事情，例如购买关于重要进化主题的优质非虚构图书。这种状态伴随着许多其他必然结果——拥有医疗保障、教育你所需的社会和经济支持以及用于阅读的闲暇时间，所有这些都与提升婴儿的养育结果有关。几乎不可能将阶级和资源获取的重要性与婴儿的生活机会分开。即使是最大规模的医学研究也受制于参与研究的人群，而人类的生活方式与他们满足自身物质需求的能力是分不开的。这就是为什么很难解析与不同婴儿照料实践相关的实际风险。在难以获得安全饮用水的国家，用奶瓶喂养低收入儿童的风险是非常现实的。在一个经济优渥、受过良好教育、拥有一台能在消毒高温下运转的漂亮洗碗机的家庭中，用奶瓶喂养孩子对其一生的成就有什么风险？可能微乎其微。

当我们谈论我们漫长过去中的童年并试图弄清楚我们“进化”成现在这样是为了做什么时，这就是我们要记住的事情。旧石器时代的童年适应旧石器时代的生活。其中的一部分可能确实非常适用于我们的现代生活——例如，儿童仍然需要喂养——但有些事情已经发生了显著变化，例如我们可以用来喂养它们的食物。这是否意味着如果我们搞不到有机混合的猛犸肉糜，我们的孩子就注定只能过次优的生活？当然不是。但是当我们作为一个物种面临着与如何为孩子做到最好相关的巨大不确定性时，古式育儿法的吸引力仍然存在。与此同时，世界最大的经济体美国没有规定女性可以休假来培养新公民。地球上很少有女性挣工资的地方能够以任何方式容纳养育婴儿的实际生物学事务——不止于此，在获得支持方面也存在明显的区别。作为就职于英国一家重要研究机构的学者，我可以选择在婴儿出生后[1]休18周的育儿假并拿全额工资。如果我一直是一名外包的、零工时合同制的、完全可以随意处置的员工呢？那我就只能休6周，拿90%的工资。[2]

六个月大时，人类婴儿每2个小时就需要吃一次奶。小婴儿甚至不擅长吃奶；有的小婴儿每次喂奶需要三四十分钟；泵奶也没有那么方便，尽管你现在可以租用医院级的工业泵。[3]重返工作岗位——对于经济不稳定的人来说可能没有多少选择余地，这已经有更大的可能发生在女性而非男性身上——通常意味着必须在某些事情上做出一些妥协。世界各地有很多女性在卫生间和清洁间勇敢地尝试生产乳汁，只是为了给自己的孩子，她们相信这是人生最好的开始，这些女性的数量多到绝对令人难堪。在母亲的经济存在与其社会和

[1] 在英国，父母任何一方都可以享受带薪育儿假。所以我实际上只休了两周带薪假。

[2] 为了让我所在研究机构的“外包”员工获得与我们其他人相同的权利，我们采取了集中的罢工行动并大声疾呼，但这确实奏效了——就在最近。

[3] 因为它可以装进你的手提包里。

生物学存在并没有被物理分离的文化中，喂养婴儿没有那么困难重重。在世界上的一些地方，随身携带你的宝宝（即使你没有供婴儿抓握的体毛，也没有善于附着在你身上的婴儿，一条背带也能完成任务）和母乳喂养的正常化并在公共场所进行（非常了不起的成就）帮助母乳喂养率达到将近 100%。但是，出于某种原因，我们似乎认为这项特殊的投资并不值得。也许如果更多的人了解乳汁，天平会再平衡一点。

译注

1. 阿维森纳即伊本 – 西拿（ibn-Sīna），11 世纪伊斯兰世界的著名学者和医学家，Avicenna 是其名字的拉丁文。
2. 西方的现代早期是指 15 世纪末到 18 世纪末。
3. 古希腊神话中的海妖。

爸爸去给你买只嘲笑鸟：父亲的进化

12

安静，小宝贝，别说话，

爸爸去给你买只嘲笑鸟，

如果嘲笑鸟不唱歌，

爸爸去给你买只大钻戒。

作为灵长类动物中最聪明的物种，我们已经找到了为我们的孩子提供食物的方法，而这项任务远远超出了一个人的能力范围。但是还有谁可能被委托对婴儿进行投资呢？几个选项可能会浮现在你的脑海中，而最先出现的那个选项，无论是谁，都很可能比严格的进化生物学更能反映你成长时所处的社会或家庭。例如，如果你的几个答案里都没有“爸爸”，你可能很难在X染色体占大头的繁殖周期中构思父本投资。这可能是因为你的社会结构——权力、生物决定论——让你能够购买高质量的非虚构类图书，这些图书向你灌输了一种极度以女性为中心的育儿理念。[1]

然而，如果对于“谁来照顾孩子”这个问题，你没有立刻想到自己的繁殖搭档，其实你并不孤单。对亲本投资的研究并不比真实的人类更不受偏见的影响。[2] 然而值得注意的是，早期人类学家花了那么长时间来考虑我们对基本人性的思考方式是否会受到我们生活在其中的社会的影响，因为这是整个人类研究的重点，但你只能接受现实。我们不得不先了解大量男人－狩猎者类型的“男人起源”理论，然后一路返回到人类堕落前的统一母神宗教理论，以得出一种对过去的更微妙的解读方法。灵长类动物育儿研究的早期方法也好不到哪儿去。对于人类女性的价值这一主题，达尔文本人的意见非常尖刻，他认为进化中的性选择导致了“男人在他从事的任何事情上都比女人能够做到的更优秀——无论是需要深刻的思考、推理或想象力，还是仅仅就感官和双手的使用而言”[3]1。

苏珊·斯珀林（Susan Sperling）雄辩地写到了“公文包狒

[1] 或者，这可能是因为你在未来的时间线中读到这里，在这个时间线上，性别化的亲本角色听上去完全是中世纪的概念，话说到这儿，嘿，时间机器建造得怎么样了？

[2] 如果你想知道科学偏见有多强烈，请务必读一读安吉拉·萨伊尼（Angela Saini）的《逊色》（*Inferior*）和《优越》（*Superior*）。

[3] 查理·达尔文，《人类的起源》（*The Descent of Man*，1871）。他还承认女性几乎没什么问题，但却带有惊人的种族主义色彩“女性的直觉能力、快速感知的能力，也许还有模仿的能力，比男性更明显；但至少其中的部分能力是低等种族的特征，因此也是过去和低等文明状态的特征”。

狒”的现象，即我们人类将其他灵长类动物的行为拟人化的倾向，以及研究人员将自己从产生他们的社会中抽离的困难。有一种看待世界的特殊方式，产生了将雄性竞争的概念——就像雄性狒狒的尖牙所体现的那样——视为进化力量的终极驱动力的想法，就像有一种世界观认为，黑猩猩生活中由雌性主导的合作是灵长类动物群体获得成功的主要因素一样。也许，将生物性别设定为人类进化中非黑即白的因素并不像我们想象的那么有帮助。斯珀林指出，常常发生的一种情况是，被我们视为纯属雄性或雌性的某种行为被认为具有巨大的适应性意义，但后来我们才意识到，或许这些行为并不完全是由性别决定的。她举了一个也许会让比萨鼠印象深刻的好例子：在新生幼崽附近的雄性啮齿类动物最终可能会表现出雌性的行为，包括一些雌性啮齿类动物在哺乳时会采用的和适应性没什么关系的瑜伽桌子式姿态。照料，即使是那种在生物学上似乎与性别二元分类天生相关的照料，也可能是比从前的进化理论所假设的更具适应性的行为。

爸爸只是灵长类动物的一种极为重要的策略的一个例子，这种策略就是“合作繁殖”。养育后代有两种方式[1]：要么母亲可以单独行动，对每个后代进行大量投资，并承担生育成本；要么合作进行，允许群体的其他成员帮助她，而且她自己轮流帮助其他成员，集体分摊风险和回报。在很多社会性动物

[1] 这是正确的，或者在你祖母看来，这并不正确。

中，我们看到大量所谓的“异亲抚育”（alloparenting），或者更常见的“异母抚育”（allomothering），即动物照料不属于自己的婴儿。异亲可以是婴儿的兄弟姐妹、姨姑、叔舅、其他亲戚或者只是母亲的朋友——所有这些情况都经过证实，并且在拥有它们的社会中（无论是人类社会还是非人类社会）都很有价值。然而，并非所有异亲都是生而平等的。对于像无处不在的猕猴这样等级森严的物种而言，存在着真实的危险：地位较高的雌性对新生婴儿着迷，会从地位较低的雌性那里绑架婴儿，即使它们自己并不分泌乳汁，也没有喂养它们的办法。如果地位较低的雌性不能要回自己的孩子，婴儿很可能会因为新照料者的疏忽遭受严重伤害，甚至可能致命。然而，总体而言，异亲养育是有益的，可以分担照顾和喂养的负担。在大多数哺乳动物中，异亲养育是一项相当以雌性为中心的事情，但在像我们这样的灵长类动物中，我们开始看到婴儿越来越依赖一个特定的家庭成员：爸爸。

灵长类爸爸在家庭中的首要地位是进化适应性的问题——当这些照料模式发生改变，就像在人类和一些猴子中发生的那样，我们应该特别注意，因为正是这些策略让我们进化成现在的样子。[1] 关于不同的亲代投资策略如何在动物身上体现

---

[1] 什么都适应，什么都不精。

的最著名的概括来自特里弗斯的工作，是的，又是他。[1] 他提出亲代投资是繁殖成功的限制性策略，无论父母哪一方对已经拥有的后代投入最多，都不能通过在其他地方生育更多后代而受益。对于哺乳动物，一个限制性因素是我们可笑的孕期和哺乳时间，因此雌性被自动困在投资亲代的角色上。从策略角度看，雄性面临的问题是，它们是否能提供足够的帮助来培养值得让自己留下照料的优秀后代。

理解我们这个物种的父亲身份进化的主要障碍之一是我们实际上对它并不完全确定。作为愿意阅读本书的受过良好教育的人[2]，我们意识到父系来源的不确定性是许多人类社会的一个主要问题，它是涉及女性贞操、婚姻和通奸的若干核心规则的基础，上述所有事情都可能会给你带来严重的麻烦，具体取决于你是否违反了 20 世纪 60 年代洛杉矶山脚下一个自由之爱公社或其他更古板的地方（例如 17 世纪的马萨诸塞湾清教徒殖民地 2）的社会规范。[3] 尽管早期人类学家曾提出相反的种族主义假设，其中最著名的是威严的人种学之“父”

---

[1] 特里弗斯有很多（咳咳）洞见，其中有一条畸形评论说，在青春期有魅力的人类女性“往往会嫁给地位更高的配偶”，而其余的女性基本上会陷入性挑逗，因为这就是她们必须提供的东西。这就是为什么，其一你可能应该找个人类学家来检查你的进化生物学研究工作；其二 20 世纪 70 年代对人类学领域的女性（或者实际上是所有女性）来说是非常悲惨的时代。

[2] 或者更诚实地说，是作为一种文化的参与者，在这种文化中，不忠（以及对不忠的讨论、戏剧化和结局）是娱乐和 / 或公共生活的一大主题。

[3] 虽然这个公社听上去很有趣而处决殖民地的成员听上去没那么有趣，但它们的结局都很惨淡。至少马萨诸塞湾殖民地没有查尔斯·曼森（Charles Manson）。

罗尼斯瓦夫·马林诺夫斯基（Bronisław Malinowski）本人阐述的，但人类普遍意识到性会产生婴儿以及这对父亲身份意味着什么。[1] 对于人类学家来说，更关键的问题是，对父系来源的知晓是不是我们对孩子如何投资的真正基础。我们现在知道"父系来源不确定性"在我们这个物种中意味着什么，特别是在我们的社会中：有严格的社会制度来保证父系来源是非常确定的。但是正如我们之前所讨论的那样，对于那些不会因通奸而将成员烧死，也没有发明基因检测的动物，目前还没有明确的机制确定哪些婴儿应该享受父亲的好处。如果没有可操作的具体机制，父系投资就很难被视为可以选择和强调以获取进化益处的东西。事实上，大多数在繁殖中不贡献大配子 3 的动物都选择将投资用在自由生活的自由之爱上——占用它们能量的是寻找和争夺配偶，而不是照料后代。

在著名的最棒的动物父亲中，有拖着受精卵四处游动的海马爸爸，有笨拙但用心良苦的、育儿技巧被《海底总动员》（*Finding Nemo*）影视化的小丑鱼父亲，还有鸟类例如承担了一半以上为飞行数千英里的雏鸟寻找食物任务的漂泊信天翁父亲。令人惊讶的是，还有几种灵长类动物。[2] 现在来分析一

[1] 马林诺夫斯基研究的特罗布里恩岛（Trobriand）岛民可能不像来自父权土地私有制社会的男人那样关心父系来源——在那样的社会里，繁殖成功取决于你从父系继承中获得的资本类型……但这并不意味着他们不知道父亲是什么。

[2] 在这里，让我们带着敬意提到瑞典现象级的"拿铁爸爸"，他们花一大笔钱购买粗犷好看的婴儿保育配件和拿铁咖啡，在漫长的育儿假期间穿戴着这些配件，喝着咖啡。

下，海马知道这些是他的受精卵——他正在带着它们。信天翁对它们的配对关系绝对忠贞不渝。只有一小部分哺乳动物表现出了一些父本投资——大约占总数的 5%。但是，大多是相当滥交的灵长类父亲为什么会以牺牲更广泛的社会经历为代价，开始在孩子身上投资呢？他们又是如何投资的呢？

正如我们在第 3 章中看到的那样，爸爸的社会角色是相关物种其余成员的社会组织规则的重要组成部分。这些规则不仅决定了谁可以交配，还决定了这些配偶对后代的投入程度。如果你必须将所有时间和能量用于和竞争对手争夺交配机会，或者赶走杀婴的入侵雄性，这将极大地减少你可用于照料婴儿的精力。虽然灵长类动物总体上比其他哺乳动物表现出更多的父本后代投入——大约 10% 的灵长类动物进行某种直接的父本照料，但似乎大多数雄性灵长类动物仍然更喜欢围绕受孕进行大量投资。这是有道理的，因为大多数灵长类动物生活在一夫多妻制或滥交的交配系统中，在这种系统中，时间和精力都被花在了竞争配偶以及守护你得到的配偶上。那么，是不是一夫一妻制建立后，就会得到爸爸呢？

嗯，并非如此。一夫一妻制的灵长类动物，或者建立在该基础上的相关雌性群体，可能被认为比雄性滥交的物种有更强烈的异亲养育动机，但事实上，亲代照料在多种灵长类动物中都有体现。仅仅因为你四处走动，并不意味着你不爱自己的孩子。有证据表明，一夫多妻制的灵长类动物父亲会优先投资他们的后代，即使是在滥交社会系统中；例如，在战斗中，狒狒父亲通常会支持自己的儿子。黑猩猩甚至更令人困惑——黑猩猩爸爸对自己的婴儿更和善，但目前还不清楚这是因为这样做具有适应性，还是因为他们试图与母亲融洽相处（这可能同样具有适应性）。黑猩猩儿子则花很多时间去梳理父亲的毛发，尽管他们可能永远不知道那是他们的父亲——在雄性青少年逐渐社会化的这个危险且充满潜在暴力的世界中，对黑猩猩儿子母亲友善的雄性可能只是一个更安全的选项。防止杀婴是对婴儿照料的另一项重大投资，而且几位研究人员认为，这可能是灵长类父亲对自己的后代更感兴趣的早期动机，并刺激他们采取更偏向一夫一妻制的交配方式，以确保他们保护的孩子是自己的。

然而，仅仅是不杀死你的后代，这有点达不到我们人类所认为的充分的亲代照料。[1] 灵长类动物学家将父本照料分为两类——直接照料，例如实际喂养或抱着婴儿，以及间接照料，例如确保婴儿不会被狮子吃掉。通常而言，灵长类动物的父亲在狮子面前的表现比抱婴儿的表现好，但这并不意味着所有灵长类都是游手好闲的爸爸。对于一些体形较小、浑身毛茸茸的新世界猴而言，一个关怀备至的爸爸是生存下来的唯一途径，因为他们的伴侣生下的婴儿数量总是比她们能够单独携带的正好多出一个。新世界娇小而漂亮的绢毛猴和狨猴

[1] 是的，是的，我知道，在你祖父的时代不是这样。上学回家都要爬山，没有梳妆打扮。

已经进化得能释放多个卵子，意味着双胞胎是它们的默认设置——而这意味着需要爸爸来抱着孩子。在这一点上，伶猴（titi monkey）爸爸是灵长类冠军，大约 90% 的时间都会带着他们的宝宝，以至于如果婴儿与爸爸分开会感到焦虑，和妈妈分开就没那么焦虑。

配对结合、一夫一妻制的生活是为灵长类父亲提供某种安全感的一种方式，因为他知道每次带着婴儿时，他都在投资自己的遗传谱系。消除了掠夺性雄性动物企图通过杀婴取代你的基因的威胁，一夫一妻制的灵长类动物得以极大地增加他们婴儿的生存机会——从遗传的角度来看，这就是他们自己繁殖成功的机会。然而，配对生活并不能保证来自父亲的照料，也不一定与你在灵长类动物家谱上的位置有关。例如，合趾猿（siamang）会在后代一岁左右时带着他们四处走动，但合趾猿是唯一这样做的长臂猿，尽管长臂猿通常相当坚持一夫一妻制。

在配对生活的狨猴中，存在大量异亲养育行为，并且异亲包括雄性和雌性——其中很多可能与婴儿有亲缘关系，因此可以像阿姨一样从母亲遗传谱系的延续中受益。但事情并不总是如此直截了当。尽管被归类为“一夫一妻制”，但在没有 DNA 测试的情况下，实际上没有人知道狨猴亲子关系的世界里发生着什么。对于狨猴爸爸而言，他们投资的遗传谱系可能不止一个。由于狨猴母亲的一些额外交配和该物种中非常奇怪的胎盘，狨猴婴儿在遗传上可能是“嵌合的”，即在不同的部位由不同的父亲贡献。嵌合体婴儿似乎从周围潜在的父亲群体中得到了更多关注，这表明多个父亲是灵长类动物的另一种适应性策略。

新世界的这些携带婴儿的猴子是显著的例外，除了它们，大多数灵长类动物都是由它们的母亲独自抚养到一定的年龄，之后它们开始在友好的群体成员的帮助下探索世界。虽然大多数灵长类动物所扮演的这种缺失的家长角色听上去可能让人想起某种古老的“孩子一旦会说古希腊语，就带到我身边”的精神，但这并不是我们这个物种中的普遍情况。

那么人类父亲呢？我们处于哺乳动物父本照料范围的最远端。实际上，我们处于光谱的两端。取决于孩子的年龄和社会的社交规则，人类父亲会令人难以置信地参与后代的生活，或者根本不参与。当然还有间接照料的情况：一项研究估计，在十个不同的采集者社会中，社会成员摄入的热量中有 97% 都是由雄性采集的。但除此之外，还有很多直接照料。对过去 100 年观察到的 186 种文化进行的一项调查发现，父亲在 40% 的文化中发挥着积极且投入的作用，而且考虑到那个时代的民族学家往往以相当故意刁难的僵化态度对所有人和事物进行分类，这种“父亲角色”的衡量标准可能会遗漏很多细微差别。[1] 更详细的研究发现，父亲在人类社会中的角色非

[1] 在原始出版物中，有相当多的统计仪式应用于宣布爸爸在以下社会中更重要：血统不是父系的，性关系是一夫一妻制或一夫多妻制，男孩不割包皮，没有至高无上的“老板上帝”，青春期男孩在主要群体中社会化，以及玩身体技能游戏而不是策略游戏的地方。这也过于严格了。爱下棋并不意味着你是个坏爸爸。

常广泛：非洲中部的巴阿卡人（Ba'Aka）[1]一天有大约22%的时间抱着婴儿，而美国的父亲们难以争取50分钟和婴儿相处的时间。人类父亲拥有的是提高后代机会的潜力。在某些情况下，两个父亲甚至更好——在允许松散地确定父亲的社会，可能会出现一些额外的父亲，一项针对哥伦比亚采集者巴里人（Barî）的研究发现，拥有多个潜在父亲的孩子茁壮成长的可能性要高出16%。

父亲身份，就像母亲身份一样，都是由实际的化学变化预示的。就像我们坚定的雄性小啮齿动物会摆出哺乳姿势一样，婴儿的存在扰乱了人类男性的内部化学反应。就像女性一样，催产素——所谓的"幸福激素"[2]——也会在陪伴婴儿时升高。取决于分娩前和怀孕伴侣的互动，准父亲的催产素、皮质醇（与压力反应有关）和催乳素（"乳汁"激素——在女性中，它会促进泌乳）都会升高。然而，关于父亲变化的研究主要集中在睾酮上。这是举世闻名的性激素，它在雄性中与许多不同类型的生长（特别是青春期后的变化）以及行为（主要是在动物中）有关。[3]一般来说，在不争夺配偶的人类男性中，

[1] 生活在刚果河周围地区（以森林为主）的采集者社会也被称为阿卡人（Aka）、巴亚卡人（BaYaka）、拜卡人（Baika）、巴阿卡人、巴卡人（Baka），或者被相当轻蔑地称为"俾格米人"（pygmies）。

[2] 之所以这么称呼，是因为它不是；就像不存在绝对一夫一妻制的灵长类动物一样，也不存在为了产生幸福感的激素。

[3] 尽管有相当多的大众观点持相反的看法，但睾酮不一定与当个混蛋紧密相关。睾酮水平与人类应对挑衅的反应有微弱的联系，但你如何应对高速路上挡你路的汽车完全取决于你，伙计。

睾酮水平较低（我们会认为这与身处配对关系之中有关），对于我们这样生活在巨大的多雄多雌群体中的物种而言，这使男性免去在配偶竞争上花费精力的麻烦，因此是具有适应性的。而伴随睾酮水平变化的行为之一是什么？养育后代。从小鼠到男人，当雄性动物在争夺配偶时，都可以观察到较高的睾酮水平；在婴儿出生后留下来的雄性中，睾酮水平下降了将近 40%。像携带婴儿这样的照料活动也有类似的效果（尽管没有那么极端）——尤其是对于像随身携带婴儿的狨猴这样的灵长类动物。如果父亲没有做多少育儿工作，那么一旦他离开产妇，睾酮水平就会迅速反弹。

这让我们回到了关键的问题上：我们是如何得到这些有用的父亲的？在和我们关系最近的近亲中，没有一个物种拥有它们——其他大猿都不会很快登上年度父亲的领奖台。鉴于父本照料在我们的灵长类家族树上出现的位置千差万别，实际上很难分离出令我们这个物种选择拥抱父亲身份的适应性进化价值。父本照料在灵长类动物和其他哺乳动物中的进化参数可能并不特别适用于我们——我们是一夫一妻制的，但我们过的是群体生活（而且我们不会关闭从属雌性的生殖能力），所以父本照料在我们当中的进化方式不太可能完全是它在狨猴和绢毛猴中的进化方式。但我们可能与海马或者小丑鱼尼莫的爸爸没什么不同，父亲身份都是让婴儿成功迈向成年的终极额外投资。

当然，为父之道可能只是有时候才是人类的行为。我们在我们这个物种中看到两种男性：配对关系中的父本照料者，以及滥交的游手好闲者。[1] 也许我们已经进化到只是垄断在每种情况下最有效的策略——它肯定适合我们这个物种。但我们确实有爸爸——而且爸爸做着重要的工作，这些工作对于后代的成功至关重要。这些工作需要投资，以及几杯鸡尾酒，或许还有一些奶酪薯条。养育成功婴儿（这个婴儿还会继续养育其他成功婴儿）的关键是所有出生后的投资，这对所有物种都至关重要，不仅仅是我们自己，而爸爸是这个故事的重要组成部分。如果你想成为人类，那么用库尔特·冯内古特的不朽名言来说，你得做好人。[4] 你要关心别人。我们生命的前半部分完全依赖于父母的喂养、携带和综合照料，使我们这个物种能够从愚蠢、危险的晚熟状态进入准备学习成为人类的状态。而这就是我们在寻求支配世界的过程中真正瞎摆弄的事情：养大我们拥有硕大大脑的婴儿。

译注

1. man 的本意是男人，又可以代指所有人，所以达尔文这部著作的标题也可以按照字面意思理解为“男人的起源”，就像在该段正文中一样。作者在这里用这个语言游戏强调了过去的英语文化对女性的忽视。
2. 1656 年，马萨诸塞湾殖民地发生了“女巫审判”，导致 20 名妇女被定罪并

---

[1] 这不像是在狐猴家族中不同类型的父亲那样，有带状尾巴或带褶皱的颈毛让你能够区分它们。

被处死。查尔斯·曼森，美国著名连环杀手、邪教头子，曾深入参与20世纪60年代的嬉皮士运动。

3. 即卵子。

4. 库尔特·冯内古特，美国当代著名小说家。其作品《上帝保佑你，罗斯维特先生》的主人公有一句口头禅："去他妈的，你得做好人！"

曾经有个老太太，住在鞋子的里头：很多孩子——而且很快

13

曾经有个老太太，住在鞋子的里头。

她的孩子可真多，一点办法也没有。

她用菜汤喂孩子，一块面包也没有；

鞭子抽到屁股上，只能睡觉来将就。

尽管一些政客就像世界末日要到了一样，以越来越凶险的论调呼吁女性生育（这是为了扩大他们特定的种族、语言或文化群体，却不知何故忘记了所有这些特征都是在文化上复制的，而不是在生物上），但事实上，像比萨鼠那样无休止地繁育并不是让我们变得伟大的进化策略。事实证明，繁殖的成功与否并不在于生下多少婴儿。重点在于你有多少成功的婴儿。“质量重于数量”是缓慢生活史的六字真言。但即便如此，我们还是有很多婴儿。在这一章，关于适应性，我们将不得不调和两个对立但强大的真相：我们既是生活史缓慢的动物，但又非常擅长迅速地繁殖自己。我们如何解释这种矛

盾？是人类童年的什么特质为我们留出了这么多人的空间？

对于我们这个物种的独特本质，这是我们可以提出的最根本性的问题之一，而且在我看来，这是一个被严重忽视的问题。人口增长是马尔萨斯式的悲观主义者和进化生物学家感到头痛的难题，而生物繁殖则属于医学领域：试图理解人类过去这两个相当独立的领域之间的相互作用，是古人口学的研究内容，这门学科一开始就遇到了极大的障碍：它关注的每个人都已经死了。然而，通过我们对人类繁殖实体过程的了解，并将其置于它们发生的生态系统中，我们可以得到相当多的见解：基本上，我们将自己视为执行一项使命的灵长类动物。尽管面临诸多障碍，我们是如何成为地球上繁殖最成功的灵长类动物的？

让我们从我们的成功故事开始讲起——我们绝对是成功的。和其他猿类相比，人类有很多婴儿。除了某些电影幻想领域之外，这让我们对我们这颗小小的星球拥有了无可争议的支配权。但我们的体形太大，出生时的发育程度太低，根本算不上活得快的动物。那么，我们是如何做到缓慢地生活，却仍然让我们的后代覆盖地球的呢？人类实际上确实拥有以非常快的速度繁殖的潜力，由于可用资源的限制[1]1，我们并不总是充分发挥这种潜力，但对于最近的家族史中祖父母（或父母）来自包括数十人的大家庭的人来说，这种潜力并不

[1] 或者缺少合适的伴侣。问问尼安德特人。

令人感到陌生。我们有接近 80 亿人，而与我们亲缘关系最近的大猿正努力维持数十万只个体的数量，受到严重威胁的红毛猩猩的数量甚至更少。我们之所以有如此庞大的数量，是因为我们找到了一种方法来扩大自己的种群，使其超过任何其他灵长类物种，而以惊人数量存在的方式有两种：要么你永远活下去，要么你快点生孩子。我们点击了菜单上的第二个选项——它确实是一个菜单选项，因为我们喂养婴儿的方式和喂养时间直接影响我们有多少孩子。

婴儿停止吮吸母亲乳汁的年龄是人类童年的主要维度之一，而且我们可以看到，这与适应性行为密切相关。正如我们在前面的章节中看到的，所有哺乳动物的乳汁并非生而平等，而它的分发方式对童年的形状（尤其是长度）有着真正的影响。像丛猴这样的"存放型"母亲需要在更短时间内输送更有营养的乳汁，并且有动力让婴儿尽快长大并独立活动，以免成为猫头鹰的零食。同样，"要么搭车，要么死"的灵长类动物通常在婴儿脆弱阶段待在非常非常近的地方来保护后代免遭捕食者的侵害，并且有能力让婴儿多当一段时间的婴儿。这些较长期的婴儿携带者需要面对额外成本。把孩子交给树上的托儿所比时刻携带一个真正的婴儿跑来跑去容易得多，后者会降低动物的移动速度并消耗宝贵的热量。[1] 长得快的婴儿符合丛猴的利益，因为更依附父母的灵长类可以在

[1] 大概还有耐心。

婴儿期待得更久，令它们的父母受苦。必须做出艰难的选择，以平衡从出生到独立所需的时间与物种制造更多婴儿的需要。

就像孕育一个婴儿所需要的时间一样（如我们在第 6 章所见），从出生到断奶（以便为新婴儿让位）的时间既与你想要婴儿长成的成年动物的整体体形有关，也与你需要婴儿在这个生命阶段达到的成长程度有关。所以，看看眼睛硕大的眼镜猴，它是灵长类动物对“蜥蜴是否太多？”这个问题的答案，我们可以看到它出生时的体形占其最终体形的 20% 至 30%，因为它需要在出生之后很快就能捕杀蜥蜴，否则就会挨饿。将眼镜猴的经历与另一种需要 6 个月妊娠时间的灵长类动物——卷尾猴（capuchin monkey），其出生体重仅为成年体重的 10% 左右相比，两个月大的卷尾猴婴儿还不会自己跳来跳去，而是像出生时一样抓牢母亲。和我们的眼镜猴相比，它们更大，而且非常善于依附，但它们出生时的发育程度远远不如眼镜猴——它们需要大约一年半的时间才能停止哺乳并开始独立于母亲。大猩猩婴儿吃奶一直吃到三岁左右。黑猩猩的婴儿期可以长达六年，不过通常婴儿都在四到六岁之间断奶。独居生活的红毛猩猩也是如此，在大约四岁时断奶，但偶尔会哺乳到七八岁。我们最近的灵长类亲戚的婴儿期似乎可以持续到永远，或者如果你是一个正在和自己的婴儿打交道的人类，那么人类的婴儿期看起来肯定也像是要持续到永远。婴儿脱离母乳的时机是灵长类动物生活史上的一个绝对关键的时刻；这不仅对婴儿来说是一大步，对母亲（以及她生更多婴儿的潜力）而言也是一个巨大的飞跃。

在人类学、医学和“育儿建议网站”的圈子里，关于人类应该母乳喂养多长时间——甚至人类实际上母乳喂养多长时间的话题，存在着一场非同寻常而且经常相当尖锐的争论。我们实际上并不知道我们的母乳喂养时间“进化”到了多久。有合理的人种学证据表明，北极地区的因纽特语群体有时会母乳喂养儿童直到七岁。世界卫生组织建议母乳喂养至两岁及以上，但是今天，当地球上最发达国家的母亲母乳喂养到仅仅六个月时，我们就会为她们喝彩。[1] 不知道自己的物种何时停止母乳喂养，这确实是一件了不得的事情。这个时间是我们恢复婴儿制造的关键标志。母乳喂养会破坏再次怀孕的能力，因为它会用各种激素让母亲的身体进入不受孕的状态，大约需要 6 个月（对人类而言）才能恢复。在食品配送服务无法到达的地方，耗费在母乳喂养上的额外几百卡热量也可以让女性保持哺乳期闭经，也就是暂时没有生殖周期（月经），即生育更多婴儿的机会。

在很长很长一段时间里，权威说法是以狩猎和采集为生的人类群体生活在保证足够营养的边缘，因此可以利用这段没有月经的时期作为一种节育措施。当然有大量人种学数据表

[1] 而且她们应该获得一枚该死的奖章，尤其是如果她们除了喂养婴儿之外还试图做其他任何事情的话。母乳喂养的体验很糟糕。你会变得更擅长于此，而且有些母亲喜欢母乳喂养，但给我最大快乐的一句话是美国哲学中完全和医学没有关系的智慧，“尝试一次，一次就好”。

明，在过去一个世纪左右的时间里，采集者群体中的女性生育婴儿的间隔往往较远，每次分娩相差三至四年。相比之下，从分娩历史数据和现代的直接观察来看，农业社区的繁殖速度被认为快得多，每胎婴儿的间隔只有一两年。这个简洁的故事只有一个问题：这实际上与食物无关。抑制排卵——还有月经——的机制是一种复杂的激素信号传导，它不是由恢复到最佳体脂水平诱发的，而是由吮吸乳汁这一简单行为诱发的。在人类中，一项小规模的研究表明，无论母亲和婴儿之间实际转移了多少能量，每天吃奶八次都可以消除月经。[1]

这意味着抑制生育的因素实际上是行为上的——再生一个孩子的能力是由哺乳的频率决定的；存放或搭车的行为决定了我们的婴儿停留在婴儿状态的时间长短，并为我们童年的怪异曲线带来了第一个弯道。当然，营养的作用仍然有可能影响事情的发展，因为营养不良的母亲可能会产生不那么令人满意的乳汁，必须更频繁、更长时间地喂奶才能让婴儿的生长达到同样水平。母亲的体重指数（以及年龄）几乎是唯一改变乳汁脂肪含量的因素。

正如我们在前面看到的那样，生活方式和乳汁产量密切相关，其机会成本取决于你需要你的宝宝以多快的速度成为杀死蜥蜴的高效机器，或者你能够忍受你的孩子挂在你身上多久。这对于你何时生育下一个孩子有重大影响。哺乳期漫长

---

[1] 你绝对可以在哺乳期间怀孕。

的红毛猩猩（可悲的是它们面临着巨大的环境挑战）繁殖速度很慢，每胎幼崽之间的间隔几乎是八年。雌性黑猩猩的生育间隔约为六年，而大猩猩的生育间隔接近四年半。但是人类呢？如果精力充沛，我们每年可以生育一次。这就是你接管一个星球的方式。[1]

几十年来，关于乡村生活（被考古学家称为新石器时代）的“发明”，公认的正统观念分为两部分。首先，由于大约14 000至12 000年前的气候迅速变冷（称为新仙女木期），人们定居下来，这使得采集成为一种比开发原地不动的植物资源更不安全的生存方式。我们有充分的证据证明这种气候变化和我们狩猎环境的变化，同样有力的证据表明可供狩猎的动物种类也发生了变化，所以在这一点上没什么争议。然而，其次，人们认为定居是人类大规模扩张并最终将占领整个地球的根本原因。该理论被称为新石器时代人口转型（Neolithic Demographic Transition），并且已经作为既定事实传授给几代研究人员。我自己也曾不加批判地使用这个理论的概括版来解释我所研究的人类生活的变化。但是，就像所有好的理论一样，新石器时代人口转型需要被人用一根科学的棍子使劲戳一戳，看看当事实出现时，它有多站得住脚。

该理论最初由古人口学家让·博凯－阿佩尔（Jean Bocquet-Appel）提出，并始于一个简单的前提。在其他一切

[1] 也是对知识进行文化传播的方式，但让我们把这个话题留到另一本书中去吧。

保持稳定的情况下，人口出生率的增加应该会导致人口增长。同样，死亡人数也会增加。在新石器时代，我们看到的是一场婴儿繁荣。然而，更确切地说，这是婴儿萧条——与早期农业社区相关的婴儿和儿童埋葬数量急剧增加，而这正是我们知道一开始有更多婴儿的原因。这有点反直觉，但更多婴儿死亡表明人口生育率大幅上升，因为除非婴儿的存活率发生变化，否则肯定意味着一开始就有更多婴儿出生。因此，我们在这里需要支持两个论点，才能相信人类数量的大幅膨胀是由于常年定居和对植物性食物的依赖增加。新石器时代社会的两大支柱——农业或定居——都被证明提高了人类的生育率。与此同时需要知道，我们发现的这些数千年前的骨骼记录并没有以某种方式存在统计偏差，我们看到的是人类生育率的真实上升，并且它推动了人口增长。

定居会增加人类的生育率吗？当然，强有力的人种学证据表明生活方式的改变可以令生育率飙升。经常被引用的经典案例之一来自巴拉圭的阿谢人（Aché），他们一直过着采集觅食的生活，直到20世纪70年代多多少少被强制定居。在定居前，阿谢人的父母大约每三或四年生一胎孩子。他们的生计依赖相当大的活动量，而每次尝试带着不止一个幼童穿越雨林显然很不方便。如果你思考一下，带着一个幼童和一个婴儿进入雨林并希望带回一些食物，或者只是希望能够回得来，你就会明白我们的行为——以及我们的生育间隔——发生变化的原因。[1] 对生活在非洲中部最南端国家的桑人妇女进行的一项相当机械的研究表明，携带一个以上的孩子会“去优化”[2] 她们的采集策略。在转而过上定居生活后，她们的生育间隔缩短至接近两年。出生间隔的急剧缩短以及由此而来的婴儿数量增加，正是想象中新石器时代的婴儿潮。在人类历史这个时代，一些人成为定居生活的农民；人类活动的转变使得更多“异亲照料”成为可能，而且由于农业生产得到的食物促进了生育能力，母亲的营养水平也有所上升。

最初在阿谢人群体中观察到的四年生育间隔与以采集和狩猎为生的其他现代群体的生育间隔完全一致。在最近的采集者群体，例如委内瑞拉奥里诺科盆地的希维人（Hiwi）甚至包括桑人，营养水平的下降意味着生育能力的下降，而且生育第二个孩子所需的时间会拉长。孩子出生间隔拉长会降低总体出生率。然而，并非所有采集者群体都具有较长的生育间隔和较慢的生长速度。坦桑尼亚的哈扎人生育孩子的间隔稍短于三年，而中非的巴卡人（Baka）每两年半到三年生一次孩子。如果你坚持长生育间隔，人口增长就会很少或者不增长，这多多少少就是人口学家在几十年时间里坚持认为的我们过去的情况。但生育间隔是由一系列因素决定的，特别是在有一系列行为选项来预防怀孕的人类中。像桑人这样生育间

[1] 这个群体至少避免了巴拉圭农场主对其他阿谢人的谋杀、强奸和酷刑，这些农场主猎杀他们取乐，并将他们抓去当奴隶。

[2] 对于孩子来说倒是个可爱的名字，德－奥普蒂麦斯（De-optimise）。

隔为四年并且人口不增长的生育模式是“典型的”，这种观点已经受到严重的挑战，挑战者包括最初的研究人员，而且关于不生育的外部原因（如性病）的新信息也已经浮出水面。

人类有数量众多的一系列文化适应，这些适应决定了我们的行为，从而决定了我们的繁殖习惯。除了待在原地不动——这样才有可能安全地限制幼童的行动，我们还对谁应该和谁结婚以及何时结婚制定了非常严格的规则和规定，它们对我们社会的影响比简单可靠的营养要大得多。尽管人们最喜欢的莎士比亚爱情故事的主角才刚刚进入青春期[1]，但女性生育的平均年龄远远晚于能够生孩子的年龄，特别是在妇女从事雇用劳动的发达经济体。虽然扶手椅社会学家[2]非常喜欢假设人类总是尽可能早地繁殖以提高人口数量，但历史记录和人种学数据都无法支持这一点。按照逐个国家统计，人类母亲生育第一个孩子时的平均年龄约为 24 岁，下限年龄约为 20 岁，上限是十年后。较晚开始做母亲不仅仅是现代的事情。例如，在英国历史上，18 世纪 70 年代与 20 世纪 70 年代中等收入农村妇女的平均结婚年龄（通常比首次生育早一年，尽管并非总是如此）相同。女性投身职业，尤其是 18 世纪的家政服务业，将平均结婚年龄推迟到了 26 岁，并且一直持续

[1] 如果你不是在青少年时期读的《罗密欧与朱丽叶》，整个概念就会变质，到了 40 岁的时候，你想对他们大喊这只是激素的作用，他们会放下的。或者也许它是永恒的文学艺术。两种可能性，总有一种是对的。

[2] 以及本应更了解真实情况的人类学家。

到 21 世纪。如今，女性的平均结婚年龄已经飙升至 35 岁，如果她们结婚的话。

在生育婴儿时机的故事中，我们不太关心男性，因为他们没有女性面临的妊娠时间限制，但取决于文化传统和经济条件，男性确实会稍晚生育。因此，尽管我们可以早点生孩子，但我们大多选择不那么早生。即使我们每年都可以生孩子，但我们大多选择不这么做。我们还做到了一件非常了不起的事情，几乎没有其他动物能做到。在大猿中，我们是唯一比我们的生育能力更长寿的物种。这限制了我们的数量，但我们的数量仍然超过了其他任何灵长类动物。这些都是相当反直觉的生活史决策，但它们是我们做出的决策，也造就了我们。挑战在于理解我们如何以及为什么做出这些决策。

也许关于该主题的最具可读性的著作之一来自莎拉·赫尔迪，她的《从未进化的女人》(*The Woman That Never Evolved*)[1] 在 1981 年蛮勇地在灵长类动物繁殖社会行为的研究中加入了对雌性的考虑。虽然赫尔迪当然不是第一个观察雌性灵长类动物行为的人，但她确实将其重新定义为繁殖获得成功的社会基础构建的重要组成部分。这部著作提出的最突出的观点之一是，令人发指的雄性行为——侵犯、谋杀、杀婴——所受

[1] 我任职的伦敦大学学院收藏的这本重要的女权主义著作是由考古学家朱丽叶·克拉顿 - 布洛克（Juliet Clutton-Brock）捐赠的，这完全是一件恰如其分的事——她在英国自然历史博物馆（我在那里有长期的合作）做过的研究工作，包括对来自我在希俄斯岛（Chios）的研究地点的动物遗骸进行分析。恰如其分，或者可以说，绝无仅有。

到的关注可能超过了其实际上的进化重要性。虽然雄性的繁殖策略似乎包括制造血腥混乱和吸引灵长类动物学家，但雌性更微妙的策略却常常被忽视。一些策略甚至没有那么微妙。当我们的其他灵长类亲戚一直在快乐地度过由能量输入、能量输出的合理模型所规定的寿命，并将适当的依赖期和成熟期融入其范围合适的寿命跨度中时，人类一直忙于开发改变世界的女性进化适应。它是如此激进的东西，以至于可以对我们的繁殖成功以及随后对地球造成的破坏负全部责任；它是如此看似不太可能，几乎令人难以置信：它就是祖母。

根据你对自己祖母的个人经历的了解，她们是人类进化中的激进力量这一事实并不令人惊讶。[1] 她们的确是激进的。在第 2 章中，我们讨论了不同的生活史如何导致不同长度的依赖期——动物的“童年”如何由物种的生存策略决定，这些策略包括它们生活得是“快”还是“慢”，以及每个后代需要多少投资。一个物种如何度过自己时间既定的模型依赖于在两种进化方向上的权衡，其中一种是漫长的不成熟期，导致更大的成年体形和更大的成年繁殖能力，另外一种是更快地迈向成年，以便在死前完成所有繁殖。到目前为止，一切都很清楚。除了在这个模型中，没有任何地方为成年繁殖功能结束后的生命留下空间。有依赖期，然后有生长期，然后是繁

[1] 如果小时候祖母教过你织工乐队（The Weavers）1949 年的进步歌曲《锤子之歌》（*The Hammer Song*），这一点就尤其正确了。

殖和死亡。然而我们人类就在这里，充斥着已经不能再生育但仍未死亡的女性。

我认为，祖母为人类带来重大利益的想法不会让大多数人感到震惊。人们对祖母有一种集体理想，认为她是温暖、养育的存在，这种理想只是偶尔被一位比你真正的父母多活了几十年而且孩子数量也比你父母多几个的女人的实际经历所取代，这个女人说她小时候在雪地里步行爬山去上学，往返都是上坡路，没时间理你的胡言乱语。在文化上，我们接受祖母作为我们家庭单位的重要组成部分；一个荣格式的原型[1]，建立在母性形象的脚手架上，加上一些古老的老式感叹、关于山丘地理的谎言和几缕白发。当我们想要描述某种事物的现状而不考虑它是如何形成时，我们会用到关于“自然”的奇怪的生态决定论，就此而言，祖母在我们看来似乎很自然。[1]

好吧，让进化科学帮助你思考一下你是如何拥有祖母的：从生物学的角度看，她们非常、非常可疑。人类是世界上少数雌性超过正常繁殖年龄后还能活很长一段时间的动物之一。祖母是已经没有繁殖能力的动物，本来是不太可能出现的。寿命超过繁殖能力的动物种类少得令人难以置信——即使在我们自己这个物种中，雄性个体在生命接近尾声时也保持着一定的生殖能力。下面这些动物拥有已经不能生孩子的祖母：

---

[1] 90 000字的内容，涉及那些使用“不自然”一词来描述不符合维多利亚时代核心家庭观念的人际关系的人，可应要求提供，或者在请我喝一杯半杜松子烈酒兑汤力水后提供。

虎鲸，短鳍领航鲸，我们。下面这些动物没有祖母：除上面之外的世界上每一种动物。[1] 在很多物种中，有些动物出于某种原因不繁殖——也许它们不是优势繁殖对，也许它们的配偶死了——并且在不繁殖的情况下继续生活，但这和我们（以及那些鲸）所做的截然不同，即在我们的生物学繁殖能力终结之后继续活着。很多动物确实有一段衰老的时期，或者说是老年。没有人想从非洲稀树草原上受人尊敬的老母象那里夺走女家长的地位，但是对于许多动物，繁殖直到最后仍然是一种可能性。即使是一头 70 岁的母象也仍然保留有能发育成小象的可育卵子。

然而，在人类当中，女性的整个身体都会发生实际的生理变化，大约在四十岁到五十岁之间的某个时候，这些变化向生殖系统发出停止运行的指令。至少 30 年来公认的生殖生物学理论告诉我们，就像所有哺乳动物一样，人类女性出生时的卵子总数——严格地说，是她们将拥有的卵母细胞的数量——大约是 200 万个。这其实是从近 700 万个的峰值下降而来的，此时人类女性还是在子宫内发育的婴儿，处于妊娠中期。绝大多数卵母细胞都分解掉了，根本没有机会释放；到青春期时，有能力发育成婴儿的原始卵子只剩下大约 40 万个。每个月经周期都会有大约一千个卵子消失，其中一些卵子的

[1] 可能还有其他动物拥有繁殖期已过的雌性，特别是鲸类，但这个名单是你用手指就能数得清的。

消失有助于多种激素的产生，在这些激素的作用下，女性每个月释放一颗经过特别挑选的原始卵子，用于制造新的人类。

即使在这种规模的损失下，如果我们生物学中的某些东西没有干扰并关闭整个系统，预计人类女性的繁殖能力仍然可以延续 70 年，因为当我们来到人生中的第五个十年时，人类女性正式不再释放卵子并退出生孩子的事业。对于我们这些等待家庭生活的时间可能有点久的人[1]来说，知道人类女性不一定非得用完卵子会有点令人恼怒。新的研究甚至提供了诱人的暗示：我们出生时的卵细胞可能并不是我们无可更改的命运。小鼠似乎可以在成年后将其他细胞转化为卵母细胞；在人体中也发现了类似的细胞。然而，无论我们能不能转化新的卵子，目前的实际情况都是一样的：大约五十岁之后，我们要么停止制造卵子，要么把卵子用完了，但无论是哪种方式，我们都结束了。[2]

事实证明，我们并不是唯一在 50 岁左右退出生育的灵长类动物。作为和我们亲缘关系最近的近亲，黑猩猩也大约在同一时间停止繁殖，尽管它们仍然有生殖周期。研究表明，在约莫 35 岁之前，它们消耗卵子的速度与人类大致相似。不过，35 岁之后，黑猩猩走向生殖生命终点的速度似乎与人类

[1] 即可能愚蠢地接受了多年高等教育，然后错过了最佳生育年龄，转而接受临时性的学术职位，前往挖掘地点，住在帐篷里，通常在未得到认可的成年生活（或工资）的情况下度过美妙时光的人。

[2] 然而，生育能力研究当然没有“结束”；也许有一天我们会搞清楚如何重新启动卵子转化系统。

有所不同，要更慢一些。我们的节奏让我们迅速关掉了制造更多后代的水龙头，但我们在其他衰老指标上表现还不错，并且可以在生育结束后期待几十年的健康生活。黑猩猩在野外的寿命约为五十年，但在圈养条件下可以更接近人类七十多年的寿命[1]，不过也会在第四个十年的某个时候停止生育，但不会停止激素周期以及与繁殖相关的身体变化，直到很久以后或者直到去世。有记录的最年长的黑猩猩母亲分娩时的年龄是 56 岁，而对长寿的圈养黑猩猩的一项研究表明，大多数黑猩猩都会继续正常的生殖周期，直到死亡或死亡前不久。

虽然人类最年长母亲的纪录不断被延长，但由于生育能力治疗的进步，世界各地只有不到 2% 的婴儿是 45 岁以上的母亲生下的。[2] 绝大多数人类女性会在 50 岁左右时经历更年期（定义为一整年没有月经周期），并在其他自然衰老过程开始前就失去生育能力。与此同时，人类女性的预期寿命也超过了哪怕最受宠爱的黑猩猩；甚至比我们这个物种的雄性还要长。如果你采用我们用于其他物种的根据体重推断寿命的简单生活史方程（如第 2 章所示），那么人类的真实寿命整体上比任何预期寿命都长。我们比体形大于我们的近亲大猩猩活得久，我们比体形大得多但亲缘关系不是很近的大象活得久；

[1] 目前的纪录保持者是“小妈妈”（Little Mama），一只出生于第二次世界大战前的黑猩猩，她在佛罗里达去世，享年 79 岁，无疑为黑猩猩的退休计划设立了一个新的高度。世界各地的讣告和悼念都记录了她的去世。

[2] 据报道，最年长的非试管婴儿受孕者是中国山东省枣庄市的田新菊，她在 67 岁时依靠传统中医生下了孩子。

我们和蓝鲸、长须鲸以及北极露脊鲸等平静而威严的海中巨兽一样，寿命比其他所有哺乳动物都长。换句话说，我们会坚决而迅速地关闭生命中和繁殖有关的部分，但我们会在另一端进行弥补。那么问题就变成了“为什么”。

某件事物在某个地点和某个时间选择了人类的长寿。进化压力将我们塑造成神话动物斯芬克斯不断向人问起的东西——随着爬行、大步行走和借助拐杖度过我们既定的岁月，我们一开始有四条腿，然后是两条，再然后是三条。但正如我们刚才讨论的那样，女性的很多时间都没有花在繁殖上，而繁殖正是进化应该给我们最大压力的事情。[1] 因此，我们必须寻找另一种回报，一种仍然可以用来衡量繁殖成功与否的回报，但使用的指标不仅仅是简单的“生更多孩子”。正是在这样的空间里，我们找到了祖母的容身之处。

这就是祖母假说（Grandmother Hypothesis），科学界对它的正式称呼就是如此；克丽斯滕·霍克斯（Kristen Hawkes）及其同事 1989 年发表的一篇论文中提出了这一观点，这篇论文源于他们对哈扎人家庭生活的观察。作者们提出，祖母（外婆或奶奶）们为自己遗传谱系的繁殖适应度做出了贡献，这体现在她们为自己拥有年幼孩子的后代带来了资源，并且自己承担了一部分为孙辈提供食物的负担，这样她们的儿女就可以获得成功繁殖所需的营养储备。哈扎人祖母的采集活

[1] 可以看到，热切盼望的祖父母对其成年子女施加的压力是很极端的。

动是块茎植物的极好来源，这种食物为营地饮食贡献了大部分热量。她可以提供额外的食物，更不用说养育孩子的智慧、一双能劳动的手和一般伦理支持，如果她的儿女有年纪小的孩子并且得到这些帮助，将直接有利于她的遗传关系。这是明显的好处——祖母没有动力为她的直接后代囤积这些资源，因为她自己的孩子在她更年期时应该基本上都长大了；但是她可以让自己儿女的孩子受益。

那么，这就是我们的秘密武器——照料：来自祖母；来自爸爸、姨姑和叔舅。这些都是我们为一个太大、太无助、需要太多的婴儿提供资源的方式。如果将这种策略与世界上所有活得慢和活得快的生物进行对比会发现，我们移动了标记我们生命阶段的滑动条，从而实现了快速妊娠和发育程度很低的婴儿。现在，我们必须再次移动它们，因为我们还没有结束胡乱摆弄。我们从生命尽头追回一些时间，很早就停止了繁殖，创造了看似完全不可能的祖母现象，但这还不足以生长出一个人类。我们需要更多。更多时间和更多投资。而这就是我们最引人入胜的进化适应——当个婴儿和制造漫长的间歇——的故事。对这种进化适应，你和我都称其为童年。

译注

1. 卡尔·荣格，20世纪瑞士心理学家。根据荣格提出的人格发展论，老年人易沉浸在潜意识中，喜欢回忆过去，惧怕死亡，并考虑来世的问题。

老鼠爬上钟：漫长的灵长类童年

14

嘀嗒嘀嗒嘀，
老鼠爬上钟。
挂钟敲一下，
老鼠跑下来，
嘀嗒嘀嗒嘀。

在本书的开头，我们研究了动物可以选择采用的生活史策略——快的或慢的，r 策略或 K 策略。但这是就大局而言，生活并不总是在宏观层面上进行——没有物种层面的委员会会议讨论过适应性策略。[1] 生活史是由许多更小的子阶段、通过进化成功之路上的若干里程碑组成的——我们的生长方式

[1] 对人类来说，这可能并不完全正确——我是在 2020 年春季在接近全球封锁的情况下撰写这篇文章的，因为一种新型冠状病毒的出现，我的政府不情愿地采取了这一封锁措施。事实上，在封锁之前，人们已经就如何适应一场致命的传染病大流行召开了真实的委员会级别的会议。

也可以用多次小而短的跳跃来描述。我们何时以及如何设立这些里程碑既反映了我们生活在其中的环境（如果你生活在很小的地方，就很难长得很大），也反映了我们做出的行为调整，例如用更快的生长和弄浓稠的乳汁换取要求不那么高并且更易携带的儿童。动物做出的所有“选择”都是在生长（并避免非生长，即死亡）和繁殖相互竞争的成本之间进行权衡；这些选择决定了不同生命阶段的滑动条的位置。

我们已经看到，妊娠是为了生长特定类型的婴儿，而不同的婴儿在婴儿期的关键阶段需要不同的乳汁和关注水平。但是其余的事情呢？在成为婴儿和成为婴儿制造者之间有很长的一段距离，而这就是我们安放自己童年的空间。就像我们制造婴儿的时间，或者我们给婴儿哺乳的时间一样，童年有非常不同的维度，这取决于你想用它做什么。我们已经看到，由于我们所长成的动物的体形和性质，人类缩短了婴儿期，甚至可能缩短了妊娠期，但是接下来的时期——童年——则被延长得面目全非。[1] 在灵长类动物童年领域，没有什么比A. H. 舒尔茨（A. H. Schultz）的图表更广为人知了，它展示了我们自己和我们在世近亲的童年阶段，从中你可以清楚地看到人类在哪里突破了极限。尽管体形与我们的一些灵长类近亲相同——而且体重轻得多，但我们长大的速度很慢。

观察灵长类动物固然很好，但有一整个领域的实证生物学

[1] 直到现在，我妈还在给我买鞋子。

数据正渴望告诉我们人类童年的本质。这些数据来自我们自己身体的构成部分——骨骼和牙齿，而这个令人着迷的档案正是像我这样的生物人类学家在我们修复过去灵长类动物骨骼时要查阅的内容。我们可以利用骨骼的形状和外观来确定

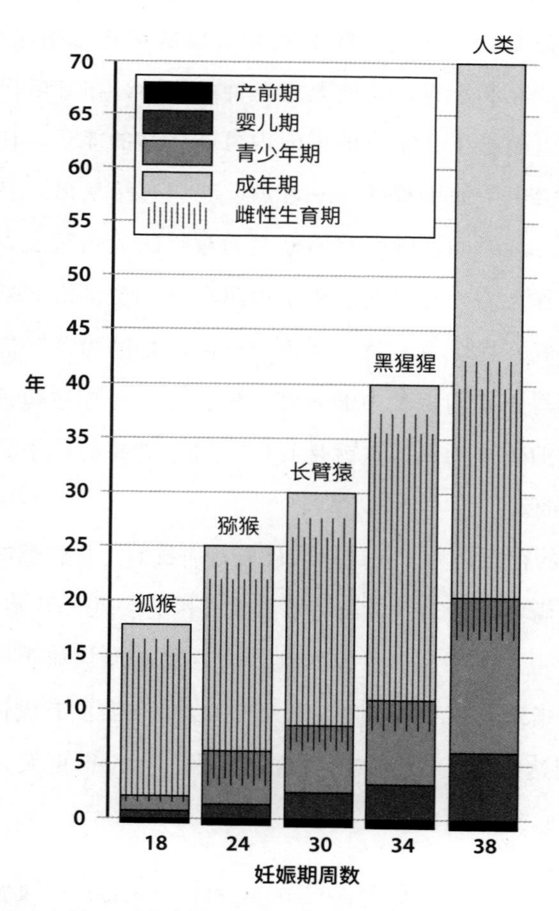

图 14.1. 舒尔茨 (1969) 描述的灵长类动物生活史各阶段

某个身体在走向成年的道路上的位置——而且因为生长遵循如此常见的轨迹，我们还可以将它放在发育时间表上。当然，这个发育时间表就是生活史的构成部分，并包含我们奇怪的童年的所有片段。

活得快，死得早，留下好看的尸体——这是快速妊娠、快速独立获取食物并直接繁殖的动物采取的策略。相比之下，那些对孩子充满溺爱、死前老态龙钟的物种，在其后代身上投资的能量超过了在紧迫的期限内可能转移的能量。在人类当中，生活史中的里程碑——妊娠、我们直接从母亲身上获取食物的一段时间、随后我们称之为童年的成长阶段以及一种我们可称之为青春期的成年中途阶段——全都沿着越来越长的寿命展开得更宽。我们知道这一点，是因为这些进化选择被直接写入我们生长中的骨骼。生长是一条描述物种从受孕到死亡的轨迹的线，这就是我们在讨论骨骼的样子时真正讨论的东西。

骨骼的存在是为了完成一项任务，而我们生长骨骼的方式反映了它需要做什么。骨骼需要变大，因为婴儿一开始很小，而且由于重力的原因，骨骼必须具有一定的形状和质量，但我们不是蜥蜴人[1]，永远向各个方向扩大——我们有成长结束时就会到达的固定成年体形。这是因为，生长得更大只是物

[1] 蜥蜴一生都在生长，但和某些流行的阴谋论相反，没有任何证据表明蜥蜴人真的存在。

种使命的一部分——我们还需要繁衍更多的人，所以当我们迈出生殖这一步时，我们就开始停止骨骼生长，即使这一步与我们的灵长类动物表亲相去甚远。生活史的里程碑——妊娠、婴儿期、童年和成年繁殖生涯的开端——都会在我们的身体里留下痕迹。人类学家的工作就包括鉴定这些痕迹，并构建一个生长的故事，我们不但可以将其与我们最亲近的灵长类近亲进行对比，还可以与动物界的其他成员进行比较，找出确凿的实物证据表明，当我们成为我们自己时，我们把我们的努力和投资放在了哪里。

那么，有什么证据会向我们讲述我们奇异的童年呢？对于任何特定生物，有很多因素会影响骨骼的生长速度，或者骨骼会在什么年龄将不同部分融合成成年的形态。这种“融合”实际上非常关键——未成熟的骨骼有一种特有的未完成外观，就像小棍子或小盘子，并且所有复杂的末端部分都是分开的。确定生长阶段的方法是判断骨骼的大小和形状，而且生长的终点是明确的，因为所有片段都融合在一起。大型动物需要更大的骨骼，而更大的骨骼需要更长时间才能长成——因此，大型动物应该有更长的生长期：在这个更长的时期中，它们的骨骼仍然是未成熟和未完成的。还有物理定律需要应对——大象比老鼠需要更多骨骼，按重量计算，大象的骨骼比例约为 27%，而老鼠的骨骼比例为 4% 至 5%，因为正如著名人类学家 B. 霍利 · 史密斯（B. Holly Smith）讽刺地指出的那样，一头骨骼比例和老鼠一样的大象将是一场结构性灾难。

生长本身就是一种权衡：拥有未成熟的骨骼——这些骨骼还没有完成，因此有点软或者仍然有点分离——暂时还可以凑合，但可能不是移动你的身体重量的最稳定的解决方案。我们发现，取决于需要让自己的骨骼做什么，某些动物会优先考虑某些区域的成熟和稳定，这意味着它们会硬化自身骨骼，并在不同区域将一开始松散的骨骼片段焊接在一起，这取决于它们如何使用这些骨骼。我们需要让自己的骨骼做的事情可以用来核对我们能够生长多少骨骼——和老鼠相比，大象需要更好的抵御重力的堡垒，所以它们的骨骼焊接起来的速度比老鼠快得多，实际上，老鼠在其整个生命历程中都在地球上如此轻快地跳跃，以至于从来没有费事地将它们的骨骼完全编织在一起。[1] 我们可以看到，成熟度的差异能够让我们深入了解动物使用身体干什么，而这一点在我们这个物种的长期进化过程中肯定发生了变化。

灵长类动物骨骼的成熟方式不同于大多数哺乳动物，人们认为这在很大程度上反映了灵长类动物在这个世界上奇怪的活动方式。灵长类动物中有垂直攀爬者和跳跃者，例如像杂技演员一样的眼镜猴和狐猴，它们在树栖环境中激烈跳跃，

[1] 尽管有袋动物也跟老鼠一样，但袋鼠并不完全轻快。一位动物考古学家朋友曾经建议以此为基础，将有袋动物视为永生的关键，但我有理由相信她是在开玩笑。

凭借脚踝力量和手腕保持良好的平衡。[1]1 然后是四足动物——狒狒等稀树草原上的游荡者，甚至像猕猴这样非常灵活的攀登者也属于这一类，可以看到它们四肢着地前进，拳头紧握或手指张开，这取决于它们在地上更自在还是在树上更自在。臂跃动物（brachiator）是真正的人猿泰山，背部挺直，从一根树枝摆动到另一根树枝，强壮有力的手臂向身体两侧伸出，以最大限度地旋转肩膀和增加力量，这种运动模式体现在小型猿类（长臂猿和类似物种）动物身上，而且似乎还独立地体现在蜘蛛猴身上。但是，有趣的是，即使是由于身体太大而不能在树枝之间跳跃的猿类（所有大猿），也都拥有标志性的直背臂跃动物的身形，在你祖母的餐桌上也不会显得格格不入。[2]

是运动造就了我们的骨骼吗？嗯，将骨骼生长模式与运动模式进行的匹配尚未完全成功。哺乳动物通常首先融合并最终定型脚踝的骨骼，然后是髋部，再然后是膝盖，但灵长类动物已经重新调整了这个顺序，首选稳定髋部，然后是脚踝，再然后是膝盖。这可能反映了我们有趣的移动方式，也可能

---

[1] 这可能产生过度适应，就像在马达加斯加狐猴（sifaka）中一样，它能够跳跃 40 英尺，但在腿部过度补偿。如果你想看到一种动物的动作几乎就像是吉姆·亨森（Jim Henson）的木偶一样，可以找一段马达加斯加狐猴在地上去任何地方的视频片段。

[2] 就连以树为生活中心的红毛猩猩也不进行臂跃运动——它们的运动被描述为“四足爬行”。这种运动方式看起来比听上去更缺乏尊严，这大概就是它们行动得如此缓慢的原因。

只是反映了我们祖先有趣的移动方式，而我们被困在了这种移动方式中。在上肢方面，许多灵长类动物遵循哺乳动物既定的肘－腕－肩模式，但也有一些物种——尤其是少数新世界猴类、黑猩猩和大猩猩——首先稳定肘部，然后是肩部，最后是手腕。在一些研究人员看来，这表明在很久以前的灵长类谱系中，最轻松地在半空穿越树林对物种的成功足够重要，以至于我们的生长方式实际上发生了变化，以适应做出臂跃运动所需的强大手臂。和大多数其他灵长类动物一样，人类首先准备好肘部，然后是手腕，再然后是肩部。但黑猩猩和大猩猩——它们的肩部表明它们不擅长在树顶穿行——实际上先融合肘部，然后是肩部，再然后是手腕，有理论认为这反映了它们对地上生活的特化适应。所以，你瞧——没有简单的答案。

似乎最关键的事情是适时完成我们骨骼的生长（这个过程称为融合），以便我们的骨骼准备好在我们需要时承受可能出现的最大力量。研究表明，幼年黑猩猩在开始主要用四条腿运动之前，也就是在测试了婴儿和青少年时期各种相当有趣的运动方法后并即将采用正常的成年运动方式之前，它们就已经完成了骨骼的定型。婴儿能够自主活动的那一刻是重要的生活史里程碑：通俗地说，运动独立性是父母维持婴儿生存必须耗费的能量多少的转折点。经过妊娠期和婴儿期的大量投资，以及努力喂养一个毫无能力、只会蠕动的孩子的真正耗费精力的时期，一个能够自己在这个世界上走动的孩

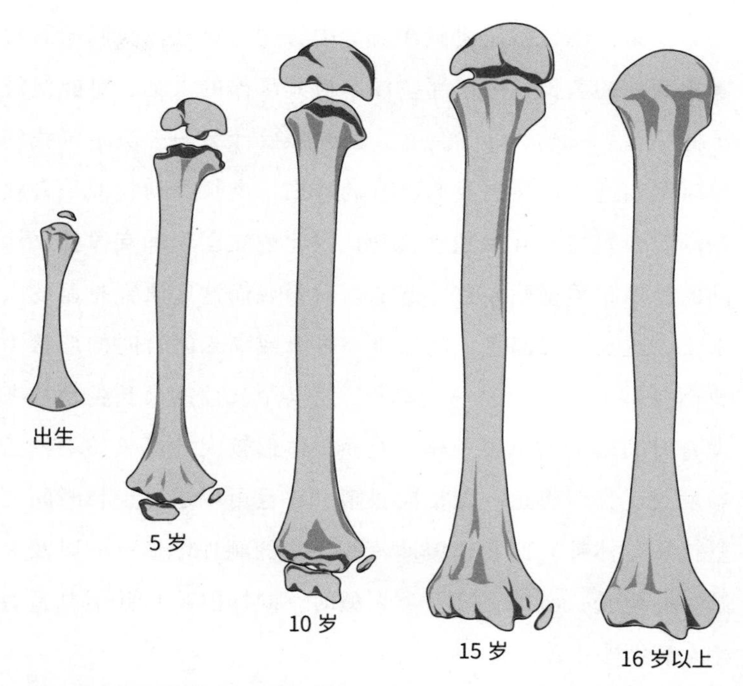

图 14.2. 长骨的骨骼融合过程，描绘了骨干（或轴）和骨骺（或末端）如何生长和融合在一起

子是一种巨大的解脱。[1] 一只猴子幼崽获得这种独立性的程度与它们生长的速度以及部位强烈相关：对于体形较大的动物，它们的较长四肢需要更长时间才能组合成工作状态。

我们不仅需要时间来长出双腿，这样我们才能下地走路，

---

[1] 除非你是人类，因为这会变成一场噩梦——到处都是危险的东西、锋利的东西、带电的东西、热的东西、多水的东西、有毒的东西，和其他你从前都称之为“我家里完全正常的东西”的完全可怕的东西。

成为儿童，而且就像我们在前文中看到的那样，我们还需要承担额外的负担，生长那些成本极其高昂的大脑。对能量需求的平衡——妈妈能给什么，婴儿需要什么——决定了我们何时开始童年。根据我们已有的数据，灵长类动物似乎喜欢在刚要断奶之前开始独立移动，因此独立运动和支撑独立运动的骨骼是紧密联系在一起的。对于我们这些研究骨骼的人来说，这是个好消息，它以骨骼融合或尚未融合时的形状为我们提供了一条线索——就像了解某个从前的灵长类动物在发育时间线上的位置一样。然而，体形较大的灵长类动物已经发现了如何将这一点推向极限，并且可以通过更长时间的坚持从母体补充饮食来缓冲一些危险的额外体形——以及大脑——生长，所以在涉及类人猿时，同样的技巧并不总是适用。而在涉及我们时，嗯……

人类婴儿与黑猩猩婴儿非常相似，它们在进入成人模式之前会尝试一系列有趣的运行选项。一项针对母亲的完全非随机调查——我认识她们，因为我们是同一个产前班的成员——提供了人类婴儿以某种真正意想不到的方式从不动到活动的视频和图片证据。有旋转专家，它们通过翻动身体（不停地翻）来实现纵向运动，朝着某个遥远的目标滚动；有受伤的士兵，重演婴儿版的敦刻尔克，用一只挥动的手臂扣人心弦地拖着全身的重量前进；有经典的坐移运动（bum-scooch），也就是坐着挪动身体；有一种不稳定的、不断运动的三脚架模式；有一种蛇形摆动，可以标准宽松地描述为爬行，但只能挂倒挡；有一种很适当的肚子离开地面的爬行，令人惊讶的是，在这群婴儿中选择这种方式的非常少；还有就是以任何可能的方式让自己保持直立，抓住（或者不抓）什么东西，然后似乎挥动双脚，直到实现向前移动。

有趣的是，这些非凡壮举中的每一项都是在人类生命第一年左右做出的，而黑猩猩出生时比人类婴儿更灵活，在6个月大时迈出第一步，经历了抓握、摆动、行走、爬行和各种运动选项，然后在10岁左右采用更成年的模式，即用四肢行走。但人类婴儿一旦学会走路，那事情就是这样了。游戏结束。在黑猩猩选择最喜欢的步态之前，我们早就提前数年断奶并作为一心一意的双足动物站立起来——比它们焊接骨骼部位早了将近十年。但我们并不加速骨骼发育来匹配这一变化。还要再过十五年，我们才焊接自己的骨骼。因此，尽管这可能对我们的灵长类动物祖先很重要，但我们如何在世界上移动并不是驱动我们骨骼发育时间表的唯一因素。这意味着生长的痕迹，即我们骨骼的成年形态固化模式，几乎完全脱离了我们的生活史。这是如何发生的？

嗯，并不是所有关于生长的事情都取决于你想长成哪种类型的动物——长腿，聪明，大块头。我们的很多生长模式都是为了缓冲不可预测的世界带来的危险。你在其中生长的环境可以鼓励或阻碍你的生长。当你可以从环境中获取足够的能量来养育婴儿时，生长机会发生，而在明智的动物中，这意味着当你可以获取更多能量时，生长会加快，而当资源不足时，生长会变慢。我们在第 6 章中看到，很多灵长类动物是季节性繁殖者，原因如下：妈妈需要为需求最大的生长阶段——怀孕后期和婴儿早期——安排合适的时间，以便能够将最多的能量输送到自己身体中并传递给婴儿。拉长生长阶段是克服季节性食物短缺的可靠策略；长孕期可以缓冲一些季节性风险（并且因此更难重新安排）。同样，让婴儿保持婴儿状态意味着妈妈有更长的时间通过母乳用自己储存的能量来补助婴儿的生长。保持婴儿的哺乳还可以延长婴儿作为母亲唯一掌上明珠的生长时间，将妈妈的资源直接输送到其张开的嘴巴里，而不是流向任何外部接受者，例如兄弟姐妹。但是，对于人类来说，我们可能已经决定，我们想要缓冲的风险发生在较晚的时候——童年时期。

长大是有风险的，并不是每个人都有同样的生长机会。正如我们在第 5 章中看到的那样，在繁殖之前的阶段，成熟会降临到那些有东西吃的人身上。我们在生殖能力的激素触发因素的开启中看到的东西也对我们的骨骼生长产生了影响——这些都是同一个复杂信号系统的组成部分。骨骼生长的完成在某种程度上是由遗传可能性决定的——这就是为什么两个非常矮的人的孩子不太可能给洛杉矶湖人队的选秀出难题。但这种遗传命运只是一个指导方针——它设定了你的体形能长到多大的参数，但并不能决定你是否将达到上限或勉强维持下限。决定这一点的是你为了生长而必须投入的资源组合，以及令生长开始或停止的任何额外信号。我们的生长方式具有很大的灵活性，一个非常重要的原因是，在进化史上的大部分时间里，生长并不是一种保证。食物供应的变化、生态压力、竞争——这些情况一直伴随着我们。

既然生长并不容易，我们——和我们的灵长类近亲——可以采用一些花招来为自己提供最好的机会，尽量长成最大的尺寸。一种显而易见的技术是延迟生长结束的时间。先等待更长时间，再切换到繁殖模式并触发我们正在生长的骨骼的融合过程，让我们有可能多用几个月甚至几年来增加体重。野生黑猩猩似乎利用了这种选项；对科特迪瓦塔伊国家公园（Taï National Park）的一个黑猩猩群体进行的研究表明，它们的骨骼融合模式与圈养（吃得好而且受照顾）同胞完全相同，但有时会推迟几年。这些野生黑猩猩生长得更缓慢是因为生活更艰难还是因为食物更稀缺，争论很激烈，但最终结果是一样的——如果能量平衡表上没有稳定的盈余，生长就会延迟。动物有应对——甚至可能是预见——这种情况的机制，我们笼统地将这种机制归入"追赶性生长"的范畴。顾名思义，在这里是合适的，而且这也是每个身材矮小的孩子都想听到的——只要比赛还没有完全结束，我们仍然可以再长高一点。

当我们想要理解我们是如何拥有这些漫长的童年，而且这些童年中还有若干或快或慢的生长期时，生长的开启 / 关闭潜力或许是需要考虑的最重要的方面之一。如果我们考虑将追赶型生长现象扩大为全物种策略，你就会看到一只小小的动物如何开始计划什么时候是需要大量燃烧能量的最佳时间，而什么时候是慢慢来的最佳时间。我们需要知道生长的时机，才能解释非常独特的人类生长阶段模式或里程碑式的生活史权衡——以及在进化上的影响。正如我们在前几章中看到的那样，对于我们这些聪明的猴子来说，母亲（和父亲）有办法减轻喂养我们的能量负担，因为我们的生长和运动时间表已经脱离了正常的哺乳动物模式。我们作为婴儿的时间比你想象的短，但作为儿童的时间却比你想象的长。人类这个物种正在将慢速生活史推向极限。

当然，有一些基本的生物学原因可以解释为什么我们的“青少年期”（即童年）与狐猴不同。一方面，我们的体形大得多，而长成更大的动物需要更长时间。我们要生长的身体比例也略有不同——我们在尾巴和华丽的颈毛上没花什么工夫，以专注于大脑的生长；关键是我们的一些组织可能更昂贵，需要更长的时间才能获得建造所需的能量。你所处的环境也有可能减慢或加快你的生长速度——坚持单调的树叶饮食的高地大猩猩比它们的低地表亲生长得更快，后者经常面临水果资源枯竭的危险，因此需要它们的母亲更久地充当后备营养来源。你可能想要延长或缩短童年的不同阶段，具体取决于这些阶段对母亲（和父亲）的风险程度或要求。当你喂养的一坨肉是一坨肉时，为两个人寻找食物的要求会低得多；无论这坨肉是你肚子里的肉块还是相对静止的婴儿。然而，为一个疯狂扭动的成长中的猴宝宝觅食却会导致完全不同的要求水平——对于小绢毛猴和人类小婴儿来说都是如此。

我们必须记住的另一件事是，在谈到生长时，目标不仅仅是生存。生长是为了存活下来并成功地将你的基因传递下去。这才是真正推动生长的原因，因为你可以将资源用在变大上，也可以把资源用在制造更多的自己上。你做不到的是兼顾两者，所以比较我们自己和其他灵长类动物的生长轨迹时，需要将我们做出的生活史决策考虑在内：变大，或者制造婴儿。更复杂的是，同一物种的雄性和雌性不一定会做出同样的决定。如果你还记得的话，我们看到哺乳动物的雄性往往比雌性更大，如果它们要沿着性别之间体形差异的道路走下去的话。[1] 如果你想要大小不同的个体，因为——举个例子——你需要成为大草原及其狒狒群体的领主，或者你正在考虑建立一个后宫，那么你必须有两种不同类型的生长：一种是大块头的雄性生长模式，另一种是不要浪费能量的雌性生长模式。关于童年的一个大问题是，你是在什么时候安排这种模式的。

雄性的更大体形通常是由于仅出现在雄性而不出现在雌性中的青春期后生长高峰期导致的。当我们思考现代人类的情况时，如今这是一种奇怪的资源投入方式，现代人类对性别二态性的尝试充其量不过是可值一哂。[2] 对于在家族树底部的较小灵长类动物来说，这也没有多大意义，因为它们往往要

[1] 除非是鬣狗，它们选择的道路是独特的、迷人的，而且有一种像重型卡车一样的咬合力。

[2] 尽管我们似乎肯定能在凌晨 2 点光线昏暗的酒吧里辨认出它来。

么没有二态性，要么甚至雌性还稍微大一点。然而，对于大猩猩这样由单一雄性主导的社会体系，传统的性选择进化理论——坚持男子气概的男人和端庄娴静的小女人的愚蠢理论，并且经常在互联网上被重新包装为约会建议——告诉我们，雄性的生长高峰期在交配游戏中是绝对需要保持的。但是“男人－竞争者”的进化模式可能被宣布得过早了。鉴于雌激素在生长竞赛结束时多多少少起到方格终点旗的作用，人类学家霍莉·邓斯沃思（Holly Dunsworth）提出，我们可能对男性和女性之间的体形差异解读过多。那些大块头的男人可能并不是想要给每个人留下深刻印象，他们并不想到处炫耀，拍打胸膛（讨厌得令人发指的混合关于动物的隐喻，就像我试图向你推销人际关系建议一样）。我们实际上可能误解了人类男性体形稍大一点的原因；也许男性并不是试图成为终极格斗冠军或爱情冠军，而只是单纯地因为女性更小，所以他们才显得更大。而女性的体形更小，只是因为她们更早停止生长，从而能够将能量投入到婴儿身上，因为正如你可能从本书的主题中了解到的那样，婴儿很重要。

然而，灵长类动物进化出的器官的漫长童年时期不能全部归因于性别、体形、组织类型，甚至环境，而我们知道这一点，是因为我们可以观察灵长类物种内的变异，并发现还有很多需要解释的地方。黑猩猩和倭黑猩猩的环境大概与我们祖先的环境相似，它们在三到四岁左右断奶，但在10岁左右就达到了生育年龄，并且可能会在13岁或14岁生下第一胎。

和人类相比，这仍然非常快，人类（总体平均而言）可能会在两岁到四岁之间断奶，但不会在十年后拥有生殖能力——而且通常不会在拥有生殖能力之后的两到四年内生孩子。因此，关于我们的童年，还发生了别的事——而且不止是因为如今没有人能赚到足够的钱好安定下来的事实。[1] 我们必须需要那段时间，否则我们不会接受。事实上，与大部分哺乳动物相比，所有灵长类动物都热衷于延长童年。那么，我们在童年里度过的时光到底是为了什么？一种解释是，我们正在花时间学习如何成为一只更好的猴子。

译注

1. 吉姆·亨森，美国著名木偶操纵师，曾在《芝麻街》等电视节目中表演。

[1] 虽然这并非不相干——我们将在后面讨论这一点。

给了狗狗一根骨头：古人类学如何开始追寻童年

15

这个老人家，他演奏了数字一，

他在我的拇指上敲敲打打拍出节拍；

敲敲打打拍出节拍，

给了狗狗一根骨头，

这个老人家就回家啦。

我们在上一章中看到，与我们的大猿近亲相比，我们这个物种中的真正变异在于作为婴儿和制造婴儿之间的漫长时期——我们缓慢生长的童年，以及我们发育之后、开始繁殖之前那种奇怪的青春期中途状态。我们的骨骼遵循这些指引，以适应我们体形发育的速度（无论我们是更像大象还是更像老鼠）以及我们想要使用自己骨骼的方式（无论是空中杂技，还是滑稽的地面侧跳）将自己缝缀在一起。[1] 当然，指引它们

[1] 马达加斯加狐猴很棒，我拒绝接受其他评价。

的线索还来自我们的环境，即转化为身高、体形甚至新生婴儿的能量的可用性，并且即使在个体层面上，骨骼发育也可以加快或减慢。但如果我们想知道我们的祖先在何时何地以及如何做出这些选择，我们需要牢靠的证据。像化石那样牢靠。

我们如何成为现在的样子，这个紧迫的问题就是我们为什么需要化石的原因。[1] 我们祖先的化石遗骸，无论是直接祖先的还是非直接祖先的，都让我们能够重现我们做出的选择，以及我们在时间长河中获得或放弃的适应。一些已经发生变化的东西很可能是有原因的——通常是因为它提供了一些适应性益处，但偶尔只是因为统计学就是这样运作的而已[2]——这既揭示了我们在进化过程中面临的挑战，也揭示了我们提出的解决方案。

在本书的第一部分中，我们主要讨论了现存的灵长类动物——我们自己，以及从懒猴到大猩猩的其他灵长类动物。然而，虽然众所周知，与我们亲缘关系最近的现存近亲是黑猩猩和倭黑猩猩，但我们已经有大约400万年的时间不属于

---

[1] 我们真的需要化石。幸运的是，大多数与人类进化相关的化石最终都落入科学收藏——想象一下，如果我们必须像研究恐龙的人那样开展工作：因为很多恐龙标本最终落入私人收藏，所以他们辗转于各种富人的房子并跟主人打招呼，“你好，我可以进来做一些科学吗？我保证不会把你家的地毯踩脏。”

[2] 例如，最后一批猛犸象如同玻璃般精细、近乎半透明的毛发可能就是所谓的“奠基者效应”的一个例子，在这种效应中，由于相关种群中可用的选择有限，未经专门选择的基因型变得更常见——很难想象还有什么比六千年前俄罗斯北极地区与世隔绝的弗兰格尔岛（Wrangel Island）上仅存的最后几头长毛猛犸象更有限的了。

同一个幸福的大家庭了。[1] 这留下了相当大的改进空间，使我们成为我们，它们成为它们。这种转变是在灵长类动物学家没有在他们沾满灰尘的野外笔记本上记录的情况下发生的[2]，但是当然存在一项记录——化石记录。凭借地层学的奇迹和电子自旋共振（ESR）测年等更先进的技术[3]，我们可以将占据我们与其他现存灵长类动物之间空隙的化石排成序列。通过在数百万年的时间线上排列零碎的线索——这里的一些骨头，那里的几颗牙齿——我们能够弄清楚我们的哪些部分使我们成为我们。

那么，我们是在什么时候开始拥有我们人类的童年的呢？又是为什么呢？对于这些问题的解答，我们的进化时间表有些令人困惑。人属有数个物种，我们是其中唯一生存至今的——但过去的情况并非如此。“我们”的最早类型直立人（*Homo erectus*）有着明显的不同——更小的身体、更小的大脑和一张只有直立人才会喜欢的口鼻突出的脸。[4] 他们出现的时间距今略超过 200 万年——但他们生存了很久。这就是古人

---

[1] 虽然黑猩猩和倭黑猩猩分开的时间只有 100 年，但考虑到它们的外表（非常相似）和行为方式（老实说一点也不）的相似程度，这相当令人惊讶。

[2] 笔记本在更新世还没有发明出来。

[3] 地层学完全相当于在洗衣篮里找衣服，通过先后挖掘周四穿的衬衫、周三穿的裙子，找到周二穿的毛衣；电子自旋测年法很像是将衬衫放进微波炉里、显微镜下，然后事情从这里就开始变得更复杂了。

[4] 尽管我们对此越来越不确定——描述跨物种遗传谱系交叉的礼貌说法是基因渗入（introgression），而我们对直立人 DNA 的了解还不够，无法发现它们的，嗯，基因渗入。

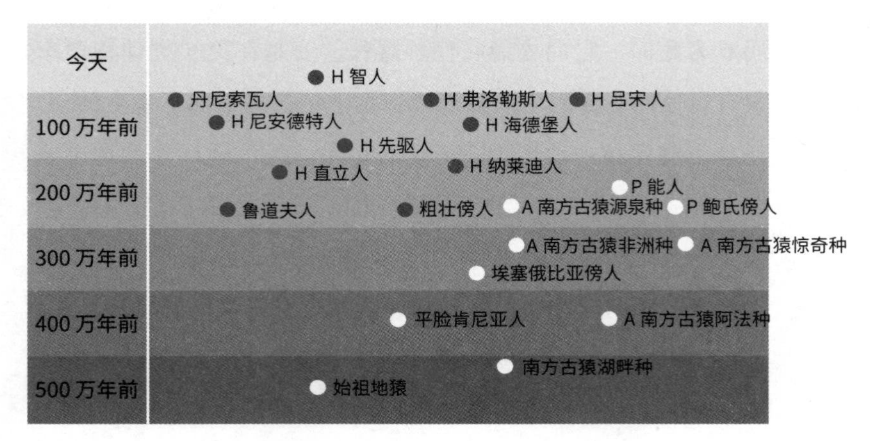

图 15.1. 随时间推移出现的物种。H = 人属（*Homo*），P = 傍人属（*Paranthropus*），A = 南方古猿属（*Australopithecus*）。引自 Humphrey & Stringer (2018)

类学最近的革命所关注的主题——发现我们的祖先生活在其他类型的人类仍在地球上游荡的世界。[1] 直立人导致了一个仍存在争议的物种，距今大约 120 万年前至 80 万年前的先驱人（*Homo antecessor*），而先驱人既产生了尼安德特人，又最终在大约 30 万年前产生了解剖学意义上的现代人类。但是与此同时，直立人在非洲和亚欧大陆四处游荡。我们甚至不确定直立人是什么时候消失的——对爪哇岛昂栋（Ngangdong）出土化石进行的最新测年结果似乎表明，直立人在大约 12 万年前仍然存在，此时现代人类已经开始在非洲之外的各个大陆上

[1] 偶尔还可以成为约会对象。

扰乱当地的和平与安宁。

在直立人在世界各地游荡的200万年里，无数其他物种纷纷涌现——先驱人，然后是欧洲的尼安德特人；印度尼西亚的弗洛勒斯人，即“霍比特人”[1]；俄罗斯的丹尼索瓦人；现在甚至还有在南非新发现的纳莱迪人。目前尚不清楚这些物种中有哪些物种相互杂交以及在什么时候杂交。例如，我们知道我们曾与尼安德特人和丹尼索瓦人杂交，而且可能发生过多次；在我们获得更多古代DNA信息之前，他们与此同时与谁勾搭在一起仍然是个谜。这意味着在“像猿”和“像我们”之间画一条清晰的界线是不可能的。在我们最近才发现的物种中，有一些我们之前从未预料到的进化弯路。但是，根据最脆弱的化石薄片提出古怪的主张是古人类学乐趣的一部分[2]，因此当古人类学家面红耳赤地争论物种形成的细节时，我们将通过最小的（但最牢靠的）证据来看待更大的图景。

作为我们的直系家族，人属是大型步行者和思考者，而我们可以通过几个目标生长区域从一系列类似猿的化石中挑出他们：强调硕大的大脑（从化石头骨中可以看出）、更长的腿，以及不太费事地让雄性长得比雌性更大。在他们之前是南方古猿类型，例如露西，它们有各种形态，而且总体而言

[1] 这个物种名称显然不只会引起古人类学家的反感。托尔金遗产基金会对于将这些来自弗洛勒斯岛（Flores）的小个子称作“霍比特人”的做法相当不以为然。

[2] 另一件有趣的事是在《自然》（*Nature*）杂志上对这样做的其他古人类学家做出尖刻的讽刺。

是灵长类进化分支中直立行走的成员，与此同时没有太大的大脑而且体形也没有变得太大以至于无法适应自己的直立姿态。不过，它们在牙齿方面确实有一些时髦的创新。随着我们回溯得越来越久远，我们陷入了黑暗的中新世沼泽，在大约 400 万年前生活的一些动物是黑猩猩、倭黑猩猩和我们的祖先。此时，它们做出了构建新型灵长类动物的进化决策，也许是从地猿（*Ardipithecus*）这样的物种开始的，它有着奇怪的一半树上一半树下的形态学特征。

当每个人仍然认为启蒙运动是一件“好事”，而不是在文化傲慢的梯子上迈出的令人担忧的摇摇欲坠的一步时，化石记录就像所有其他东西一样，被想象为渐进适应的直接进程。会有一个长得像黑猩猩的家伙，紧随其后的是越来越像人的黑猩猩，直到变成我们。瞧，这就是进化！对于我们祖先的状态和我们如今的状态之间最明显的区别，甚至在 150 年前人们第一次想到争论这个问题时，答案就是我们的大脑。毕竟，人类婴儿的大脑长得很大。似乎怎么长也长不够一样。和如今现存的猴类相比——我们曾经想象自己就是它们这副样子，我们的大脑已经变得巨大，这是一个非常典型的人类特征，那么我们应该在化石记录中看到大脑越来越大的像黑猩猩的人。对于一些进化理论家来说，这一点是如此明显，以至于他们甚至懒得等待新化石样本从土壤中逐渐显露真容，而且他们被迫亲自动手“证明”进化偏好大脑超过其他一切。

1912 年，业余考古学家查尔斯·道森（Charles Dawson）

奇迹般地在英格兰东南部一个名为皮尔当（Piltdown）的古老采石场发现了少量化石遗迹，此前地质学家曾在那里发现一系列被认为属于大约50万年前（更新世时代）的砾石。两块颌骨和一个头骨的碎片被精心重建为道森曙人（*Eoanthropus dawsoni*），又称皮尔当人（Piltdown Man），作为一个显著的"缺失环节"公之于众——有猿的下颌，但是颅骨宽大。过了40年，人们才有足够的机会对这件标本测定年代，结果证明它的年龄只有宣传的十分之一；过了大约100年，伦敦的自然历史博物馆才全面展开对这个最可疑的祖先的调查。作为在自然历史博物馆楼下专用实验室外拥有用于查看CT扫描结果的人类学"大型"计算机的人，我坐在旁边，一群同事慢慢拆开了道森的"曙人"。事实证明，这件标本的牙齿不是人类的，甚至不是人类祖先的——它们是红毛猩猩的牙齿，而CT结果清楚地显示出它们被塞进皮尔当人的下颌，并用砾石和油灰粘牢。那头骨呢？属于中世纪的人类。[1]

皮尔当人的传奇故事可能最终成为人类进化年鉴上一个有趣的脚注，但在博物馆收藏品中的弗兰肯斯坦式杰作中，潜藏着一个更严重的错误，我们最好将它牢记在心。这个错误就是将人类的故事视为血统的叙事，就像你会在纯种狗或

[1] 作为世界上首屈一指的研究馆藏之一，自然历史博物馆在考古发掘过程中收集了很多中世纪人类的遗骸——而在过去糟糕的日子里，策展并不像现在这样进步。根据从向新策展人提到某位前任策展人的名字到听到激烈的负面言论之间的时间长短，可以很容易地判断这些进步的程度。

英国王室中看到的一样。我们不能像《创世记》那样讲述我们的故事，将过去400万年里谁生了谁一一列举。一切都混杂在一起，有些群体来回繁殖，所以没有人能清楚地分辨出哪个祖先是哪个，而且有些群体完全灭绝了。我们可以谈论在我们之前行走在地球上的动物，以及它们与之前和之后的动物所共有的特征，并提出关于哪些特征是被“传递”的想法——但我们（还）无法得到绝对确定地详细说明所有这些事情的解决方案。有时，看似属于人类的特征出现在一个物种中，但在下一个物种中却消失了——反之亦然。更大的大脑似乎是我们和我们最后一个共同祖先之间的明显区别，而且我们这个物种绝对比中新世我们从树上下来的任何祖先都聪明得多。但是随着非洲的洞穴和峡谷渐渐被人发掘，人们发现道森搞错的一件事是，我们身体中的哪一部分开启了让我们从毛茸茸的素食主义者转变为素食比萨爱好者的变化。如果他将一个看起来更现代的下颌贴在猿类的头骨上，就像古生物学家实际上发现的真实化石那样，也许我们就不会注意到他的骗局了。[1]

然而，我们如何成为如今这样的动物的真实故事就在那里。虽然罕见，但也有生长期的尸体遗骸保存在原始人类化石记录中，这给了我们大量时间来思考我们从和黑猩猩长得

[1] 我们会注意到的。如果你想沉浸在极为丰富的描述性细节中，请参阅古生物学对一个物种的描述。

像猿的共同祖先开始，走到我们现在的位置所采取的道路。然而，要弄清楚这对我们的童年有何影响，事情就变得复杂多了，因为我们获得的原本在生长期中然后陷入泥巴里的骨骼非常少。一旦骨骼完成生长（就像成年人的骨骼那样），就没有（好的）方法来猜测它们的生长需要多长时间。例如，想想最著名的化石：露西，那只阿法种南方古猿。我们无法确切地知道她——我们的家族灌木[1]中最早的直立行走者之一——的股骨从20厘米长到28厘米花了多长时间；在从大象到老鼠的骨骼生长速度范围中，她处于什么位置；以及我们所认为的她使用双腿的方式会对骨骼生长时间表造成什么影响。我们所知道的一切是，她去世时股骨已经完全成形，所以我们可以说她是成年人。同样，她髋部的碎片显示，骨盆的六块童年时期的骨骼（以及几十块骨头末端片段）已经合并为成人的形态，由两块对称的骨骼组成。但如果我们只知道最终的结果，我们还能对各生长阶段说些什么？我们怎么知道露西活得快还是慢？我们如何知道她是否拥有像我们一样的童年？

人类学家需要掌握的能力就是对比化石——比方说在一个具有数百万年历史的化石遗址出土的两块大腿骨，并告诉你它们是否处于不同的生长阶段，或者是否属于不同的物种。

---

[1] 人类的进化树如此错综复杂，盘根错节，并且充满争议，可以说，将这一团乱麻想象成不受约束的黄杨树篱可能更为准确。

我很高兴地向大家报告，前者是我们最伟大的技能之一，也是我们用于了解人类如何获得童年所需的证据的来源。[1]那么我们的证据基础是什么？如何根据数百年、数千年甚至数百万年后留下的东西来推断童年？我们在上一章中看到的用于描绘我们与其他灵长类动物之间的差异的一些骨骼相关信息，同样可以用来弄清楚我们的祖先是如何生长的。当然，对于人类生长现象我们真正需要了解的，是我们所有祖先的幼年个体的全面样本，而且这些个体在不同的年龄和成长阶段死于非命，但我们并没有这些样本。我们所拥有的是撩拨人心的半随机碎片和偶然发现的东西——而这已经足够了。

纳利奥克托米男孩（Nariokotome boy，或者使用正式的科学编号，KNM-WT 15000）[2]或许是出现在化石记录中的最著名的青少年，他引起了长达二十年的激烈争论，因为他的骨骼的生长模式特征要么非常像猿类，要么相反，非常像人类。差别很显著——尽管体形大致相同，但黑猩猩达到骨骼成熟的速度几乎是我们的两倍，于是纳利奥克托米男孩的整个童年都悬而未决。这具有 150 万年历史的化石遗骸，拥有相对较大的头骨，骨盆和四肢适合直立行走，被鉴定为青少年直立人——原始人类谱系的开端，它落在大的大脑和小的大

---

[1] 后者极其困难。

[2] 这具化石遗骸又被称为“土库纳男孩”（Turkana Boy），大概是为了防止其他人犯我曾经犯过的错误，以及防止人们将原名的发音与电影杰作《虎胆龙威》（*Die Hard*）中一座虚构的写字楼混淆。

脑之间的分界线的这一边，而这条分界线将我们更早的祖先（例如露西的南方古猿同胞）从原始人类中区分出来。纳利奥克托米男孩的骨骼之所以如此重要，是因为它尚未发育完成；他骨架中的骨头还处于相对未融合的状态。[1] 那么问题就变成了——纳利奥克托米男孩的生长方式更像黑猩猩还是更像人类？生活史是快还是慢？因为了解这些可以让我们追踪我们成为今日之我们所采取的道路。

纳利奥克托米男孩死去时仍在生长过程中。例如，他的肘部仅部分完整。构成肘部铰链关节的小端帽 1 由三个形状不复杂的部分组成，其中两个首先融合在一起，成为小臂骨骼旋转的轴承，然后再附着在肱骨的主体上。至于纳利奥克托米男孩，这两部分已经全部粘在一起并开始融合到上臂，但在这个过程正在发生的地方仍然可以看到一条线，而且第三部分也是最后一部分仍未附着。对于人类男孩来说，这一过程会在12岁半左右开始，在大约15岁结束——如果是女孩的话，则要早一些。黑猩猩呢？同样的过程会发生在大约 7 岁半到大约 10 岁半之间，如图 15.2 所示。从他骨骼的“完成”程度来看，他（如果他真是男孩的话）要么是在人类的节奏下度过 10 到 13 年的童年岁月后死去的，要么是在黑猩猩的节奏下度过七八年的童年岁月后死去的。

---

[1] 嗯，我们称他是“他”，但并不完全肯定，因为虽然他的骨盆具有一些雄性特征，但我们不确定他的骨盆最终会长成什么形状。

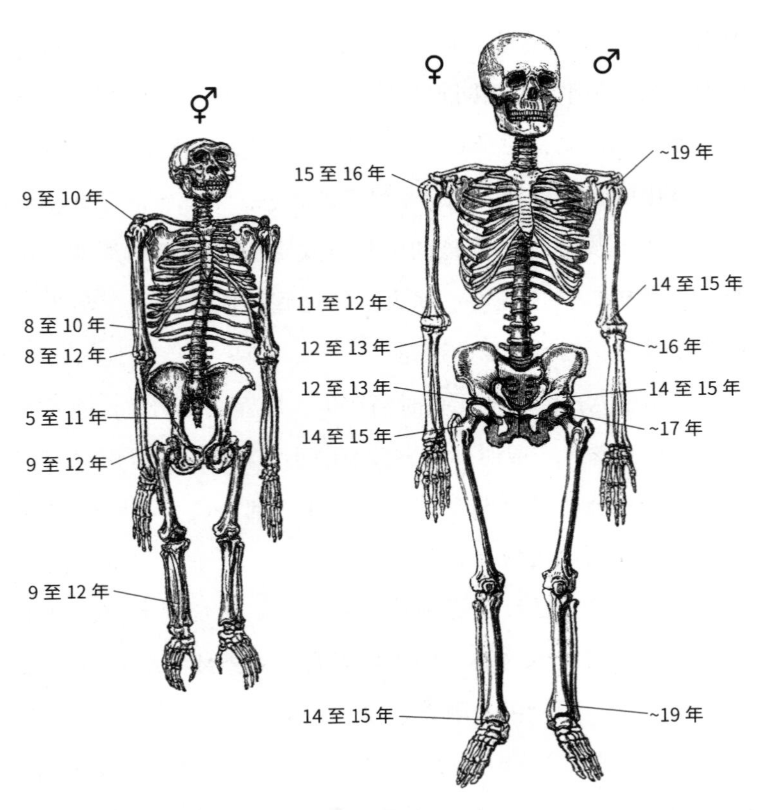

图 15.2. 黑猩猩（左）和人类骨骼融合模式的对比。引自 Brimacombe (2017)

问题在于，从仅仅一件化石样本中找出模式是非常困难的。还有其他青少年化石正在慢慢地帮助我们填补我们和我们现存最近近亲之间数百万年的空隙，但数量并不多——变成化石是一项非常罕见的成就。[1] 这就是为什么找到化石儿童

[1] 泥石流有所帮助。还有洞穴。

是如此重大事件的原因，以及一具小小的身体如何能够改写我们对人类进化的整个理解。目前已知的青少年尸体屈指可数。格鲁吉亚的德马尼西（Dmanisi）洞穴有一具青春期直立人的遗骸，其成熟阶段比纳利奥克托米男孩稍晚，在人类或黑猩猩模式下可能都比纳利奥克托米男孩大两岁。

从更古老的南方古猿中可以获得更多有趣的信息，包括南方古猿源泉种青少年甚至南方古猿阿法种（和著名的“露西”是同一个物种）婴儿的骨骼信息。这个未成年南方古猿源泉种的肱骨融合状态与纳利奥克托米男孩的并无不同，但已经更进一步，开始融合三块式肘端帽的最后一块。对于南方古猿源泉种，我们知道其成年个体看起来很像猿；所以我们可能会怀疑其整体生长模式更像猿，并据此估计它比具有同样骨骼融合程度的人类年龄（约 13 岁）要年轻得多——大概在 9 岁到 11 岁之间。

在最近的一项令人震惊的发现中，整个洞穴里都充满了一种新的小型原始人类——纳莱迪人（*Homo naledi*），他们的碎片散落在南非新星（Rising Star）洞穴的地面上，距离洞穴入口处将近 1 英里，位于洞穴系统的深处。[1] 在新星洞穴发掘过程中发现的东西仍在接受处理——事实上，更多东西仍在继续被发现——但似乎存在数量相当多的个体，而在 2020 年的

[1] 这个洞穴的洞口直径只有 11 英寸，这就是为什么发掘仅限于身材纤弱的人，以及那些愿意并且能够自愿令肩膀脱臼的人，例如发现该洞穴的洞穴探险爱好者。

愚人节，一个拥有25万年至30万年历史的崭新青少年呈现在世界面前。[1] 现在可以看到，纳莱迪人是一只古怪的鸭子，是完全令人意想不到的[2] 小脑袋、小身体的直立行走者，胸膛像南方古猿，但其大脑结构可能属于一种更善于思考的野兽。一种有趣的思考是，当我们的祖先在大约20万年前迁徙到南非并遇到这个矮小的表亲时，他们会怎么想——当然，除非纳莱迪人灭绝的时机有点像弗洛勒斯岛上那些善良的霍比特人或者那些美味的猛犸象——我们真希望自己没有问过一些问题。[3]

来自新星洞穴的DH7号样本由六十多块青少年骨骼片段组成，其中一些片段显然能够在实验室里拼起来，就像许多丢失了数十万年的拼图碎片一样，揭示了一名破碎青少年的状态，这名青少年死去时的骨骼融合状态几乎和那个南方古猿源泉种青少年以及纳利奥克托米男孩相同。这让我们提出了那个价值百万美元的问题：年龄多大？纳莱迪人与后来像尼安德特人和我们这样聪明的大块头原始人类生活在同一时代，他们的大脑比南方古猿源泉种的大——也许他们的生长轨迹更慢？如果是这样的话，那么纳莱迪人与我们在南方古猿源泉种身上看到的相同的一组骨骼特征将使他们更接近11到15岁，而不是9到11岁。

---

[1] 显然是一项惊人的发现，而不是愚人节笑话。

[2] 这是古人类学中的一种修辞方式，谢谢你，丹尼索瓦洞穴。

[3] 关于弗洛勒斯人（“霍比特人”化石）在大约50 000年前——也就是智人涌入其栖息地的同一时间——的灭亡，还有一些问题有待解答。

我们根本没有证据基础来通过骨骼化石证据最终确定我们古老的祖先谱系中的成员的生长速度。那么，试着做一些年代更近的事情怎么样？尼安德特人是化石记录中数量第二丰富的人属物种[1]，仅次于我们自己，而我们现在知道，他们至少有足够近的亲缘关系，可以和我们杂交。与纳莱迪人相比，他们看起来更像我们，像得多——在体形上，以及很重要的一点，在大脑和身体的比例上，而且考古发现上的相似之处也很多，这说明他们可能还有很多和我们一样的文化能力。就时间而言，他们也是距离我们最近的，空间上就没有那么近了——尼安德特人是一种欧亚进化现象，与 30 万年前发生在非洲的智人进化这一重大冲刺没有关联。由于化石记录中他们的数量如此之多，所以我们对他们的了解充分得多。有时候你只需要知道一些数字，幸运的话，你就能够获得一条全新的信息。

以 J1 为例。位于西班牙西北部阿斯图里亚斯的埃尔西德隆（El Sidrón）洞穴遗址中出土了一条所谓的“骨头隧道”——大约 48000 年前，几个尼安德特人的混合碎片沉积在可怕的环境中。[2] 对古代 DNA 的分析告诉我们，样本 J1 可

---

[1] 关于原始人类中的“物种”这一概念，有很多可以说的，但没有人比埃尼戈·蒙托亚（Inigo Montoya）说得更好：“我不认为它的含义是你以为的那样。”

[2] 埃尔西德隆洞穴中的骨头有许多被切割和破坏的痕迹，表明他们是被屠宰和吃掉的，尽管很难说是被谁。最皆大欢喜的解释是，尼安德特人有一些非常激进的葬礼习俗，类似于在某些人类社会记录到的现象——但是一整个亲属群体需要举行联合食人葬礼的可能性微乎其微。

能是一名成年女性的儿子，该女性的遗骸也在洞穴中被发现，而且J1还可能是附近一个婴儿的哥哥。骨骼的保存状况良好，而且最重要的是，它的头骨几乎完好无损，以至于我们可以很好地推测大脑的大小并对比骨骼的完成程度。如果它是现代人类，那么根据骨骼自身焊接在一起的程度，J1的年龄大约是六到十岁。然而，考虑到尼安德特人大脑的大小，研究人员估计，J1在这个阶段只完成了其大脑总生长量的87.5%左右——而同龄的人类儿童已经达到了未来大脑容量的95%。我们的整个骨骼时间表陷入了一个循环：如果J1在较晚的年龄生长得较少，尼安德特人是都可能比我们生长得慢，成为延迟成熟的冠军和最漫长童年这一称号的真正拥有者？幸运的是，有一种更好的方法可以回答我们如何拥有如今的童年这个问题——而它就在我们面前。

译注

1. 小端帽原文为 small end cap，后文的肘端帽原文为 elbow end cap，都是指尺骨滑车切迹后上方的突起，学名为鹰嘴。

外婆，你的牙齿好大：牙齿如何泄露奥秘

16

外婆，你的牙齿好大！

这样更方便吃掉你呀，宝贝。

汤恩幼儿已经死去了将近300万年，但仍然是古人类学研究中最重要的发现之一。它如何被发现——以及鉴别——的故事带有早期古生物学发现的标志，也就是说带有一定程度的奇思妙想，如今被认为已不再适用于系统的科学工作。20世纪20年代，彼时尚未出名的古生物学家雷蒙德·达特（Raymond Dart）在南非威特沃特斯兰德大学（University of Witwatersrand）任教时突发奇想，为自己的学生提供5英镑现金，奖励给为自己的研究项目引进最有趣的解剖标本的人，同时确保学生们会将假期的一部分时间用来留意骨头、化石，以及其他可以在他的教学中使用的宝藏。[1]

[1] 威特沃特斯兰德大学古人类学系现任主席李·伯杰（Lee Berger）可能是个例外，他的儿子发现了南方古猿源泉种。

22岁的约瑟芬·萨尔蒙斯（Josephine Salmons）登场，她是达特的第一个女学生，1924年假期到来时，她正在担任解剖演示员。她在这个假期拜访了一些家族朋友，即在小镇汤恩（Taung）经营巴克斯顿石灰工厂的伊佐德（Izod）夫妇。她在壁炉架上发现了一个形似狒狒的头骨，伊佐德一家说它来自爆破矿井的废墟。她请求借用这件头骨，并在回到大学后将它带给达特。达特认出它是狒狒化石，而不是现代狒狒，并立即出发前往汤恩矿井看看是否还有任何其他化石。石灰厂的一个名叫德布鲁因（De Bruyn）的工人一直在搜集自己发现的珍奇物品，最终，两大箱化石被运到了达特的家，抵达达特门前的车道时，他正准备去参加一场婚宴。达特勉强克制了自己足够长的时间来履行自己作为伴郎的职责，然后就全身心地投入到对这些材料的研究中。他整个冬天都在用妻子的编织针慢慢开凿化石，最终得到了一个近乎完美的原始大脑化石内铸件和前所未见的更好的面部部分：它们属于南方古猿阿法种。这一发现被记录为猿和人之间缺失的一环，而达特也因此成为古生物学巨星。[1]

汤恩幼儿的头不比两个紧握的拳头大，显然很小，大脑的尺寸就连现代黑猩猩也瞧不上。但引起全世界兴趣的是达特所描述的类人特征——体现在牙齿和下颌上，以及脊髓从中央位置进入头骨，因此当它的主人用两条腿走路时，头骨会

[1] 约瑟芬和德布鲁因都被从故事中剔除。现在你知道古生物学是如何运作的了。

高高直立（而不是像狗或猿类那样脊髓从头骨后面进入，令头骨向前伸）。这正是赝品化石皮尔当人没有考虑到的事情。现在看来，汤恩化石不仅是一个大脑小得惊人的双足动物，而且还是一个孩子。这提供了一个令人惊奇的新机会来提出全新的问题：汤恩幼儿是我们人类故事的起源吗？它是个多大的儿童，它会长到多大年龄？它是长得像猿，还是长得像人？[1] 汤恩幼儿显然太小了，无法与现代人的骨骼相互对比，而且它保存下来的骨骼也不够多，无法用来比对骨骼融合的时间表。不过，达特拿出了他所能提供的最好的证据——而且这样东西可以确切地告诉我们，我们的化石祖先已经花了多长时间用于生长：牙齿。

你可能早有预料。你很可能已经意识到，在我们生长的过程中，牙齿会在我们的嘴里出现、消失，然后再次出现。[2] 年纪够大的英语母语者会想起那首令人咬紧牙关的甜蜜节日小曲《我在圣诞节想要的只是我的两颗门牙》（*All I Want for Christmas is My Two Front Teeth*）。他们甚至可能还记得，这首歌按照传统是由幼儿园或学前班的学生表演的，或者至少是教给他们的。这首歌倒也不能说明体面的音乐在不断侵蚀节日曲目，它更多地与下面这个事实有关：让一屋子五岁的孩

---

[1] 严格意义上的答案是“两者都不是”——汤恩幼儿未能完成生长。从头盖骨到眼眶的三处穿刺伤就像保龄球上的指孔一样，给出了一个潜在原因：没有什么比美味的小型灵长类动物更让非洲冠雕喜欢了。然而，这是不是在我们这个物种中挥之不去的旷野恐惧症的缘由，最好留给心理学家来判断。

[2] 这些牙齿也可能再次消失，但那是你自己的责任。记得用牙线。

子唱着关于没有两颗门牙的歌是一件有趣的事，因为他们当中的很多人确实没有两颗门牙。

生长中的儿童在本质上并不比鲨鱼强，嘴里既有童年时期的小齿列（乳牙），也有隐藏在下颌里不断生长的成年时期的尖牙。对世界各地活生生的儿童进行的研究表明，牙齿从口腔中萌出、脱落，然后被成年牙齿替代的模式是极其标准化的——尤其是与骨骼的生长相比，因为正如我们之前了解到的那样，骨骼生长受营养和其他因素的影响。虽然牙齿出现的时间存在差异，但我们通常可以自信地察看正在生长的人类（或黑猩猩，或狐猴）的口腔内部并确定其年龄，误差在几个月至一年左右。

这是因为牙齿是在我们需要它们的时候出现在嘴里的。我在课堂上被问过的最有洞察力的问题之一——也是最让我困惑的问题之一，因为它是一件如此简单的事情——也许就是我们为什么有两副牙齿。当时我做了充分的准备，要讲授如何分辨右上第二臼齿和左上第二臼齿的话题，但在这个问题面前，我

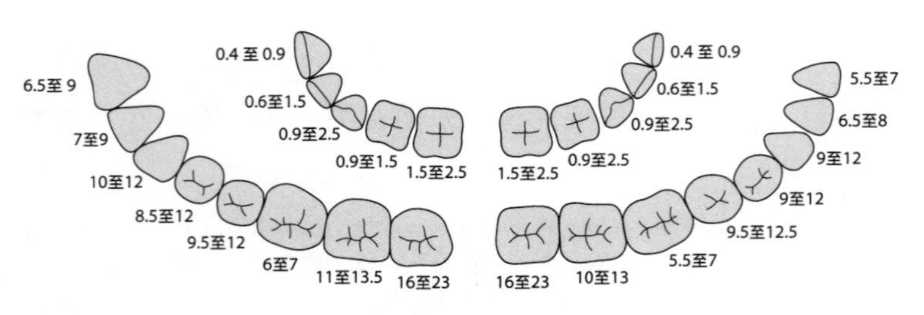

图 16.1. 牙齿在人类口腔中萌出的年龄（以年为单位）。数字来自 Liversidge (2003) 和 AlQahtani (2010) 等

却无言以对，因为一方面，答案很简单——但我们很小的时候，我们的嘴也很小，我们需要能够安放其中的小牙齿。当我们的嘴变大时，小牙齿太小了，所以我们要用更大的牙齿将它们替换掉。这是一个非常引人注目的现象，就连亚里士多德也曾涉猎其中，尽管他以奇特的方式把它搞错了。[1] 另一方面，我们本可以沿着很多进化途径走下去，但却并没有这样做：从海中独角兽独角鲸（narwhal）奇异的牙角，到鲟鱼（sturgeon）并非牙齿的磨盘状结构 [2]；因此，自从牙齿被发明出来，大约 5 亿年来发生的所有事情使问题变得极其复杂。

然而，我们的牙齿为什么在它们既定的时间、以它们既定的样子出现在我们的嘴里，与我们需要牙齿做的事情有着错综复杂的关系。牙齿不可避免地参与生活中最重要的事情之一：进食。就像达尔文雀的喙一样，它们会针对我们的食物进行特异适应。鱼用大块的骨板来压碎螃蟹，而牛则拥有一排负责将草剪断的牙齿和许多非常适合磨碎纤维状食物的长脊状牙齿。另一方面，灵长类动物的齿列就像一把瑞士军刀。不同牙齿形状的混合让我们能够利用多种食物——或者至少在我们祖先的各种迭代中利用多种食物。

门牙（切牙）是嘴前部的牙齿，常被唱歌的学童哀叹，它

[1] 骆驼确实有上牙，女人不会在 80 岁时长出智齿，而且亚里士多德似乎对獠牙感到困惑［见《动物志》（*Historia Animalium*）第二册］。

[2] 独角鲸有一颗长得特别长的牙齿，形成了极具收藏价值的独角鲸矛（这对它们而言很不幸）。从技术上讲，鲟鱼没有牙齿，但它们的卵味道鲜美而且售价不菲，这对它们而言也很不幸。

们是用来咬住切开食物的。犬齿（虎牙，或吸血鬼尖牙）用于刺穿和撕扯，如果你是狒狒的话，还可以用犬齿给女士们留下深刻的印象。前臼齿位于咬合犬齿和后面的磨脊齿（真正的臼齿）之间，是两者的中间类型。大多数成年灵长类动物拥有数量相同的各类型牙齿——每个象限（上下左右）都有两颗门牙、一颗犬齿、两颗前臼齿[1]和三颗臼齿[2]。年幼灵长类动物的牙齿数量略有减少，门牙数量没有变化，但没有前臼齿，而且只有两颗用于咀嚼的臼齿。虽然有些物种改变了牙齿结构以满足特定的需要——例如狐猴将所有门牙都变成了梳子，用于打造它们华丽蓬松的皮毛——但大多数灵长类动物都有同样的牙齿。当我们思考我们如何生长时，非常有趣的一点是，这些牙齿在灵长类动物个体的生命中大致出现在同一时刻。牙齿长到下颌是发育时钟的起点，无须借助 X 射线和 CT 扫描即可看到，这使它成为推算动物年龄——及发育——的最重要的起点之一。当我们将其与儿童的发育状态结合起来，看看哪些牙齿已经萌出，哪些骨头已经长了多长以及哪些骨头已经融合或仍有生长空间，我们就可以重建我们自己独有的童年模式的进化历程。

---

[1] 我们是从过去拥有四颗前臼齿的动物进化而来的。这本来无关紧要，只是我们保留的前臼齿原本是序列中的第三颗和第四颗，这意味着人类学家——而且只有人类学家——继续将你的两颗前臼齿称为第三颗和第四颗，以纪念他们离世已久的同行。这对考试时的本科生造成了严重影响。

[2] 最后一颗是你的智齿，实际上，如果你很年轻（或者幸运）的话，你可能根本没有它。

牙齿显然是进食的必然条件[1]，但我们不是一下子得到所有牙齿的。而且取决于你试图长成的狐猴、猴子或猿类的体形大小，你还倾向于在出生时拥有较多或较少的牙齿。像狐猴和懒猴这样位于家族树底部的体形较小的动物，在出生时就已经长出了一些牙齿，为快速过渡到成年进食做好了准备——咀嚼蜥蜴的眼镜猴比它们还要领先，出生时就已经长出了大约20颗牙齿。一些较小的猴子在出生时也已经长出了牙齿，但对于像大猿这样体形较大的动物，你会看到一连几个月都没有牙齿的婴儿。当这些缺失的牙齿真正出现时，它们实际上并不是我们"真正的"牙齿；所有哺乳动物都是从适合我们婴儿下颌的较小且数量减少的牙齿开始的，然后逐渐用成年牙齿替换和补充这些更细弱的乳牙。[2]

一般来说，牙齿生长是分阶段部署的，以充分利用可用的下颌空间并满足动物的直接需求。例如，我们不像小马驹那样是专性食草动物，因此我们不会立即需要大且凹凸不平的颊齿来将草磨碎以提供营养。我们一开始的牙齿只不过是用来轻咬的，只有当乳汁开始耗尽或者被抑制时，我们才需要大臼齿将食物磨碎提供热量。当我们终于告别母乳时，成年

[1] 对于大多数脊椎动物来说没错，在搅拌机发明之前对我们来说也没错。

[2] 极少数哺乳动物从后向前轮流逐个替换牙齿，而不是只替换一套乳牙，但从来没有人认为海牛、袋鼠或大象是正常的。

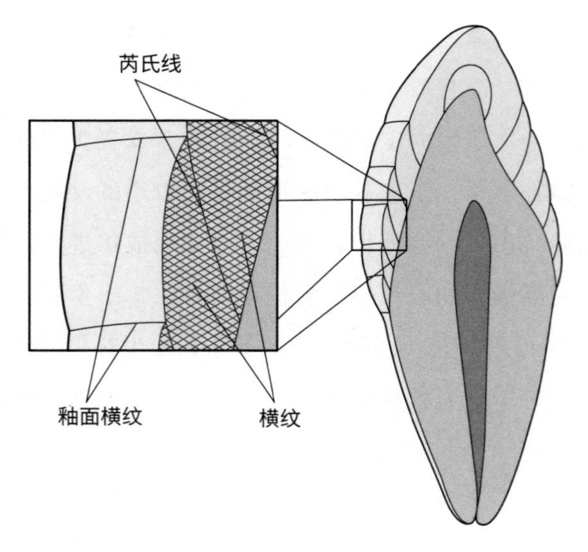

图 16.2. 显示出规则生长结构的牙齿剖面：芮氏线和釉面横纹每 6 至 12 天形成一次，横纹每天形成一次。引自 Moggi-Cecchi (2001)

尺寸的第一颗臼齿[1]的萌出常常标志着这一重要时刻。这第一颗长大的牙齿的萌出是整个物种通过进化（至少在很大程度上通过进化）设定的节奏，而不是由个体母亲或婴儿的需求或行为决定的。而母乳喂养的结束与我们第一颗成年臼齿的出现之间的联系让我们对过去的生长和发育有了至关重要的洞察。在很多灵长类动物中，第一颗恒牙的出现与母乳喂养结束之间存在非常密切的关系。这种关系存在于几种现存的

[1] 在家里这样做：当你用舌头从口腔的前部扫向后部并掠过牙齿时，它是你经过更薄、更尖的牙齿后碰到的第一颗宽且凹凸不平的牙齿。你应该有连续三颗这样的牙齿，除非你还没有长出智齿（应该是位于最后面的一颗）。

灵长类动物，这让我们有充分的理由相信第一臼齿-母乳喂养规则也适用于化石祖先和我们家族树中的其他衰落分支。

但是，在大猿中，似乎只有大猩猩遵循针对我们分支其他成员的预测模式。它们像黑猩猩和红毛猩猩一样在大约三到四岁时长出专业的咀嚼牙齿，并且大致在同一时间停止母乳喂养。黑猩猩和红毛猩猩还会继续母乳喂养几年，而我们的情况则完全相反。当我们在五至七岁之间长出第一颗成年臼齿时，我们已经停止了母乳喂养，很可能已经停止了几年。这也不是某种奇怪的现代事物——正如我们在前文中看到的那样，很少有人类社会的母乳喂养时间超过两三年。

伦敦自然历史博物馆的路易丝·汉弗莱（Louise Humphrey）对我职业生涯中的许多美好时光负有直接责任，而不那么美好的时光完全赖不到她身上，她在研究这些问题[1]方面有着杰出的记录，而且她指出理解人类向更短母乳喂养时间转变的一个关键因素是我们需要生长那些硕大的婴儿大脑。对于绝大多数灵长类动物来说，几乎所有最终的大脑尺寸都是在第一颗成年臼齿开始工作的同时实现的——两者在发育序列上紧密相连。然而在人类中，当我们长出第一颗臼齿时，我们的大脑还远远没有完成。但当我们在原始人类的大脑更大和大脑更小的迭代中艰难跋涉时，我们应该能够追踪我们何时

[1] 她的另一项荣誉是，通过聘用我担任我的首个博士后研究职位，向我灌输了对这些问题不可动摇的兴趣；在经受我带来的折磨后，预计她将完全恢复。

实现了童年独立这一重要的里程碑。

汤恩幼儿长出了第一颗成年臼齿，相当于六岁人类儿童的程度。快速X光检查让我们能够看到汤恩幼儿下颌内正在发育的其他牙齿。我们可以看到哪些牙齿已经长到根部，哪些牙齿还在生长。通过对比现代人类牙齿在口腔中萌出的时间表与汤恩幼儿小小下颌中的牙齿序列，达特得出的结论是，如果汤恩幼儿是人类，年龄应该有六岁。但是如果汤恩幼儿的牙齿发育模式更像猿类，臼齿出现得更早呢？这正是需要回答的问题，人们在20世纪80年代末针对这个问题进行了一系列研究。牙齿的发育阶段是更匹配类似猿的模式还是更匹配类似人的模式，此类争论总是反复进行，人类学家在《自然》杂志上针对彼此的理论写下古怪难懂的评价。如果汤恩幼儿拥有人类的模式，这将意味着在我们尚未达到增加大脑尺寸的阶段之前，我们的祖先就已经踏上了通往漫长而缓慢的人类童年的道路。

然而，还有另一个证据来源可以告诉我们，汤恩幼儿是否在走向类似人的童年，或者类似猿的童年。它就是锁定在其牙齿微小的微观结构中的内部时钟——对每日生长的化石记录。如果汤恩幼儿每天的牙齿生长进程和现代人一样，那么很明显，汤恩幼儿达到其发育阶段——臼齿萌出——的时间与人类儿童花的时间相同。然而，如果同一颗牙齿所需的生长时间更短，那就意味着汤恩幼儿比人类儿童更快地达到该发育阶段。在我的职业生涯中，我非常荣幸能够与克里斯托弗·迪恩（Christopher Dean）共事，他一直密切参与并致力于解决关于我们祖先童年时间安排的激烈争论。他和同事一起仔细检查并不辞辛苦地计算了许多原始人类化石标本中牙齿内部和外部的生长线。

就汤恩幼儿所属的南方古猿而言，与更早的物种傍人相比，其牙齿上有更多生长线——意味着生长周数也更多。因此，汤恩幼儿及其同类的生长节奏比早期物种慢——但它们的生长方式和人类一样吗？答案是断然的“不”。从牙齿上每周一条的脊线数量来看，汤恩幼儿的生长速度几乎是现代人的两倍。这意味着汤恩幼儿去世时还不到 6 岁——大约 3 岁，正在走向速度加倍的类似猿的童年。

那么我们的另一个神秘的原始人类儿童纳利奥克托米男孩呢？他的牙齿几乎全部是成年牙——他已经失去了除尖牙外的所有乳牙，成年牙齿已经出现在它们最终使用的位置。实际上，我们知道它们处于有用的位置，是因为当牙齿被使用时，它们会被磨损；要么是因为撞到同样坚硬的东西，例如对面的牙齿，要么是因为食物中的纤维和砂砾，牙科人类学家将这种现象称为“磨损”。牙釉质的表面被擦伤，一开始用显微镜才能看到，然后你开始失去整片表面，而牙齿继续做它们应该做的事情。牙齿使用的时间越长，磨损掉的部分就越多——特别是在我们拥有果冻等食物之前的时代，直到负责咀嚼的部分消失，牙齿最终坍塌并脱落。[1] 纳利奥克托米男孩大概还没有将他的成年牙齿放在那里太长时间，因为它们只有少量的磨损。

透视一些的 X 光检查显示，那些成年牙齿实际上还没有完全完成生长。将牙齿固定在下颌中的长根还没有完全伸展，而且它们的末端仍然是张开的，这是它们仍在生长中的明确标志。纳利奥克托米男孩嘴里的发育模式（基本长成）与寻常 10 岁人类儿童的发育模式相同。这比他的骨龄预测结果小两岁多——远远超出了现代人类经验的统计范围。根据牙齿上生长线的精确记录，克里斯托弗·迪恩和同事 B. 霍利·史密斯估计，纳利奥克托米男孩去世时的年龄实际上是 8 岁左右，意味着他的生长速度比现代儿童快得多。这意味着当我们最早的人属祖先开始在全球扩散时，现代人类的生活史——迪恩和史密斯口中的“活得快，死得老”并且偶尔“活得快，死得早”——还不是我们进化策略的一部分。导致现代人类成年期推迟的旷日持久的青春期和青春期生长高峰的漫长而缓慢的过程在我们的进化史上是距今近得多的时候出现的。

那么直立人之后的所有原始人类呢？毕竟，纳利奥克托

[1] 这是设计好的——也是为什么你会在不同时间长出三颗臼齿，而不是一次长出一颗大臼齿。这也是“当作礼物送给你的马，千万不要看它的嘴”的建议的源头——马的牙齿被草磨损得很厉害，但是当它们用光了臼齿时，它们的日子也就到头了。因此，查看马的牙齿可以告诉你它的年龄，并间接地告诉你你应该礼貌地接受的礼物的价值。

米男孩只是这个谱系的开端，我们知道从那时起又出现了很多与我们现代人有各种相似之处的物种。有些物种，例如纳莱迪人和霍比特人，看起来似乎与我们这些身体大、头颅肥、脸庞扁的猿类关系并不很近。它们体形较小，身上的多种原始人类特征令古人类学家抓狂，但它们暗示了一种与我们所采取的进化路径截然不同的进化路径。然而，有大量令人信服的证据表明，存在一些更像我们大脑的硕大的野兽，其中第一个也是最重要的一个必须是我们“不只是接吻的表亲”尼安德特人。从大约35万年前的某个时候开始，尼安德特人从黎凡特地区一路扩散到北欧，并一直延续到40 000年前。他们比我们矮一点点，但身体很厚实，有桶状胸和巨大的头骨。从统计数据看，他们的大脑比我们的大脑大，而且尽管几个世纪以来对于他们一直存在“穴居人”的刻板印象，但他们也不至于那么令人方案——有明确的证据表明，尼安德特人的DNA潜伏在非洲以外大多数现代人的基因中。更好的是，有丰富的尼安德特人化石材料让我们能够像对汤恩幼儿和纳利奥克托米男孩一样提出关于生长的完全相同的问题。

传统上，尼安德特人被认为具有人类的发育模式，因为他们在体形上与我们相似，特别是他们拥有如此硕大的大脑，这个因素被认为对于我们自身发育模式的确定至关重要。但是就他们的牙齿而言，对将近每周一条的计时生长线的计数表明，尼安德特人牙齿的生长速度比现代人类牙齿的平均生长速度更快——这表明他们的童年时期加速得更快。尼安德特人的牙齿生长得比较快，但并不完全超出现代人类的潜力范围，因此很难知道我们发现的几颗牙齿是不是极端个案，或者它们是不是代表了尼安德特人的正常速度，也就是比我们的速度快一点。对年代早得多的胡瑟裂谷（Sima de los Huesos）材料中的牙齿进行的观察表明，早期人属物种的牙齿生长速度比我们快。

来自中国的令人着迷的新证据可以追溯到 20 万至 10 万年前，与半个地球之外的杰贝尔依罗遗址（Jebel Irhoud）的年代大致相同，它甚至可能让我们首次看到了我们的传奇故事中一位新竞争者的牙齿：可能是丹尼索瓦人。丹尼索瓦人是我最近最喜欢的非人类原始人，因为他们是如此出人意料；从一根小小的指骨中偶然发现了他们完全不同的 DNA，其效果就像著名的蒙提·派森[1]幽默短剧中的西班牙宗教裁判所一样——没有人预料到。这些神秘的原始人类与尼安德特人以及我们的一些古老版本杂交，使人类进化的清晰树状图更加复杂化。令局面更混乱的是，周围没有足够的丹尼索瓦人骨骼让我们绝对确定它们的形状，这意味着我们可能已经发现了他们的头骨或其他骨头，只是不知道他们属于丹尼索瓦人。

来自许家窑遗址的这几颗儿童牙齿确实是一个令人兴奋的发现，因为这意味着我们可能最终会得到这些最抽象的半祖先的更确凿的证据。但因为我们也不太清楚来自先驱人或直立人等较古老物种的 DNA 是什么样子，所以很难就这些牙齿到底属于谁的问题得出可靠的结论。它们可能属于人属的早期类型之一，或者被我们称为尼安德特人的物种，而且由于我们如今知道我们这个物种至少可以追溯到30万年前，它们甚至可能属于解剖学意义上现代人类非常早的一支，但是当邢松采用牙科人类学家塔尼娅·史密斯（Tanya Smith）和粒子束科学家保罗·塔福罗（Paul Tafforeau）首创的方法将它们放入同步加速器时，结果显示它们的生长速度完全在现代人类的变异范围内。激光不会说谎：20万至10万年前在许家窑生长的东西，无论是什么，都像我们一样生长。

在这里，一个价值百万美元的问题是，我们如今在我们这个物种中看到的生长模式是否完全是我们自己的发明——看起来答案可能通常是肯定的。当我们回顾过去，看看那些看起来像我们——解剖学上的现代智人（*Homo sapiens*）——的骨骼时，我们会看到与我们现在完全相同的生长模式。对大约16万年前在摩洛哥的杰贝尔依罗遗址死去的一名儿童的牙齿外部生长线的计数表明，这名儿童死亡时牙齿已经生长了大约7年——而且关键的是，该儿童在这7年里长出的牙齿数量完全在现代人的变异范围内。牙齿发育的速度告诉我们，原始人类谱系的其他成员在童年时期度过的时间似乎稍少一点，但很多事情还有待观察；也许只是我们发现的尼安德特人生长得特别快。毕竟，我们只用了几十年的时间，就从将人类视为远离喧嚣的演化进步弧线上的箭头，转变为意识到我们在一个复杂的世界中经历了一段曲折得多的旅程，这个世界充满了与我们如此相似以至于我们曾与它们杂交繁衍的物种。

然而，这些物种已经消失了。原始人类家族其他成员的痕迹仍然存在于我们的部分基因中，但和这些物种不一样，我们仍然在这里。我们不得不好奇为什么会这样。在过去的100万年里，我们可以看到出现了一种全新的生活方式，它被锁在闪亮的化石牙齿坚硬的白色牙釉质中：这种生活方式在童年时期缓慢前进，在繁殖过程中迅速进行，并在生育活动结束后的很久一段时间内继续存在。虽然有很多值得小心谨慎的争论，尤其是我们现在才开始了解我们自己这个物种内的变异，却在尝试对比几百万年进化史中的少数发育时钟，但是存在一条相当明确的道路通向漫长而缓慢的童年，这条道路在数百万年的时间里一直向我们延伸。这是我们独特的智人模式，是我们从我们的灵长类亲戚提供的所有可能性中衍生出来，然后被迫进入最适合我们的新方向的模式。我们可以自信地说，我们进化得在更长的时间里作为儿童，这引出了我们将在本书转而探讨的下一个问题：我们这样做到底是为了什么？

译注

1. 蒙提·派森（Monty Python），英国六人喜剧团体，也称巨蟒组。

我们相聚在一起：社会学习的重要性

17

我们相聚在一起，
在一起，在一起，
我们相聚在一起，
越聚越快乐。

在我们的谱系中，我们生长缓慢。其他动物生长缓慢，是因为它们可以花时间慢慢来进行投资，养出成本高昂的婴儿。我们也生长缓慢，是因为我们打造了我们所能打造的最昂贵的婴儿，而在将所有能量投入到婴儿成长中时，一种缓冲风险的一种方法就是稍微拉长一下时间。我们拥有这样漫长的童年，于是我们可以对后代进行越来越多的投资，将他们打造成最优秀、大脑最大的婴儿。但我们不只是打造我们在第一章中看到的具身资本并投资于婴儿的身体生长。有我们在童年时期训练我们的婴儿长成人类，我们生长缓慢，是因为我们需要时间，用这些时间来学习道路使用规则，学习如何成为更好的猴子。

在我们的谱系中，那些花时间慢慢来的动物比那些不慢慢来的动物做得更好——而且这种策略令我们成为今日的我们。在本书的第一部分中，我们看到人类生长最初阶段——从受孕到婴儿期——的重点实际上是对物质资本的投资。父母在具体化资本——调取自己的资源，并在字面意义上将本可以自己使用的营养现金喂给自己的孩子，无论这些营养现金是通过胎盘过滤给婴儿的，还是表现为随身携带小婴儿四处走动而燃烧的热量。由婴儿阶段进入童年并不意味着你会停止为自己的孩子投资物质资本——相反，你现在必须给他们提供更多食物。但是，婴儿迈出通往独立的第一步，它也在迈向一种全新的“钱窟窿”。[1] 童年是你可以开始投资社会资本的时候。社会资本是你拥有朋友和支持网络时所拥有的东西。而你可以利用社会资本确保自己的孩子拥有他们需要的朋友和支持者，因为——至少对灵长类动物来说是这样——必须有人教你如何成为那只更好的猴子。

所有灵长类动物——以及许多其他动物——都会向照料者和/或群体内的其他成员学习。社会学习是通过与他人的互动而出现的，是一种巩固技能和行为的工具，这些技能和行为无法固定为本能，而且太重要（或者太复杂），不能靠随机经

[1] 字面意思上也是如此。显然，花 50 英镑买一双婴儿鞋是完全正常的。那是 50 英镑。鞋子。婴儿的鞋子。

历来传授。例如，避免溺水的冲动并不是一种习得行为，因为猴子掉进一次水池的经历就足以“教会”那只猴子在进入水中时应当小心谨慎。相比之下，社会学习是指猴子从照料者和其他群体成员那里了解到，你必须得小心一点，但是在水池里嬉戏可能是一件相当不错的事情。

这正是在日本北部温泉遍地的北海道地区的著名雪猴——日本猕猴——身上发生的情况。几乎每个人都熟悉这些黄褐色毛发的灵长类动物在热气腾腾的温泉中放松的标志性形象，有时它们放松的时间足够久，头上会积攒起一顶很上镜的“雪帽”。[1] 然而，这很难说是一种长期的进化行为。20 世纪 50 年代，滑雪度假村的开发让一群猕猴流离失所，它们被一位热爱动物的铁路雇员和一位富有进取心的酒店经营者诱骗到建在当地温泉周边的酒店附近游荡。这些富有进取心的人开始鼓励这群猴子——苹果似乎是关键——在周围闲逛，到了 1962 年，人们开始观察到第一只勇敢的幼年猴子进入后乐馆温泉酒店（在那之前完全是为人类服务）的热水浴池中。在接下来的几年里，这只猴子的朋友和雌性亲戚全都加入了进来。这项活动之所以被认为是社会学习的一个片段——而不是所有当地猴子在某个时刻掉进热水浴池并喜欢上这种感觉，是因为随着时间的推移，当新的雄性猴子加入这个群

[1] 还有，在一张本应获得自然历史博物馆野生动物摄影奖但不知为何竟然并未获奖的照片中，它们一脸无聊地玩着从某个游客手里偷来的苹果手机。

体（在这个特定物种中，雌性聚集在一起，而雄性是流浪者）时，它们不一定“知道”这个热水浴池的存在，也从没有人看到它们进去泡澡。

社会学习在传递灵长类动物世代生存所需的信息方面发挥着至关重要的作用。虽然学会享受泡热水澡似乎并不是至关重要的行为，但这是一种通过观察和模仿而采取的行为，就像那些对生存有重大影响的习得行为一样，例如吃什么食物或者在什么时候逃跑。而且繁荣发展或者仅仅是维持生存所需的行为越复杂，我们就越迫切需要信息的这种社会传播，因为你不可能通过掉进水池里来学习如何成为一只成功的猕猴。你需要知道吃什么食物、在哪里可以找到它、该给谁梳理毛发、该避开谁，以及如何融入群体。你需要学习猕猴文化，是的，这可能意味着学习如何泡热水澡。

社会学习是灵长类动物成功的绝对关键，而且没有灵长类动物比我们人类更适用于这个判断。我们拥有如此丰富的文化，而我们将其用于几乎任何明智的动物都会诉诸本能的事情：寻找食物，寻找配偶，生存。本书的整个后半部分着眼于我们如何努力将文化灌输给我们的后代，以便为他们提供最好的人生机会，因为这就是我们在漫长的童年时期所做的事情。但在我们说到那里之前，我们应该理解这种灌输是如何发生的，即社会学习的过程。我们需要审视社会学习占据我们生长各阶段的方式，因为这些是我们一直在将所有文化传播维系在上面的进化拉杆，而且我们肯定一直在操纵它们。

灵长类动物婴儿期的特征是依赖母乳来满足动物的大部分或全部饮食需求，而在灵长类动物中，这一点的突出表现是婴儿与主要照料者的密切接触。所有的生命都经过这个存在的过滤——通常是母亲，但是正如我们在第12章中看到的，偶尔是父亲或其他异亲。婴儿期会被视为灵长类动物幼崽依附于一位主要老师，进行观察和学习的时期。实际上，幼年灵长类动物会花费大量时间进行所谓的“凝视”（peering），任何人类父母都可能很清楚这一点，即婴儿将脸抬起来专注于地观看父母的活动。人们观察到，黑猩猩婴儿会更多地“凝视”吃新食物或者吃更复杂食物的母亲，并且通常会在亲自尝试曾经见到母亲做过的更复杂的事情之前进行更多的“凝视”。灵长类动物在幼年时期传承的大部分社会学习似乎都与“吃什么”和“如何吃”有关，实际上，这当然是生存的一个关键方面，也是动物在较少被直接提供食物时将会需要的一项技能。母亲和婴儿（或者对于我们自豪地“穿戴”婴儿的狨猴而言，父亲和婴儿）这一对紧密的二分体为集中学习这些技能提供了理想的环境，一旦停止哺乳，这些技能将继续维持婴儿的生命。

很多物种都在人类的观察中展示了这种同样的饮食训练，从绿猴（vervet monkey）的母亲被训练吃特定颜色的玉米并将这些信息一股脑传递给它们的后代，到更复杂的过程，例如如何砸开坚果。一个极端的例子来自坦桑尼亚贡贝国家森林公园的雌性黑猩猩和它们聪明的女儿。贡贝国家森林公园的黑猩猩热衷于“钓鱼”，它们用草叶制作工具，从白蚁丘的洞中“钓”出富含蛋白质的美味白蚁。母亲们要么自己，要么与关系密切的雌性小群体一起在白蚁丘上钓白蚁，而幼年黑猩猩就是从这些群体中学习这项技能的。尽管雌雄两性在白蚁丘周围闲逛的时间相同，但女儿学会这项任务的速度比儿子快得多，这让人们不禁好奇这种技能获取差异是如何发生的。没有任何迹象表明黑猩猩的学习在雄性和雌性之间存在任何基础性硬件差异[1]，但观察者指出，女儿们花更多时间积极观察和模仿母亲，而儿子们则花更多时间嬉闹。当它们长大后，我们发现和儿子们相比，女儿们钓白蚁的技术和她们的母亲相似得多。

因此，社会学习并不是一个模子套所有人的经历，即使在我们的灵长类动物亲戚身上也是如此。工具的使用似乎是雌性充当主要技能教师和管理者的情况。狩猎这种行为曾被人类学家视为我们这个物种“猎人”获取蛋白质的早期行动，并且通常被认为绝对且不可避免地属于雄性动物的领域。然而，对塞内加尔稀树草原上的黑猩猩的观察表明，雌性（和幼年）黑猩猩使用棍棒工具捕猎，而成年雄性则依靠速度和力量来捕杀猎物。黑猩猩似乎和人类一样，在成长过程中确实有一些性别化的行为——但是，就像在人类中一样，这些

[1] 20世纪中叶神经科学发现的“性别化大脑”脑回结构差异在黑猩猩中不如在人类中体现得明显。

行为只会在特定的群体文化中被性别化；并不是每只雌性黑猩猩都会教自己的女儿如何将丛猴婴儿穿在棍子上。

这种观察和模仿的循环被认为是灵长类动物社会学习的标志，而且它不只局限于婴儿期——这种行为伴随着灵长类动物的一生。发生变化的是当事动物断奶后潜在教师的数量。在一个充满不可食用的东西的世界里，作为可以利用牙齿吃下任何东西的灵长类动物，与其说我们学会了为自己寻找食物，倒不如说我们通过观察和模仿来了解我们的母亲、朋友和其他成年人吃什么。最著名的例子来自对生活在日本小岛幸岛海边的一群猕猴的一次相当惊人的偶然观察。20 世纪 50 年代，研究人员开始喂养这些猴子，扔各种零碎东西给它们吃，观察它们的行为。一天，当地一位小学教师碰巧看到了一件完全出乎意料的事：一只名叫伊莫的猴子拿着一个红薯走到一条小溪边上，然后把它放进水里洗。几年之内，伊莫的兄弟姐妹和母亲都在河边洗起了红薯，不久之后，洗红薯的行为就演化成了一整群猴子将自己的红薯零食浸入海中，这基本上算是发明了红薯薯条（尽管无可否认，没有油炸的步骤）。[1] 伊莫的红薯课程在她的同龄人群体中传播开来，这是社会学习的一个明显例子，只是这种社会学习是侧向开展的，而不是从上面的父母那里传下来的。

---

[1] 这甚至不是红薯清洗唯一一次在灵长类动物中甚至在日本猕猴中被发明出来。还有另一群猴子经常从人类那里获得熟的热红薯，它们学会了将滚烫的红薯放进水里降温。

在大多数灵长类物种中，幼儿期都标志着它们首次涉足更广泛的社交世界。由于可以自由地与其主要照料者保持身体联系，年幼的孩子开始扩大自己的社交圈。在有成群的亲戚或盟友可以见面并向其学习的群居灵长类动物中，此时孩子们开始花大量时间和其他动物交往、观察和学习。模仿仍然在这种学习中发挥着重要作用，但此时灵长类动物的孩子可以自由选择供模仿的新模型。有一些证据表明，在非人类灵长类动物中，特别熟练的范例会被积极寻找——卷尾猴的孩子似乎会花更多时间专注地盯着自己群体中最擅长砸开坚果的个体，而不是那些能力平庸者。灵长类动物通过这种方式选择自己想要向谁学习，挑选年长个体而非年幼个体，而且在涉及主要由雄性或雌性做出的行为时，它们还会选择特定的性别来观察和模仿，就像往洞里戳草叶的黑猩猩一样。重要的是，潜在教师——以及潜在技能——的资源库得到了扩大。如果你最好的朋友知道如何给她的红薯加盐调味，即使你妈妈不知道也没关系。

这个关键的成长阶段需要如此多的时间，以至于我们不得不延长我们的童年才能领会这一切。和其他灵长类动物一样，当我们在婴儿期的最后阶段脱离母亲时，我们就开始学习和其他人交朋友所需要的技能。在我们的青少年时期，我们利用这些友好面孔组成的网络来获取技能和信息，但我们所做的很多社会学习与我们的灵长类亲戚没有什么不同：我们坐着凝视。或者我们站着凝视。对生活在小群体中、必须学习狩猎和采集等技能的人们开展的人种学研究表明，关于如何制作石器或者如何编织篮子，我们这些正规教育的受害者可能会惊讶地觉得“教授”行为是缺失的。即使是制造复杂石器这种需要多个步骤才能完成的过程，理论上也完全可以通过被动观察来学习。要打磨出一块连接在棍子末端的尖锐岩石以便用它击中移动目标——更重要的是通过这样做，你不仅可以在遭遇野兽时幸存下来，还可以获得一餐食物——是非常困难的，但你可以通过观看来学习如何做到这件事。[1]

然而，有些事情是我们的孩子需要学习，但无法只通过观看学会的。灵长类动物需要额外的东西才能生存：社会。这意味着我们需要学习在我们所处的任何社会中与其他成员相处。在很多灵长类社会中，青春期，也就是童年的尾声——我们不应该真正拥有的尾声，我们在技术上可以进行繁殖但仍然坚持玩耍的时期——引发了社交状况的迅速变化，并见证年轻的灵长类动物分散到其出生群体之外的世界。对于像生活在东南亚的胡子奇宽的叶猴这样的灵长类动物而言，新的雄性进入它们的出生群体会带来严重的后果——年纪较大的雄性幼崽和年轻的青少年将不得不离开，否则将有受伤或死亡的风险。对于那些期望雄性或雌性另寻他处的群体来说——无论是独自流浪还是与一小群雄性一起流浪，这意味

[1] 很多考古学家有相当有趣的副业，例如重新创造石器来了解它们的制造技术，值得注意的是，他们当中的绝大多数人专门研究大型简易手斧。

着仅仅在童年生存下来就需要适应新的社会环境。

离开群体可能意味着地位的丧失，并预示着需要相应地重新调整社会行为；这当然意味着灵长类动物从其出生群体中获得的当地知识需要适应一系列崭新的用来睡觉的树木、饮水的河流以及获取食物的地方。对于许多灵长类动物而言，转移到一个新的群体意味着学习当地的习惯：例如，雌性黑猩猩有不同的毛发梳理传统，你可以想象，新来者可能因为过时的梳理习惯永远无法茁壮成长。然而，这种青少年的分散——以及在成年期较少发生的个体移动——标志着灵长类动物的知识跨越单一居住群体边界传播的独特机会。学会了钓白蚁、玩石头或泡热水澡的年轻灵长类动物现在可以将这些创新带到新的群体中。青春期是我们将社会资本整合到我们生存所需的人际关系中的时期。

雄性黑猩猩在进行交配、支持其他雄性和狩猎等各种活动时需要依赖彼此，他们在幼年时期一直与年长雄性黑猩猩群体混在一起，后来突然之间就可以自由地放纵自己了。同样，大多数雌性大猿在开始交配之前都选择雌性社交关系，而且如果她们要继续生活在附近，她们就可以开始形成提供支持和保护的联盟。即使对于那些将留在自己出生群体中的动物，从幼年到青春期的过渡也是在最终的社会地位得到解决的时候。例如，雌性狒狒很可能会在她们出生的群体中度过一生，而且通常会受到与其母亲同样的尊重。然而，甚至在性成熟的过程开始之前，她们就会开始挑战被分配的等级，尽最大努力威胁其他等级较低的雌性，从而提升自己的地位。我们所有的灵长类动物对自己孩子进行投资的方式是让他们准备好生活在社会中，在这一点上，人类和狒狒没有什么不同。如果你想为你的孩子——以及他们的孩子——提供社会资本，你就必须做好学习和维护社会关系的工作。当然，我们并不是唯一知道谁是朋友的物种。但我们也许是唯一教自己的孩子谁是朋友的物种。

例如，20 世纪 60 年代哈德孙湾东部地区奇奇塔米亚特人（Qiqiqtamiut）的孩子们从很小的时候就被"教授"通过一种类似躲猫猫的游戏来识别亲属关系，只要孩子身边有愿意配合的人，就会玩这种游戏。有人会说出一种亲属关系比如说阿姨或叔叔，然后如果孩子与正确的人进行了眼神接触，将会有一轮祝贺和正面强化。在观察到这一现象的拥有大约 35 人的小型定居点中，孩子们在大约 1 岁半的时候可以分辨出群体中的每个成员以及他们和自己的关系。这是人类愿意为之浪费口舌的技能。虽然观察对某些课程而言可能是有用的老师[1]，但人种学证据指出了其他社会学习模式的重要性，例如讲故事、谚语和神话，这些模式让孩子们得以洞察他们将与

[1] 最后的阿伊努族（Ainu）猎熊人之一姉崎仁（Hitoshi Anezaki）回忆起这样的经历："我真的认为熊是我的老师。在我年轻的时候，我对狩猎一无所知。然后我决定跟在山上的熊后面，像熊一样穿过大山，像熊一样休息，试着像熊一样感受和思考。我模仿熊做的每一件事情。通过这些经历，我获得了所有关于自然和狩猎的知识。"摘自《姉崎和片山》（*Anezaki and Katayama*, 2002），英文版由寺岛（Terashima）等翻译 (2013)。

之互动的社交世界。语言看起来是我们向孩子们传授他们需要了解的大量知识的方式——对于我们这个物种来说，10 万年前的情况很可能和现在是一样的。自然界的知识有着无限的复杂性，涉及动物运动、季节和景观等，而语言是这些知识代代相传的方式。它是我们用来利用社会资本的工具。

孩子需要知道什么才能作为人类？一直存在这样一种危险，即试图定义“童年”，结果最终却落入“古”地；试图挖掘我们在童年需要学习的东西，却有可能创造出会让荣格引以为傲的单一且不变的神话理想。但我们究竟会将什么归因于这种荣格原型的原始童年呢？关于童年，人们说了很多，我们怎么知道什么是一派胡言，而又有哪些话是有理有据的？[1] 好吧，在考古记录的废弃物和碎片中，我们终于可以了解成千上万年前我们祖先真正的古童年。而且童年显然不仅仅只有一个，而是有数十万个：自我们成为我们以来的几十万年里，出现了很多种谋生方式。童年并不都是在洞穴里，也不都是在非洲游猎手册的背景下度过的。在我们 30 万年历史的至少前半段里，我们所有的孩子很可能都生活在非洲，度过了伴随着冰川和气候波动并且日益寒冷的第四纪时期。有些地方大概比其他地方更友好宜居，导致人们以前所未有的方式聚集在一起。如此多的人类聚集在这些特别不那么糟糕的地区——从技术上讲，这些地区被称为残遗种保护

[1] 第一步，购买本书。

区（refugia）。就像将太多灵长类动物塞进一个地方总是会造成的结果那样，这种聚集会迫使他们适应环境。

当撒哈拉沙漠以北的气候逐渐变冷时，我们故乡大陆的生活变得湿润起来……并富有创造力。大约 28 万年前，所谓的中石器时代出现了一系列全新的为了维持生存的活动，发生在灵长类红薯和热水浴池爱好者身上的事情也发生在了我们身上——只是规模更为庞大。我们制造锋利岩石的全套技能开始包括将石头矛尖绑在柄上并投向更难捕捉的猎物；我们首次学会使用鱼叉捕鱼。考古记录中出现了针和锥子，它们被用来缝补应对恶劣时期所需的衣服。在南非海岸等环境宜人的地方，大约 8 万年前出现了全新的装饰传统，使用了珠子、雕刻和赭石颜料业。我们做出了所有这些聪明的发现，与我们的朋友和家人分享了它们，并且因为我们的流动，我们的这些聪明的想法也传播开来。

这些新的生活技能构成了人类创新和扩张所依赖的基石，但它们真的与红薯乃至所有东西可以（而且或许应该）加盐调味的“发现”有很大不同吗？嗯，是的。没有人某天一觉醒来，就决定要在整座大陆掀起一股将特定的岩石捣成粉末的浪潮，而这就是过去几十万年第一大颜料赭石的制作方法。一方面，这真的需要付出很大的努力——首先你必须了解哪些岩石适合研磨，如何研磨它们；而且更重要的是，你首先需要一个这样做的理由。[1] 如果颜料成为你社交生活的重要组成部分，你真的必须要问为什么。

从这里我们开始看到人类的沟通能力在我们孩子的学习方式中发挥着极其重要的作用。颜料、装饰——这些是传达重要意义的象征性交流形式，但这些意义是社会教给你的东西。就像奇奇塔米亚特人的亲戚称呼游戏一样，必须有人解释我们所用的符号、它们的含义以及它们将我们标记为什么人。对于珠子来说也是如此，很可能还有许多其他无法保存成千上万年的东西也是如此，比如发型和衣服。我们装饰自己的方式可以是重要的标志，标记我们的身份，我们从哪里来，以及我们是做什么的；无论是来自 8 万年前布隆伯斯洞穴（Blombos Cave）的赭石染色贝壳珠，还是 20 世纪 80 年代脸上涂着颜料的足球迷。因此，在人类的童年时期，如果儿童想要在以后的生活里和其他人和谐相处，他们不仅有大量的实用技能需要学习，还必须解析一系列新的社会意义。

儿童是令早期人类能够做出许多奇妙之事的技术和技能的储藏库。虽然在对身体进行投资作为硬物质资本这方面与我们灵长类动物的过去没有什么不同——直立人父母也喂养他们的孩子并教授它们打磨石头的技能，但我们可以怀疑，对社会资本的投资数量让我们的物种脱颖而出。其中一个理由

[1] 然而，你实际上不必是解剖学上的现代人。尼安德特人似乎从大约 25 万年前就开始利用红赭石。对于那些考虑攻读视觉艺术学位的人来说，请注意这并不足以拯救他们。

是，我们的数量是如此之多，而且我们长途跋涉了很久很久。想一想亲属称呼游戏，你可以想象到的是，一个孩子学会300个人的名字和血缘关系要比学会30个人的花长得多的时间。如果你看到人类四处漫游、不断攀升的人口，那么你也会看到这些人类相互联系的复杂方式的数量也在不断增加。很多研究人员认为，这么多人的存在需要便利的速记法来关联人们：这是一种对亲近关系的神奇的再想象，它允许拥有共同血统的人群分成不同的群体或谱系，这样他们仍然可以在你所在的社会里与亲戚称呼游戏相当的名称系统中被合适地称呼。当你不能清楚地表达那些必须生活在彼此附近的人们之间的关系时，你将需要符号和叙事来为你做介绍。

成人用来教导孩子的故事和符号都是为了建立儿童的社会资本——他们的朋友和家族网络承认他们是亲近之人，并且愿意对他们进行投资，这远远超出了任何个体猴子的能力。故事和象征可能有很大差异，但关键点仍然是一样的：人类的孩子需要老师。他们需要父母的社交网络，而且如果父母希望孩子表现出色，父母就必须付出努力。但是，站在旁边盯着妈妈制作狩猎用的长矛或者学习如何回答“那是我叔叔吗？”之类的问题，当然并不是我们在童年唯一要做的事。我们需要填补婴儿期和繁殖之间的所有空间——还剩什么来填补它呢？嗯，答案当然是孩子的玩耍。

男孩女孩出来玩：以轻松的方式学习

18

男孩女孩出来玩，
月亮亮得像白天；
抛开晚餐和睡眠，
携朋带友游大街。

如果有人突然向你发问，孩子做什么事，你已经知道自己会怎么回答了。众所周知，孩子会玩耍。童年是一种全新的社会学习模式确立成形的时期，这种模式就是通过玩耍学习。从本质上讲，玩耍就是在为此后的生活练习。玩耍是指你在没有明确目标或目的的情况下四处瞎搞的任何事情，即使这会消耗宝贵的能量或者可能将你暴露在危险之中。而且，尽管有浪费时间、食物和运气等明显的缺点，但我们都会去玩耍。各种各样的动物都沉迷于嬉戏。我们实际上并不完全知道原因；在如此之多的物种中，玩耍的出现可能是为了促进运动技能的发展、与同伴建立联系，或者只是作为对存在的无聊的唯一可能的反应。或者它可能完全是为了更关键的功能：学习。

玩耍绝对可以作为一种学习方法。它具有适应性优势，因为它可以引入意料不到的场景（例如被嬉戏的小马驹撞倒），此类场景需要一定的心理或身体韧性来应对。人们经常观察到，从土拨鼠到马，玩耍得更多的动物更容易获得运动和社交技能，而那些玩耍得比较少（或者被行为科学家剥夺了玩耍机会）的动物最终需要更长时间才能获得身体能力，而且可能会变得完全没有社交能力。

我们没有什么不同。作为许多灵长类动物童年时期的特征，到处乱跑和嬉戏会提高运动技能；玩得更多的年幼黑猩猩会更快地掌握重要技能，例如像骑马一样骑在其照料者身上。这些技能可能是以牺牲整体生长为代价的，因为试图爬上母亲身体（并失败）的行为是一项耗费热量和母亲的活动。尽管如此，玩耍似乎仍然是一种适应性行为，几乎渗透到了我们所有近亲的童年时期。灵长类动物特别需要玩耍，因为它们不只是要学习如何侧坐在马鞍上骑马；灵长类动物的成长比学会四处走动要做的事情多得多。灵长类动物需要玩耍来建立自己的社会定位；弄清楚自己在群体中的位置，以及如何保持（或者提升）这种位置。我们需要玩耍，因为我们需要搞清楚如何像猴子一样行事：例如，研究表明，在年幼的猕猴中，孤立会使它们在成年后的社交中变得尴尬和具有过度攻击性。它们从未学会玩耍，所以它们也从未学会如何成年。

玩耍的本质还告诉我们一些关于我们正在努力让自己去适应的社会的信息。例如，非常重视社会关系的物种是社交玩耍的早期采用者和鼓励者，它们将婴儿送出去，与其他群体成员建立联系。黑猩猩通过派孩子去和其他群体成员一起玩游戏来完成这种微妙的外交；让婶姨、叔舅和朋友介绍诸如“飞机”之类的游戏——仰卧的成年黑猩猩用手脚支撑住一个张开手臂像鹰展翅飞翔的婴儿，这个游戏可能对人类读者来说非常熟悉。玩耍从婴儿的主要照料者开始，但是随着婴儿的生长，它会迅速扩展并将其他成年人包括在内，具体取决于灵长类社会的规则（以灵长类动物个体的容忍度）。爱嬉戏的猿类儿童长大后变成了爱嬉戏、宽容的成年猿类，这有助于它们建立成年社会纽带、化解社会紧张，甚至找到性伴侣。极其不严肃的倭黑猩猩就是一个极端的例子，它们极其依赖玩耍来管理它们的社会。

和其他年幼灵长类动物一起玩耍为社会学习提供了独特的横向途径。儿童为自己想出新奇娱乐方式的倾向似乎在灵长类动物中很普遍。正如我们在上一章中看到的，行为创新可以导致某种令人愉悦的新技能被发现，例如泡热水澡或洗红薯，这种技能最终被模仿并同时向上一代和下一代传播。但是作为数量最丰富的野生猴类物种之一，猕猴还被观察到有各种奇怪的只是为了好玩的新的发明行为。1979 年，一只年轻的雌性猕猴发现石头很好玩，这促使人们花了 30 年的时间研究这种行为到底是如何在猕猴的社交环境中传播的。答案是什么？朋友。就像了解到热水浴池的幼年猕猴一样，石头游戏最初是通过玩伴传播的，直到这些幼年猕猴长大并有了自己的孩子并教它们玩石头。

玩耍存在和年龄相关的变化，婴儿和非常小的幼年动物显然无法跟上更复杂的游戏。不出所料，在童年的漫长时期——婴儿期之后，繁殖事业开始之前——是动物最认真追求玩耍的时候，而且随着玩耍成为一项社会事业，它开始占据越来越多的时间。虽然母亲与婴儿玩耍，而且幼童自己玩各种游戏——从自娱自乐地玩耍，到捡起和放下有趣的石头，再到小心翼翼地与同龄人互动——如果他们被允许的话，但玩耍直到童年后期才真正成为一种社交工具。

那么，人类儿童如何玩耍？我们都知道，电子游戏和屏幕娱乐的幽灵，潜伏在蒂珀·戈尔和其他文化移民拒绝者的想象中，是毁灭整个人类社会的路径。[1] 事实上，我们可能已经注定要毁灭了，毕竟很多 20 世纪 80 年代和 90 年代的孩子因为接触了两个意大利水管工和一些可疑的蘑菇[1]，对人类生命失去了敏感度，这很危险。这样的话听起来很滑稽，但玩耍仍然是一个严峻的问题。作为一个物种，我们认识到玩耍是多么重要，你可以看出这一点，因为我们为此感到痛苦。在

[1] 给年轻人的注释：蒂珀·戈尔是 20 世纪 90 年代美国副总统阿尔·戈尔（Al Gore）的妻子，她真的很担心糟糕的字眼和优秀的游戏。

富裕地区最近的育儿文化中，除了“最好的”游戏之外的任何东西都是可鄙的；母亲（永远是母亲）必须充分参与到创造性的活动中，这些活动涉及运动学习、类别分辨以及其他技能，出于某种原因，这些技能只能通过牺牲你的日常工作和你铺在“适当游戏”祭坛上的地毯来获得。[1] 玩耍正在教会我们的孩子如何在他们生活的世界中与他人相处——要是搞砸了，你就注定毁了他们的一生。对于某种本应有趣的事情来说，这有点沉重。

那么我们“应该”怎么玩耍呢？我们进化是为了做什么？为什么？嗯，一如既往，有一个相当喜欢大声疾呼的学派希望玩耍尽可能回归基础。虽然我目前不知道有任何人在推销“古游戏”，但有人试图向你推销冰河世纪的活动只是个时间问题。问题是，玩耍无处不在。可以一个人玩耍，也可以在同伴之间玩耍，无论有没有被玩耍的实物，但它发生在每一种文化中。唯一变化的是玩耍的内容。我们过去玩的东西可能并不是我们的孩子为了了解他们的社会而需要玩的东西。游戏甚至不会在一代人的时间内静止不变，更不说在我们谈论的人类历史的漫长岁月中了。我个人记得我曾对 20 世纪 80 年代末的一款棋盘游戏着迷，这款游戏的特点是有一部假的固定电话，可以播放微弱的对话录音片段，而我在过去的 20

[1] 我孩子的日托中心有一个应用程序，可以为我详细描述她参加的每项游戏活动所传授的关键技能。我不知道怎么跟他们说我只想看最后的手指绘画，并不怎么在乎她对“颜色和质感效果”有多熟悉。

年里甚至没有一部固定电话。[1]

一般而言，孩子们似乎会花更多时间去玩那些他们成年后很可能会被要求去做的任务。例如，在狩猎对于生存至关重要的几个社会中，儿童从小就会得到改装的“儿童尺寸”狩猎武器和工具来玩耍。因此，儿童不仅会基于年龄和能力获得不同的玩具，而且玩耍内容也会根据这些孩子长大后期望的身份而变化。在生存手段很大程度上取决于生物决定性角色的社会中，这意味着玩耍在生物性别之间也存在差异。

毕竟，玩耍就是训练，而我们直到最近才拥有了一个所有角色（如果不是实际上的，至少也是表面上的）向所有人开放的社会。即使是现在，尽管人类拥有相对广泛的生存手段和工作机会，但游戏中的这种性别分化仍然几乎普遍存在。在各种各样的社会中，男孩和女孩在大约两岁以后都更喜欢和自己的性别一起玩耍，这些偏好在他们大约六岁之后变得根深蒂固。儿童游戏反映了我们社会的现实；无论我们大声说出的社会规则是什么，游戏往往会揭示出孩子们正确地意识到他们将必须学习的未被言明的东西。

有趣的是，在以采集为生的所谓“平等主义”小社区中，决定谁和谁一起玩耍的因素似乎不太强调性别，至少在最小的孩子中是这样。这表明我们对于过去想象的生物性角色的

[1] 不过也许固定电话应该重新回来。我无法想象还有什么活动比打电话更能保证让千禧年后出生的人感到紧张。

绝对决定论——想想“男人狩猎者”之类的胡言乱语[1]——对规模相对较小，靠做点这个、做点那个谋生的群体影响较小。对中非两个博菲人（Bofi）文化群体——一个群体是习惯性农民，另一个群体是习惯性采集者——的对比表明，虽然孩子们肯定在与其最终社会角色相关的群体中玩耍，但是和采集者相比，农民中的性别划分更早且更明显，而农民的成年生活更多地受到性别的影响。不仅如此，农民孩子的玩耍时间总体上也更少。观察哈扎人儿童和阿卡人采集者儿童的社交生活，可以很明显地看出，生活在规模较小或者依赖采集和狩猎的群体中，意味着会比经济手段更有限的农业社区花更多时间在玩耍上。

重建过去的游戏实际上极其困难，因为我们无法获得人类行为的许多确凿的实物证据。这很遗憾，因为游戏恰恰会比生产方式或所使用的技术更清楚地告诉我们过去的人们在训练他们的孩子成为什么样的人。不幸的是，任何由芦苇、木材或毛皮等有机材料制成的东西——几乎是过去的一切东西——如今都已经解体（基本上），无法进入考古记录。[2] 然而，在一些经历沧桑岁月幸存下来的物质文化中，即使是最微小的生活也有保留下来的痕迹和暗示。这些人工制品让我

[1] 现在将这一整个修辞手法从你的大脑中抹去。或许可以用上一章中全副武装的凶残母黑猩猩的形状来取代它。

[2] 强烈赞美研究有机材料微观碎片的考古植物学家和植硅体专家。这甚至需要比仔细盯着牙齿观察更高的精度。

们得以审视对童年的一些期望，我们在这个时期为获得成年后生存所需的技能而迈出了第一步，更重要的是，它们让我们能够猜一猜这么多年来我们一直在我们的童年时期做什么。

大多数读者很可能都清楚，在我们过去的旧石器时代晚期，狩猎和工具制造等技能一直是玩耍的主要目标。但是我们在过去的历史中到底看到了什么儿童游戏呢？人类学家米歇尔·兰利（Michelle Langley）指出了从考古记录中挑选出与玩耍最明显相关的物品——玩具——的一些困难。玩具可能是由无法经受漫长岁月考验的材料制成的，而不像成年人制造可正常行使功能的工具那样使用石头或骨骼材料。孩子们可能玩过废弃的成人工具，这些工具已经变钝或者破裂，一旦进入地下就无法与其他废弃物区分开。装饰性物品可能在破裂或磨损后被交给孩子们玩耍，或者它们先被交给孩子，然后在玩耍中被破坏——或者它们可能只是被丢弃了，在所有这些情况下，出土的人工制品在考古学家看来都是一样的。当然，我们无法知道任何人工制品的预期使用者，即使它是“儿童尺寸的”。在揭示过去的游戏时，最令人烦恼的问题之一是，我们实际上并不太确定孩子的玩耍在何处停止，而成人想象的世界从哪里开始。人类完全有能力用其物质世界中的几乎任何东西占据其他东西的位置；这是象征性思维，也是我们擅长的一种思维。[1]2

[1] 可能偶尔会对我们造成损害。布尔迪厄（Bourdieu）读起来有些深奥难懂——有时雪茄只是雪茄。

无论是用作想象力游戏还是教学学习的基础，没有理由认为儿童被排除在其文化的重要象征和故事之外。讲故事可能是在过去了解世界的最重要的方式之一，而且在过去40 000年左右的时间里，这种方式开始出现在物质世界中。洞穴岩壁和岩石庇护所的侧壁开始出现对事物的表征，已知最古老的洞穴岩画是一头缺乏热情的猪，可以追溯到四五万年前，潦草地画在印度尼西亚的一个洞穴内部。澳大利亚的岩画也可以追溯到至少那么久远。在欧洲，著名的拉斯科（Lascaux）、阿尔塔米拉（Altamira）和肖维（Chauvet）岩洞年代较晚，但在大众文化中扬名的时间更长。[1] 对动物和人类的这些描绘已被认为是传播重要文化信息的可能载体，特别是当它们可以解读为狩猎等行动的“场景”时。没有人比儿童更需要信息。

我们相当肯定，这些艺术努力至少有时会在社群生活中发挥一些积极作用。在拉斯科洞穴深处的岩壁上画着一排动物，以一头冲锋的野牛为首。地面上散落着废弃的石灯，这些石灯曾经燃烧动物脂肪，提供闪烁的照明，当光影掠过岩壁上狂暴的动物图像时，可能会给人一种运动的假象。在肖维岩洞中，有对一系列处于不同姿态下的犀牛头的描绘，如果可以将其动画化，就会展示出犀牛正在放低它的角。也许

[1] 尽管澳大利亚原住民艺术实际上是一种延续至今的传统的一部分，而且现在还有真正的艺术家可以与之交流。

最迷人的发现是带有穿孔的小骨盘，最初被解释为吊坠或纽扣。这些圆盘有两面，每一面通常以不同姿势描绘同一种动物。它们可能是“幻影转盘”，当圆盘安装在一根绳子上并被快速旋转时，标记在圆盘上的图像就会发生变化：拉动绳子，就可以将站立的鹿变成被箭射中的鹿。虽然这些会动的图画可能是为所有年龄段的观众准备的，但我们知道儿童也会造访这个象征性的领域。在许多有岩画留存的洞穴和庇护所中，我们还看到用颜料勾勒出轮廓的人手标记——也许是签名，也许是符号——出现在动物和动作旁边，还有用手指在软黏土上拖曳形成的形状和图案。在众多成年人的手中，我们看到了儿童不可磨灭的印记。

当然，有一种永远流行的象征性表现形式——在如今孩子们的生活中仍然不可思议地常见——不起眼的玩偶。你可能会觉得，玩偶很简单。玩偶是用来和它一起玩的，就像它是真人一样——而且通常就像是一个真的人类婴儿一样。世界

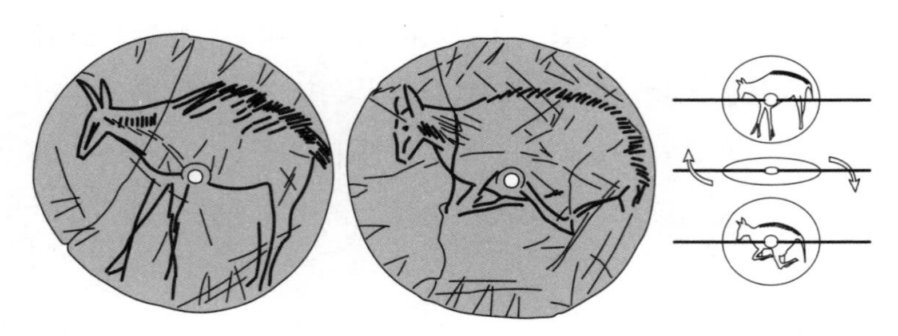

图 18.1. 劳热里 – 巴斯（Laugerie-Basse）的“幻影转盘”是一种骨盘，可以安装在绳子上，使两面的图像呈现出动画效果。引自 Langley（2017 年）

各地的儿童都会模仿周围成年人照料婴儿的行为，无论他们就像我们认为旧石器时代晚期的大多数儿童那样生活在流动的小群体中，还是生活在发达社会的郊区高档住宅里。我们有大量的人种学证据表明，供现代儿童玩耍的玩偶几乎可以用任何东西制成，即使在20世纪末塑料玩具大流行的过度商业行为中，我也了解到，只需扭曲几下并打一个结，就可以用玉米皮做一个完美的玩偶。[1]阿卡人的孩子完全有能力用香蕉芽完成类似的壮举。而玩偶——或者至少是人偶——是并不锋利，也无法用来杀死我们所认知的东西的最早的人工制品之一。

我们发现“玩偶”的历史可以追溯到40 000年前，但是——这很有趣——我们不太愿意认为从很久以前流传下来的少数珍贵的装饰物品是为了给儿童玩耍这样平庸的用途。尽管我们在有精美岩画的洞穴里看到了脏兮兮的小孩手印，但我们确信这些古老的小人偶是只给成年人用的。一座不到6厘米高的微型人像由一只猛犸象牙雕刻而成，并被遗落在德国霍勒菲尔斯（Hohle Fels）洞穴中，它是一个胸部、腹部和臀部极其夸张的女性雕像；她看起来毫无个性，没有头也没有脚，这是旧石器时代欧洲和西伯利亚各地发现的女性（或

[1] 美国民间还有使用干苹果核制作娃娃头部的传统；由此产生的娃娃在很大程度上解释了一项很可能与之相关的美国民间传统：对娃娃的绝对恐惧。

者说很可能是女性）雕像的典型外观。[1]3 同样来自德国并且年代大致相同的还有一座令人印象深刻的站立雕像，它也是用猛犸象牙雕刻的，被其发现者鉴定为半人半动物，并被称为“狮人”。[2] 雕刻它们所付出的细致工作以及它们潜在的象征意义被认为远远超出了对儿童的潜在娱乐价值。[3]

同样，其他微缩模型也被解释为出于仪式目的而创造的社会组织的模型，而不是为游戏而创造的周围世界的微小模型。在距今大约 12 000 年的最早的农业社区村庄中发现的带有可拆卸头部和可活动部件的黏土小雕像被认为具有某种重大的仪式意义，无论它们看起来多么好玩。虽然世界各地的博物馆里都摆满了古希腊和古罗马的小雕像，它们看起来可以与现代塑料玩偶市场上档次更高的产品媲美，但我们实际上知道它们不是为了好玩。在比 2 000 年前更古老一点的时候，我

[1] 我不会称它们为“维纳斯”小雕像。有史以来发现的第一座“维纳斯”小雕像名叫“不谦虚的维纳斯”（Ve　nus Impudique），是一个女性化雕像，其发现者试图将其与古典时代的雕像进行比较。然而，人们普遍使用“维纳斯”小雕像这样的称呼代指那些肥胖且具有过度性意味的小雕像，是因为他们觉得这些小雕像的身材和科伊科伊人妇女莎拉·巴特曼（Sarah Baartman）很像。莎拉·巴特曼被作为“原始性征”的原型向公众展示，这肯定是殖民时期人类学中最不具启发性、最种族主义并且通常“异化他者”的时刻之一，公平地说，这个领域绝不缺少这样的时刻。所以，才不要。活动家维多利亚·赫里奇（Victoria Herridge）建议使用“多尼”（doni）这个词，它取自琼·奥尔（Jean Auel）的书，因此具有令人安心的虚构性。

[2] 尽管人们大费篇幅地讨论着首个嵌合体的象征意义，但实际上的雕像看起来就像一头用后腿站立的完全正常的穴居熊。

[3] 令人怀疑这些人实际上从未真正必须娱乐儿童，否则他们会意识到任何努力都是可以接受的。

们看到古希腊出现了带关节的精美黏土玩偶，它们的小胳膊小腿儿可以活动；我们可以从遗留在土壤中的痕迹猜测，它们还可能曾被穿上衣服和涂上色彩。然而，它们正是在这一点上向我们泄露了各种奥秘。这些“玩偶”和成人一起出现在庙宇和坟墓中。这告诉我们，它们作为肖像和还愿物扮演了更适于成人的象征角色。在古典世界，大多数看起来像玩偶的东西可能用作还愿物、祭品，或者作为家庭神龛的一部分提供象征意义，而不是体现儿童内心的想象力。[1]

然而，我们不应该就此认为古典世界的孩子们没有东西可玩。[2] 大约 4 000 年前位于哈拉帕（Harappa）的印度河流域文化提供了大量证据，表明在用于严肃事业的人工制品和我们能够用来玩耍的小物品之间存在更好的平衡。在今巴基斯坦境内的摩亨佐 · 达罗（Mohenjo Daro）遗址，我们看到了一些小小的黏土鸟笼，它们对于任何真正的鸟类来说都太小了；我们还看到了形状像鸟的黏土口哨。使用不同水平的技术制作的微型手推车、轮子和罐子也被认为是儿童游戏的证明。这里有弹珠、黏土球和雕像，以及可以用作游戏棋子或弹弓弹丸或任何其他娱乐的抛光石头。甚至还有骰子，它似乎是人类游戏中非常持久的部分。早在 5 000 多年前，如今的伊朗

[1] 至少在有成年人看着时。

[2] 正如你的祖父母毫无疑问曾经告诉过你的那样，用一根绳子娱乐几个小时是可能的，只要在讲述娱乐的时刻和作为一个无聊的孩子的实际经历之间度过足够长的时间。

境内就有了骰子的早期例子，而仅仅几百年后，位于英国北方偏远地区奥克尼群岛的斯卡拉布雷也出现了骰子。无论你身在何处，玩耍都没有太大不同。就像在南亚一样，我们看到，今墨西哥境内的乔卢拉遗址中拥有3 000年历史的大金字塔内的儿童坟墓中也埋藏着口哨和笛子，以及陶瓷球和雕像。

尽管棋盘游戏对于成人和儿童来说可能同样有趣，但它们也具有相当悠久的历史——在著名的年轻法老图坦卡蒙（Tutankhamun）的坟墓中，至少出土了4套有3 000年历史的古埃及游戏塞尼特棋（Senet）。我在位于美索不达米亚地区北部边缘的巴苏尔·赫于克（Başur Höyük）开展发掘工作，在这里，我们看到了可能是迄今为止发现的最早的游戏零件——至少50个小零件[1]，在5 000多年前用宝石精心雕刻而成。这是乌尔王室的游戏，又称“二十方格”，首次发现于乌尔（Ur）皇家墓地，该遗址比我们在巴苏尔发掘的墓地晚几百年；然而，从克里特岛到斯里兰卡，这种独特的棋盘形状在古典世界已经出现了数千年，而且还有人清楚地记得，20世纪的以色列人会在一座集体农场上玩这种游戏。在说明这个游戏无处不在的例子中，我个人最喜欢的是雕刻在赫尔沙巴德（Khorsabad）一座宫殿入口处的守门雕塑上的棋盘，这

[1] 在你发掘的遗址发现世界上最早的抽象游戏零件——因为，让我们面对现实，人们一直在玩羊的膝关节——的亮点之一就是争论到深夜的乐趣，争论的具体内容是这些在地下埋藏千年并且和你的拇指差不多大的东西到底是猪的还是豪猪的（我支持豪猪）。

座雕塑是在乌尔版游戏被埋入地下将近 2 000 年后制作的，如果不是这个棋盘的存在，这些雕塑本来会显得极其威严。在拉玛苏（lamasu，若干长着翅膀的公牛，在古代中东充当灵性守护者）警惕的目光下，驻扎在这座 2 米高雄伟雕像下方的更多人类守卫则在石头上划出一块游戏棋盘。今天，你仍然可以看到他们的杰作，这是工作有多么无聊的千年佐证——这座拉玛苏雕塑被大英博物馆“收藏”，如果你仔细查看右手边那头带翅公牛肚子下面的小凳子，你就能亲眼看到它。

儿童还会在有生命的动物身上进行照料游戏，无论这样做对这些动物是否有益。宠物是许多采集者群体的常见特征，特别是其成年个体更常被视为食物的灵长类物种的幼年个体。例如，哈扎人儿童将丛猴婴儿 [此时这个物种的英文名字显得更恰如其分：“丛林婴儿”（bushbabies）] 当作玩偶，而阿卡人儿童也和猴子婴儿玩耍。也许全人类能养最多宠物的爱好者来自在城市快速开发、农业侵蚀和亚马孙森林景观的混杂环境下主要依赖采集为生的群体。例如，巴西的瓜哈人（Guajá）在一个大约 100 人的群体中饲养了大约 90 只猴子婴儿作为宠物，人均拥有猴子婴儿的比例非常高。然而，瓜哈人知道每个在圣诞节前恳求养一只小狗的孩子所不知道的事情——养宠物主要是为了成年人。

我们确实知道的是，在 40 000 年前至 30 000 年前的人类历史中，至少有一种宠物出现在儿童的生活中，毫无疑问，它就是狗。狗已经陪伴了我们数万年，并且即使在我们的童年从手指画和魔法符号的世界里扩展到我们如今看到的被塑料窒息的消费主义，它们也始终如一。在以对冰河时期猛兽的精彩描绘而闻名的肖维岩洞，有一条两万多年前就被硬化的小路，它是由一个孩子的小脚踩在柔软的黏土上踩硬的，这个孩子的体形相当于现代的六岁儿童。陪伴着这个孩子不紧不慢的步伐的是谁呢？永远留在黏土中的，是一只大型犬类伙伴的沉重脚印 。

最重要的是，所有成为人类的学习都需要花费大量时间，无论是学习社会规则还是通过玩耍来尝试实践它们；这些学习甚至不一定会在青春期到来或者从青春期进入全力以赴的成年期时结束。但是，童年是我们开启这一切的时段。社会学习是在我们的文化中生存的关键，而父母付出大量投资，为孩子提供时间和机会来建立他们的社会资本，就像他们投资于打造包括技能和健康生长的实际具身资本一样。

总体来说，当儿童这件事没有改变，只是工作时间和工作条件有所变化。但我们的成功也产生了新的问题。越来越多的孩子出生，而随着社会为了让他们都活下去而进行新的调整，世界开始再次发生变化。经过数十万年的孩子只是孩子的单纯状态之后，社会的调整开始将一些孩子置于世界秩序中的这里，将另一些孩子置于世界秩序中的那里，与此同时，他们的父母在努力进行投资，好让自己的孩子留在这里——无论是在社会的顶层还是仅仅在地面之上。在下一章中，我们将看到当世界开始需要多得多的资本才能让孩子生存下来时，童年会发生什么——这里所说的资本不只是所有动物都会做的身体投资，甚至不是我们灵长类动物这个分支著名的社会资本，而是真正冰冷无情的物质资本。因为在这个世界，你必须工作才能谋生。

译注

1. 水管工和蘑菇，指的是电子游戏《超级马里奥》。
2. 皮埃尔·布尔迪厄（Pierre Bourdieu），法国当代著名后现代思想家、社会学家和文化理论家，法兰西学院院士。他的工作可以这样笼统描述：不断尝试在理论上克服具有社会理论特征的对立性，系统地阐述对社会生活的反观性探讨。“有时雪茄只是雪茄”，出自弗洛伊德之口：根据弗洛伊德的精神分析学说，棒状物是阴茎的象征，而他本人痴迷雪茄，人们据此认为这其中必然存在一种隐喻，而弗洛伊德就用这句话作为回应。
3. 琼·奥尔，美国女作家，最著名的作品是《洪荒孤女》（*Earth's Children*）系列小说，背景设定在史前时代的欧洲。在该系列小说中，多尼（doni）指的是史前宗教中的大地母亲。

杰克和吉尔上山坡：童年的艰辛

19

杰克和吉尔上山坡，

拎着桶儿去打水；

杰克一跤摔破头，

吉尔跟着也摔倒。

每个人都知道，年龄更大的孩子是更有用的孩子。他们有做事的运动技能，但缺乏拒绝做事的社会地位（或身体状态）。[1] 我们在上一章中看到，游戏的性质在四处游荡的孩子中和定居在土地上的孩子中略有不同。但是，如果玩耍能成就一些事情呢，或者正如我们可能认为的那样，如何玩耍能够起到作用呢？在前面的章节中，我们已经看到社会如何将资源倾注到它们的孩子身上。好吧，现在他们已经能够自己站起来，自己吃东西（差不多），并且充满了复杂的象征意

[1] 有趣的是，这并不总是正确的。有些文化认为要求孩子去跑腿或者做其他他们不想做的事情是绝对不合理的。

义，社会打造的那个孩子已经准备好可以回报一些东西了。在成为人类的游戏中，没有人可以无所事事。做一个孩子的重点就是学习如何长大成人，所以我们的孩子必须工作，因为这是大人必须做的。或者，真的是这样吗？

人类研究史上最诱人的理念之一来自人类学家马歇尔·萨林斯（Marshall Sahlins）的看法：实际上，成为一个人类并不需要做太多的工作。他出版了他对现代（或者至少是他的时代；我们谈论的是20世纪中叶）采集者群体生活的民族志见解汇编，并提出一辈子的采集生活实际上留出了很多可以让人到处闲逛的空闲时间。民族志学家理查德·李（Richard Lee）的研究表明，科伊科伊人每周的“工作”时间不超过15个小时。在阅读了李的研究之后，萨林斯提出了一种与我们如今在充分资本化的社会中看到的截然不同的就业方式。

在可居住的人类空间的绝对边缘觅食的采集者，被农业、畜牧业和工业生产方式的侵蚀推向极限的人，也可以度过非常惬意的休闲时光，这是个可爱的想法。只是碰巧这也是非常不可能实现的想法，问题在于：一个加拿大（男性）人种学家在1968年认为是工作的东西，其他人不一定都会认为那是工作。李只计算了男人的工作量。因为大概只有男人才工作吧，尤其是如果你将唯一真正的工作定义为“四处狩猎动物”的话。那么，由女性持续承担的维持社会运转所需的千头万绪并不是真正的工作。它们当然是。活着需要努力。当谈到被我们视为工作的事务时，总是有一些“特别的”任务，即使每个人都在为了生存做几乎同样的事情。在旧石器时代的成千上万年里，人们的谋生活动可能涵盖了广泛的任务（制造工具、看管儿童、陷阱诱捕、萨满仪式、采集等），其中一些人在某项任务上做得比其他人更多。但社会里能够做出贡献的每个人都在“工作”，即使只是捡起一些块茎当晚餐或者给孩子讲个睡前故事。

然而，随着我们生活方式的改变，谁需要从事什么工作成了确实需要进行适应性调整的事情。从人种学角度来看，我们发现来自非机械化农业社区的儿童满足自身营养需求的能力远不如来自采集者社区的儿童。在零食丰富的环境中，一个有能力进行采集的5岁、6岁或7岁的孩子可能会依靠自己的双手获得自身总热量需求的50%。然而，如果零食需要加工处理，那么孩子生产热量需要的就不只是良好的态度了。例如，墨西哥尤卡坦半岛普克地区（Puuc）的尤卡坦玛雅人（Yucatec Maya）农民的孩子们当然可以在很短的时间内割下并搬运足以养活自己的玉米，但他们没有将玉米仁浸泡、粉碎、研磨、成型并烹饪成食物的技能或能力。食用加工过的食物可以得到更多热量，但这些新的热量需要使用各种方法来提取——虽然孩子们可以帮忙，但任何曾经让孩子搅拌锅中食物的人都知道这样做的效果如何。

当我们将“工作”定义为获取热量的活动时，在采集者群体中，工作时间从一天中几乎没有到一天最多大约六个小时——这包括必须与技术熟练的成年人一起度过较少时间以增强自身狩猎和采集技能的青少年。随着生存变得越来越依赖特定的食物生产技术，孩子们被迫承担更具体、更明确的任务，而且工作时间也更长了。工作强度的这种增加出现在所有家庭成员身上：随着母亲的工作量增加，她们孩子的工作量也被迫跟上。研究过去儿童的先驱格蕾特·利勒哈摩尔（Grete Lillehammer）认为，农业生活方式的额外要求，尤其是对母亲的要求，导致儿童维持家庭生计的努力受到更多重视。在农民的孩子中，工作时长更久，男孩为 1 至 7 小时，女孩为 3 至 8 小时。即使工作效率不是很高，孩子们仍然会通过“连孩子都能干”的无聊、无须技能的农事为家庭能量预算做出贡献。只有一种生活方式要求孩子们比农民更努力地工作，那就是靠放牧动物为生。以山羊（或牛、绵羊或猪）为生的社区意识到了儿童的独特潜力，即年轻人一边在放空状态下看风景一边留意山羊的能力。[1]

当谈到孩子的实际上是工作的玩耍时，最好的例子可能是玩泥巴的艺术。陶器本身早于我们对农耕食物的痴迷——有些陶俑和陶碗可以追溯到距今两三万年前。但是，用泥制作的器物的增加（考古发现中破碎的陶罐碎片可以证明这一点）与新石器时代的储藏革命是齐头并进的。就像任何工具一样，这项技术可以生产得很好，也可以……不那么好。要想观察在定居

[1] 没有人比牧民的孩子更努力地工作。尽管人们对畜牧生活方式极度迷恋 [玛丽·安托瓦内特、古希腊人、著名历史学家伊曼纽尔·勒罗伊·拉杜里（Emmanuel Le Roy Ladurie）]，但似乎很少有人能够搞清楚所有那些牧羊人之所以有时间去创造十四行诗、深入思考宇宙的本质等等，是因为整天看着一群反刍动物是一种折磨灵魂的乏味。

生活方式开始允许人们积攒东西的社会中，儿童是如何学习成为成年人的，陶器可能是个完美的例子。陶工，或者更准确地说，陶工家族，可能是早在第一批城市产生“职业”这一现象之前，就在人口密度小得多的情况下出现的早期半职业化群体。

在民族志上，我们可以看到陶工经常让整个家庭参与生产，并根据技能分配任务。陶工的孩子必须参与其中，而他们的家人在社会学习上进行了大量投资，使他们将来能够参与到陶工的世界。例如，除了在任何时间为任何孩子提供我们期望的观察性学习机会之外，一个熟练的成年人可能会拿出几个陶罐，供孩子积极练习装饰工作。有人对大约 1 000 年前在美国西南部由普韦布洛人（Puebloans）的祖先文化制作的数百件标准之下的陶器展开研究，并通过找出有能力的陶工和不太有能力的陶工之间合作的证据，确切地展示了这些陶艺学徒是如何获得学习这门手艺的机会的：制作精良的器皿被交给业余装饰工，部分完成的装饰是使用相当少的技巧完成的；有时，这些学徒只被允许进行简单的工作——在图案或预定区域上色。通过对两三千年前位于今亚利桑那州境内的西纳瓜文化（Sinagua）陶器湿黏土中留下的指纹甚至指甲印痕长度进行巧妙的测量，儿童陶工被认为制作了过去的一些质量糟糕的陶器，这比幼儿园纪念品烟灰缸的发明早得多。[1]

[1] 给年轻读者的注释：在糟糕的旧日子里，学校里的幼童会接触陶艺制作，并被鼓励制作烟灰缸，因为烟灰缸形状简单，大概还因为照看他们的人烟瘾很大。

因此，我们发现，当我们生活在一个充满专业手工艺的世界里时，儿童对社会的贡献会更容易被发现。城市经济中工作的高度专业化意味着，扮演成年人的角色必须分裂成许多部分，就像生产过程中的齿轮一样。直截了当的农耕生活当然会在城市经济中继续存在；直到距今非常非常近的时候，大多数人口仍然直接以土地为生，不同程度地参与城市生活。[1]1 但是，随着产生资本的新方式的出现，我们为孩子们提供了新的贡献方式，无论他们喜欢与否。

我们拥有的关于儿童投入劳动的最早书面记录之一来自大约 2 500 年前痴迷于布料的美索不达米亚文化。"新月沃土"的自然资源一方面丰富——有水、土壤和大量人口，但另一方面又极其有限：只有水、土壤和大量人口。这是建立帝国的艰难平台，除非你能利用这种乏味的农业资源，让你得到你想要的东西，而就美索不达米亚人而言，他们想要的是一切。到大约 4 000 年前，伊拉克南部的不同政体已经找到了一个优胜方案。有了这些农业资源给他们带来的剩余人力，他们可以扩展业务，做一些不同的事情，一些可以为他们所拥有的东西增添附加值并为他们赚取丰厚回报的事情。这种附加值将成为聪明的政体可以使用的资本，这些资本会被转化

[1] 正如约翰尼·卡什（Johnny Cash）所列举的那样，一个 20 世纪的美国农民可能会为拥有大约 5 种主要非机械化农具、1 头大猪和 1 只猎犬等动物资源，以及略少于 1 美元的钱（都是 10 分硬币）而雀跃，这对于乡村垃圾来说已经很好了。

成征服敌人、建造庙宇和建立帝国的能力。[1]

最容易实施的快速致富计划是什么？一个由国家支持的规模庞大的服装业。布料在世界历史上的作用经常被忽视。一方面，它无法多年持久保存，这使得它很难在考古记录中被注意到，另一方面，布料在我们这个时代非常便宜且易得。在世界上的大多数地方，着装的所有关键象征意义——展示群体归属、地位、对和谐色彩的独特认知——都可以用一张比萨饼的价格买到。对于美索不达米亚人而言，这种曾经统治世界的商品[2]令人震惊的贬值是在很久很久之后的将来才会发生的事，他们还是选择让多余的人口去纺织工厂工作。我们知道这一点，是因为他们把这件事写下来了。更具体地说，他们记录了这项利润丰富的行业的重要行政方面，包括织工（其中有儿童）所需的口粮和报酬。

在美索不达米亚的第一批城市，庙宇是家庭之外唯一真正的雇主。对资源的集中和参与制造物品（可用于交易以获取更多物品）使庙宇在早期社会中发挥了独特的作用，成为经济的主要引擎。作为城镇中最大的雇主，庙宇管理着织工的生活。他们不一定是完全自由的——有些人是军事冒险抓获的俘虏，而另一些人则命运不幸且穷困潦倒，不得不求助

---

[1] 或者，用我最喜欢的说法，是建立“一座由敌人尸身堆成的高丘，以便登顶触摸天空”。

[2] 就连我也想不出办法将中国丝绸的迷人历史或中世纪欧洲布料贸易的市场体系硬塞进这场讨论中，但它确实塑造了现代世界。

庙宇收留自己。庙宇建筑群似乎是那个时代的社会福利机构，收容的妇女和孩子远多于男子，不仅如此，还收留寡妇、年老体弱者、私生子和孤儿。我们从有时被称为“杰梅－杜姆”（gemé-dumu）——“妇女和儿童”——文本的一套文本中得知，这些地方的工人会定期得到食物。当然，对于获得制造布料以驱动经济的终生服务而言，每月给一名孤儿20夸脱（或多或少）的大麦只是很小的成本。

但是，对于儿童在城市、国家和帝国的经济中所发挥的，但没有在美索不达米亚人关心的工人生产率表格中提到的其他作用，我们要如何追踪呢？书面文字本身可以直接向我们传达儿童声音的可能性很小。这种可能性很小，是因为在所有书面历史曾经制造的全部文本中，留存至今的只是很小很小的一部分，还因为那些保存下来的文本能够保存下来是有原因的——它们是规范的、重要的、有分量的[1]文本，是人们有意保存的。事实上，只有在特殊情况下，我们才能看到真实儿童的涂鸦，而且还有额外的线索来帮助我们识别这些涂鸦。

有一个这样的特殊情况是公元79年维苏威火山的喷发，它迅速将庞贝和赫库兰尼姆两座城镇覆盖在厚厚的一层正在燃烧的火山灰中，速度是如此之快，以至于整个城镇的景观都保存了下来，就像被一种极具腐蚀性的致命琥珀所征服一样。和身体以及最后几顿饭的残渣一起，不同水平的风趣涂

[1] 对于泥板上的任何书写来说，这在字面意义上相当正确。

鸦被保存下来，一直刻在墙上将近2 000年之久；当然，现在知道帝国财务官员宣布帕修斯·普罗库鲁斯家的食物是“毒药”，早已没有任何潜在用处了。[1]

除了这些宝贵的文化信息之外，庞贝古城还有大约160处根据特征推断很可能是由儿童创造的涂鸦。推测过程是，如果在墙壁上较矮的地方发现涂鸦，那它可能是身材矮小的孩子的作品；类似地，如果某个图像或单词看起来很粗糙或者有拼写错误，我们会认为它可能是由一个孩子完成的，这个孩子正在学习野猪和狗的相对大小或者女孩名字Mummia（穆米娅）中m的个数。当然，这些实际上并不是儿童创作这些涂鸦的铁证，而且很多学者不认为画得不好的野猪应该立即被认定为儿童的作品——成年人也可能很不擅长画动物。另一些人则争辩道，儿童绘画的风格元素是相当具有普遍性的——巨大的头部和事后添加的身体，物体的怪异重叠（反映了儿童知道什么在那里，但搞不明白什么才是看得见的）；这为能够看到过去儿童的直接行为提供了强有力的论据。

被归入庞贝儿童名下的“艺术”的主题之一是动物。这些动物中有一些是鸟类或其他装饰性的“宠物”，但也有相当一部分实际上是有用的家养动物，如猪、绵羊和山羊。正如我们前面就牧民子女所展开的讨论一样，你可以让孩子们做的

[1] 虽然在你曾经在里面用过餐的建筑上写下你对那顿饭的评价是很方便的做法，但有人认为受到侮辱的主人在早上出门时会擦去贵宾在走廊柱子上留下的一星评价。如果有那个早上的话。

最容易的工作之一就是照看牲畜。很可能是这些孩子在2000年前无所事事地画出了他们做家庭杂务的场景。

如果你想从孩子们自己的双手出发寻找工作的迹象，我们就必须再次审视那些保留了小小的手不太擅长的工作的特殊环境。以大约3000年前埃及新王国时期的儿童为例，我们只是因为在底比斯的德尔麦迪那（Deir el-Medina）遗址发现了大量带有潦草绘画的“土陶片”（ostraca），就掌握了一些关于他们可能在做什么的小线索。土陶片就是当时的废纸，是石灰岩或破罐子的碎片，上面潦草地描绘着一些献辞、图像或其他短时效的东西。麦迪那有相当多的土陶片似乎是在学习绘画，甚至拼出旋涡花饰和练习书法的过程中创作的。当然，具象艺术在王朝时期的埃及艺术中发挥着重要作用，因此掌握描绘世界的技巧也许可以让你在帝王谷的作坊里从事装饰庙宇和精英人士坟墓的职业。但是，正如这些土陶片上质量参差不齐的图像所表明的那样，绘制装饰画是一项需要努力的技能。

土陶片上的发现包括以摇摇晃晃且不均匀的笔触构成的法老不大可能的面部比例，技艺纯熟的素描练习，以及介于两者之间的一切。一只爬树的猴子画得并不是太差劲，直到你意识到这只猴子身上布满了斑点，因此这是一只完全不为科学界所知的猴子，患有一种非常糟糕的皮肤病，或者它根本不是猴子，而是一只身材非常紧凑的豹子。当然，你也可以看着这只不太可能的猴子，在它背后看到一位年轻画家的手，这位画家从未近距离见过这种动物，但仍然梦想着扩大自己的视野和扩充自己的艺术作品库。但我们不确定的是，这些素描学徒是不是儿童，或者只是蹩脚的画家而已；如果他们是儿童的话，我们也不确定他们画出这些作品时有多少经验或者年龄有多大。

在古典世界寻找投入工作中的孩子的另一种方法，按照字面意义理解，就是寻找他们。我们可以在古典世界的饰带、雕像、彩绘花瓶和雕刻金属器皿中搜寻对工作中儿童的描绘，但较少有例子可以让你合理地认为图画中的儿童所做的事情

图 19.1. 采摘椰枣的狒狒，身上有令人难以置信的斑点，公元前 1315 年一前 1081 年，绘制在一块土陶片上，洛杉矶县艺术博物馆收藏（罗伯特・米勒和玛丽莲・米勒・德卢卡捐赠，编号 M.80.199.50）

可以称为“工作”。古希腊著名的雅典卫城的一块匾额上描绘了一个女孩正在看着自己的母亲编织，而另一块匾额的碎片则描绘了一个女孩正在她母亲编织时玩弄毛球；其他妇女编织图像中包括可能是青少年或者更年轻的少女，头发没有扎起来。古希腊的纺织生产是一个至关重要的行业，就像在美索不达米亚一样，而且相当值得注意的是，纺织生产是特定阶层妇女唯一的预期就业机会，难怪在我们看到的极少数关于女性儿童的描绘中，她们总是以富有的女士为背景。

然而，有一处壮观的遗址为了解古希腊儿童提供了一个非常独特的视角。今天的圣托里尼岛（Santorini）是一座破火山的边缘带，围绕着一个风景优美到令人惊叹的火山口[1]，最出名的是岛上粉刷成白色的村庄，镶嵌在火山口引人注目的悬崖岩壁上。几千年前，圣托里尼岛就是曾经的锡拉岛（Thera）：一座美丽的岛屿，拥有良好的海上联系，在阿克罗蒂里（Akrotiri）遗址曾经有一个相当大的米诺斯风格的定居点。然而，在公元前1600年左右，事情突然变得很炸裂——完全是字面意义上的。圣托里尼岛中心的火山开始喷发，喷出火山灰，引发了地震和小海啸。然而，对于阿克罗蒂里的

[1] 风景优美，如果你不介意无数艘游轮就像足球比赛结束后停车场里的汽车那样堆积在波光粼粼的爱琴海上的话。圣托里尼岛非常美丽，其腹地深处少有游客的足迹，到处都是葡萄园和海滩，但大量一日游游客前往火山口顶部悬崖边村庄，引发了一种深刻的生存绝望感，只有一种方法才能缓解：带着大量杜松子酒爬上屋顶，在他们离开之前拒绝下来。这也是观看伊亚（Oia）著名的日落的好方法。

居民来说非常幸运的是，这次喷发用了一些时间来积聚蒸汽——或者更确切地说是岩浆，而他们似乎能够带着大部分贵重物品逃离这座城镇；该遗址没有留下多少高价值金属，而且（幸运的是）也没有像庞贝或赫库兰尼姆那样的火山碎屑人体铸模。在他们离开后不久，发生了一次大规模喷发，导致火山灰在岛上沉积了将近60米后，留下一层令人窒息的灰尘和岩石。这次喷发的规模足够大，很可能引发了对克里特岛的米诺斯文明造成严重破坏的地震和海啸，甚至远至埃及都有相关记录，在那里出现了风暴，而且"黑暗覆盖了两地"，就连中国也受到了波及，文献中提到在夏朝晚期的一年出现了霜冻、饥荒和太阳暗淡。

阿克罗蒂里被埋在浮石和灰烬中，有些地方被埋了两层。这使得建筑的保存状况完好，3 000年前锡拉岛人生活中的所有日常材料都得以留存下来，从罐子到木制家具留下的空洞，还有与本书主题有关的壁画。阿克罗蒂里房屋墙壁上的彩绘装饰让我们对儿童的生活有了无与伦比的洞察，以我们可能猜到的相当标准的方式描绘了他们的生活，只是带有一点幻想成分。例如，在代号为Xeste 3的房子里，有一幅可爱的图像，一个女孩采摘番红花茎并将它们放进篮子里；下一幅图让这项任务的世俗性质变得有点可疑，其中显示了一只蓝色的猴子拿着番红花的茎并将它们交给了王座上的一个女人，而一只被拴住的狮鹫在窗外闲逛。但话说回来，这些都不是普通的女孩。根据她们按照仪式剃过的头、华丽的衣服，以及用颜料画的红点代表的红玛瑙珠宝，我们看到了儿童在米诺斯文明中独特的职业选择：襄礼。就像 1 000 年前的美索不达米亚一样，儿童的特殊角色是由儿童的头号专业雇主——庙宇——提供的。

当我们所看到的图像来自顶端社会阶层时，我们很难搞清楚绝大多数孩子的日常生活会是什么样的。艺术，至少是那些流传数千年的令人印象深刻的艺术作品，是由精英创作的，并以精英为描绘对象。我们之所以能看到其他类型的人，唯一的原因是他们在工作过程中闯入了一些精英场景——有人抱着国王的狮子，有人喂养女王的婴儿。但是当艺术开始触及世俗时，我们看到了有关儿童在日常生活中发挥作用的小小线索。例如，在古埃及世界遗留下来的无穷无尽的图像中，有很多孩子在做杂物——他们生火，收割谷物，挑水，抱其他孩子，甚至制作陶器。德尔麦迪那的土陶片表明，古埃及提供了早期乡村生活单一经济所无法想象的大量就业机会：除了在过去 10 000 年里随时可以从事的各种农业劳动之外，儿童还被描绘成信使，将官僚机构的信息从一个地方带到另一个地方。土陶片还描绘了培训采椰枣的狒狒这一相当具体的工作，这是一个小众而且地位可能较低的职业，需要让体重二三十千克、长着硕大牙齿的猴子爬上树采摘椰枣，而这似乎是男孩和外国人的职责范围。[1]

[1] 与阿克罗蒂里的襄礼相比，这种境遇相当不公平：在阿克罗蒂里，与猴子相伴的工作似乎有高得多的地位。

关于儿童工作，要考虑的最后一个信息来源是儿童本身的身体。正如我们在前面的章节中看到的那样，我们对骨骼所做的事会在骨骼本身上留下痕迹。然而，在试图通过观察儿童骨骼的负荷来追踪儿童的活动时，我们真的陷入了困境。我们用更大的骨骼来支撑更大的肌肉以便承受更重的负荷，这条原则仍然成立；但我们的骨骼系统必须在生长需求和结构稳定的需要之间达成平衡。儿童骨骼因重复性动作、沉重荷载，甚至过度使用和受伤而引起的变化，被儿童骨骼未完成、正在生长且不断波动变化的事实所掩盖。然而，在最极端的情况下，仍在生长的儿童骨骼即使是可塑的，也会因工作而磨损。

我们之所以知道这一点，是因为我们可以在证据中看到它，例如来自奥地利哈尔施塔特采矿社区的2 000年前的尸体。数千年来，哈尔施塔特是一座时开时关的盐矿，而开采盐并不是一项令人愉快的活动。它涉及重复、笨拙的动作——而且要做很多很多次。哈尔施塔特的成年人具有这种剧烈活动的所有特征——关节崩溃、关节炎，他们甚至还通过肌肉施加巨大的力量，从骨头上撕下来一些碎片。而且令人震惊的是，在迄今为止可以研究的15具年轻人的骨骼中，超过三分之一显示出某种关节炎退化的迹象。从八岁开始，孩子的背部、肘部和脚踝就开始变得疲乏不堪。研究人员认为，这些孩子的脊椎被破坏得如此严重，可能是因为他们直接将沉重的盐块放在头上运送，或者使用头带负载盐块。哈尔施塔特的孩子们显然过着并不轻松的生活。工作非常危险，他们的骨骼不仅证明了生活对他们的严苛要求，也证明了他们没能活到成年的可悲事实。

哈尔施塔特盐矿的工人和美索不达米亚的纺织孤儿有一个共同点——那就是他们在城市社会等级制度中都处于最底层。在古代世界的蛇形梯子社会旋涡中占据一席之地的能力取决于孩子的家庭是否有能力教他们学会他们生来就要做的工作种类所需的技能。正如我在一开始所说的那样，对于绝大多数人类经验和绝大多数工作来说，培训过程都是在房子里进行的（即使它是上帝的房子）。但是，当你需要学习的技能（例如如何建造一座庞大的庙宇）是如此复杂并且需要很长时间才能掌握，以至于你需要开始寻找外部帮助来学习这些技能呢，会发生什么呢？童年时期要考虑的最后一个方面，正是这种教授教师怎么教授新教师的金字塔计划，它见证了正规教学扩展到我们生活中更广泛的领域，并且或许已经在我们期望孩子如何度过童年方面产生了一些最重大的变化。

译注

1. 约翰尼·卡什，美国乡村音乐创作歌手。他在 1973 年发行了歌曲《乡村垃圾》（*Country Trash*），歌词大意恰如作者注释所写，歌手以第一人称描述自己拥有的各种东西，清点几样就唱一句“这对于乡村垃圾来说已经很好了”。“乡村垃圾”（country trash）是美国俚语，指生活在乡村地区且经济和文化地位较低的人。

20 到巴比伦有多远：非常人类的童年

到巴比伦有多远？

七十英里那么远。

点根蜡烛能否到？

一来一回没问题。

最后，我们来到了只有我们人类才会为童年制定的最后一项策略；一项由人类（也只有人类）提出的投资策略。正如我们所看到的，如果没有一些具身化的身体资本，你就不能创造出任何类型的婴儿；而社会资本是大多数动物生活的一个特征——就连猪也会玩耍，乌鸦也有朋友。但只有我们找到了一种利用物质资本为我们的孩子创造更好机会的方法。一旦第一个人想出了如何将事情转化为影响力，我们就变异成了一种独特的生物，使用第三种方式来打造我们的孩子：积累可以交换以获取优势的资源。在这样做的过程中，我们将我们的孩子分成了富人和穷人，并赋予我们这个物种不止一种，而是多种类型的童年。我们漫长的童年不再是平等的，这里的孩子不再有同样的机会为那里的成功成年期做准备。

在实践中看到这一点并不太难。我们在上一章中看到，我们这个物种还相当愚蠢地发明了工作，而我们的孩子被期望以各种方式为他们的社会做出贡献。在我们在上一章中看到的许多案例中，工作是我们对后代的投资开始转向并产生红利的地方。你可能会认为是时候这样了，因为我们的青春期很漫长，而且我们在养活和喂饱孩子方面做出了大量投资；毕竟，青春期是灵长类动物开始厘清自己成年社会角色的时候，而在椰枣园追逐一只采摘椰枣的猴子是对社会的有价值的贡献，尽管这种贡献具体得有点怪异。孩子们总有一天会长大，完成从被投资者到投资者的转变。但是如果你有足够的物质资本继续喂饱那个孩子，让他继续玩耍和学习，那么，你就不必把你的孩子送去矿井了。你可以用这笔资本给你的孩子买更好的生活。而这就是我们今天生活在其中的世界。

人生的成功取决于家庭能够对后代做出的投资。我们在这本书的前面几章和整个人类进化史中看到了它最基本的形式——在身体方面提供营养，从而怀孕、携带和抚养孩子的能力。人生的成功还依赖一种类型的社会投资，即确保孩子在社区中的地位并让他们能够参与群体生活的关系和知识。对于规模小且流动性强的群体中的人类来说，这种投资可能采取的形式是向孩子教授他们需要与之相处的土地、亲属关系或宇宙学的故事，并花时间和精力确保孩子们学习他们需要学习的东西。对于那些差别相当小、每个人的地位多多少少平等[1]的社会环境中尝试定居生活的人来说，孩子们会得到同样的投资。当人类开始聚集成大群体，而且这些群体开始组织成层级和等级制度时，我们就看到了投资于儿童的物质资本的首个重大差异——而且我们首先在死者身上，在他们家人让他们带进坟墓的物质资源中看到了这一点。

正如我们所讨论的那样，在我们过去漫长的游荡生活中的孩子们得到的爱就像我们今天的孩子得到的爱一样多，在他们去世时，常常会和令人印象深刻的装饰品埋葬在一起。在著名的双子洞（Grotta dei Fanciulli）中埋葬的两个婴儿距今已有 40 000 年历史，那里至今仍埋藏着一排排装饰性贝壳，这些贝壳的排列方式都和婴儿寿衣上的贝壳图案一致。赭石等其他物质经常被用来装饰墓葬，动物部位也一样：在塔福拉尔特洞穴（Taforalt Cave）距今 15 000 年的墓地中，埋葬着一个巨大的星形黇鹿鹿角。但是尽管装饰和个人装饰品很常见，但是要在我们发现的人工制品中解读出特殊地位却很困难。只有一处旧石器时代晚期的墓葬中可以说有一件真正的、可以实际使用的东西，就是埋葬在一个幼童手里的双刀。

然而，当我们抵达一个由村庄和定居点组成的世界时，我们发现孩子们和真正的东西埋在一起。这些东西是他们会在

[1] "平等主义"用在过去是个荒谬的词，当时我们可以清楚地看到不同年龄和性别群体的社会角色是不同的。确实，过去有人类这一事实就足以说明"平等"并不总是适用。

生活中拥有过的——珠子和装饰品、赭石粉末，或许还有他们曾经用过的几枚刃具或几件工具。然而，尽管被埋葬者、埋葬方式和陪葬品之间可能存在细微差别，但我们在墓葬中发现的东西似乎是适合社会角色的——成人与儿童、男性与女性，萨满祭司与精神上平淡无奇的人。这个孩子和那个孩子之间，或者这个女人和那个女人之间，都没有什么区别，只是几片小刀或几颗珠子。

然而，当我们开始生活在人口稠密的城镇中时，第一批农耕村庄的所有新技术都不可能让我们做好准备应对令人震惊的物品大爆炸。有金属材质的物品、写有文字的物品、磨碎的物品、雕刻出来的物品、陶瓷材质的物品、看起来像金属材质的物品的雕刻出来的物品，以及看起来像雕刻出来的物品的陶瓷材质的物品——城市的过去是消费品的垃圾堆，而且很多东西都被带进了坟墓。我们关心这种物品激增，因为它们代表了一种新的投资，这种投资在分层不太明显的社会的考古记录中很难追踪：物质资本。当然，自古以来每个坟墓中的每件物品都具有被视为物质资本的一定潜力。双子洞两婴儿坟墓中穿在一起的贝壳显然需要劳动力和材料方面的投资。但是由于缺乏利用这些珠子或者将其换成劳动力或材料成本更好的其他物品的方法——因为几乎每个人都可以用相同的材料生产同样的珠子，所以当珠子埋入地下时，并不会产生多大的投资损失。

然而，当只有部分人制作珠子，并且只有部分人能够获得制作珠子的原材料时，这些珠子的经济意义就会发生变化。当生产方式和交换机制从它们的社区根源延伸到我们今天所理解的市场经济时，这就是每一类物质对象所发生的情况，在市场经济中，物品突然有了价格，这种价格脱离了获取它们时所处的环境——谁制作的礼物不如礼物本身重要。既然一切物品都具有交换价值——而且物品数量是如此之多，那么当我们看到它们分布在死者的坟墓中时，我们可以开始对这些死者在物质世界执行自己意愿的能力做出一些非常冷静的假设。物品，以及利用物品的能力，成为城市世界生存的关键部分，因此，关于一种童年新形态的进化，能向我们透露最多内幕的，是我们在物品中看到的差异。冰冷、坚硬的物品不是父母为孩子的生长或者教会他们走路而投入的具身资本；它们不是管理孩子将来在社会中茁壮成长所需的复杂人际关系网络的社会资本；它们是梯子上的踏步，无论是向上还是向下。它们是金钱。

我们在考古记录中可以清楚地看到这一点。随着更稠密的人类社会开始以等级制度进行组织，坟墓变得花哨起来。是的，以前有一些花哨的坟墓。[1] 但是我们不需要一个物质等级来解释可能是萨满教或其他宗教崇拜墓葬的东西；事实上，这就是对生活分层之前的时代发现的大多数“特殊”墓葬的

[1] 我个人最喜欢的是 12 000 年前一位残疾老妇人在希拉松塔赫蒂特（Hilazon Tachtit）的坟墓，她身边有数千个龟甲。你肯定会想到那个负责埋下陪葬品的人，他环顾四周，看了看前面的几百个龟甲，然后决定，不，这还不够。

解释。但是一路走来，坟墓里开始出现一些东西。对于成年人而言，我们可以看到，当某人去世时进入地下的东西反映了他们自己的个人物品和成就。这里的典型例子是“战士”坟墓，尸体[1]旁边的武器被阐释为清楚地标志着死者的战斗能力。然而，丢掉金属是一件愚蠢的事情。金属的提炼和锻造成本很高；特别是在那些喜欢使用金属作为工具的文化中。[2]因此，当你开始将高价值物品与死者埋葬在一起时，一定是有原因的——要么是因为他们的威望，或者是因为你的威望。这一切都很好，因为我们可以理解，一个成年人有足够的时间来赢得他们带到坟墓里的任何威望——以及金属矛。但是，当我们开始在一个孩子的坟墓中看到大量由昂贵金属制成的战争武器时，这意味着什么？

这是我不得不问自己的一个问题——而且这是个令人着迷的问题。2015 年，我与土耳其爱琴海大学（Ege University）团队的哈鲁克·萨格拉姆蒂穆尔博士（Dr Haluk Sağlamtimur）签约，参加了土耳其东南部锡尔特省巴苏尔赫于克遗址的发掘项目，该遗址位于我们称之为美索不达米亚的文化区的底格里斯河北部边缘，艾杰大学的团队当时正在发掘一座青铜

[1] 尸体的性别不一定是男性。无论考古学家死后去哪里，肯定都会出现大量的红脸，这是他们的羞愧导致的脸红，因为他们曾经想当然地将武器和骨架的组合视为男性，结果却被一位真正查看了骨架的有用的生物考古学家纠正了。一旦我们学会了如何分析古代 DNA，女战士开始出现的数量真是一个奇迹。

[2] 好吧，如果你碰巧在一个金属大多像黄金一样柔软的地区建造你的城市主体，例如在中美洲，你会坚持使用石头的，不是吗？

时代早期的墓地。这个团队挖掘出一个又一个坟墓，里面充满了精致的陶器、复杂的串珠，以及成堆的（一点儿也不夸张）金属物品——所有这些都可以追溯到5 000年前该地区最早使用金属的时期。每个坟墓都有几个住户，而且在坟墓的巨大石头边界之外，还有更多住户——也与大量罐子和贵重物品埋葬在一起。在最大、最深的坟墓中——也许是最早的一座，我们可以清楚地看出，不仅坟墓外的罐子和金属物品是为了纪念坟墓而精心布置的，而且真人也是如此。

年龄从大约十岁到二十出头的八个年轻人，一个挨一个地堆积在主墓葬的脚下，就在守卫坟墓的石墙的外面。研究人员对破裂的头骨和粉碎的四肢进行仔细检查后发现，这些年轻人的结局很不美好。其中至少有两人明显被暴力杀害。因此，在城市革命刚开始时，就在我们所称的美索不达米亚外侧，有一些令人震惊的东西：坟墓里装满了物品——陶瓷、金属和人类。

那么，这些年轻人的死是为了纪念谁呢？那个坟墓里面是谁？尽管其中的人类遗骸处于中等至糟透的状态，但它们还是被非常仔细地收集起来，而当我在现场实验室里与这些神秘的坟墓主面对面时，我的工作就是弄清楚他们到底是谁，竟然值得如此巨大的财富。[1]骨头基本上都碎了[2]，所以我的任务是辨别各个碎片——耳朵周围厚重骨骼的一片碎片，几颗仍然附着在下颌上的牙齿——然后确定它们属于谁。对于成年人，这从来都不是一项容易的任务，最终你只能清点身体各部位的数量，从而做出合理的猜测；即三条左腿意味着这里至少有三个人。但对于儿童仍在生长的身体，我们拥有我们在前几章中看到的已知生长轨迹，可以准确缩小身体的年龄范围。用来自骨骼（还有牙齿；主要是牙齿）的信息——每个部位的数量及其发育阶段——可以清楚地看出，在这场可能是地球上最早的活人祭祀活动中，主要受祭者是两名 12 岁的儿童。

两个孩子在死亡时能够受到如此的尊重，以至于需要以真实的人命为代价，这是一件不可思议的事。这是另一个世界，完全不同于一些贝壳珠子或者你的私人刀具。通过生活中的行为来获得地位的世界和通过出生来获得地位的世界之间存在着根本的区别。赢得地位的文化（和矛埋在一起的女战士）和先天地位的文化（和自己根本无法挥舞的武器埋在一起的儿童）之间的差异是巨大的，这是我们漫长的过去中的童年

---

[1] 我的工作还包括支付供应杜松子酒的费用，好让我的英国人助手坚持一连四个月忍受早上五点吃小山羊肉为主的早餐（烤肉串——当地美食）和 50℃的高温，更不用说为学生们提供冰激凌三明治了，他们对数千个骨骼部位进行了数字化。我还必须提防那只流氓火鸡，它一直试图将自己插入发现分析过程中，用它的喙。考古工作需要一定的灵活性。

[2] 如果你希望自己的遗体能保存下来，请避免被埋在石灰岩上。切记。

和我们大多数人如今的童年之间最大的鸿沟。它是资本被传承、继承的证据。它表明在这个社会上，并非所有孩子都是平等的。

在人口稠密的人类社会中，有些人比其他人更平等，社会地位成了你可以投资的东西。你的社会资本——属于正确的家庭或血统，这个阶层或那种职业——变得能够以真实物质的形式传递；以金属矛头或你的文化重视的其他任何东西的形式。虽然奔波生活或小村庄的等级制度基本上是扁平的——而且社会资本只延伸到你教自己的孩子如何在他们的世界里生活，但是突然之间，城市居民拥有了将代代相传的等级和特权（或者它们的缺乏）。而在土耳其那个冰雪和阳光交替的角落里的坟墓中，我们看到了一些最初的迹象，表明这种社会资本的不平等将与作为标志的真实物品一起埋葬——无论它们是漂亮的金属矛头还是真实的人类生命。在坟墓内外尸体的镜像命运中，我们看到了最鲜明的例子，赤裸裸地展示了作为富有的孩子和作为贫穷的孩子可能分别意味着什么。这是书写我们现代世界的故事，而我们可以在死者尸体的考古记录中看到它。

对于现代之前的几千年里的童年，我们的了解大多来自死者的尸体和埋葬方式，这是一个赤裸裸的事实。我经常被问到的一个问题是，挖出儿童尸体的感觉如何。没有简单的答案，而且我认为我尝试做出的回答最终会与任何应对人类体验阴暗面的人一样：你做这件事是因为它很重要，还因为如果不审视生活中最令人不悦的事情，有些问题就无法得到答案。我们大多数挖骨头的人在组建自己的家庭之前就受过良好的训练，而且在和死者打交道时，年轻人的冷酷无情可能是很有用的一点。但我认为情况并不止于此——我认为挖骨头的人实际上往往对每具骨架所代表的个体生活的故事投入得最多。如今尸体考古发掘者这一职业严重偏向女性，这可能和以下事实不无关系：锁定在牙齿和骨头中的生命记录是我们了解妇女和儿童生活的仅有途径中的一种，这些妇女和儿童通常被书面历史排除在外。但真正的答案是，是的，即使是专业的考古学家也会被从未存在过的小生命的痛苦所影响。这种体验可能非常令人悲哀，而这就是挖掘儿童生活的问题——他们中的许多人从来没有过机会。但是，如果我们想超越对历史获胜者所书写的人类过去的肤浅理解，我们就必须挖掘。

有些孩子躺在巨大的坟墓里，有成堆的囤积财富陪伴他们去另一个世界，而在他们的反面，有些孩子的资本不足以为他们赢得精英们得到精心设计的葬礼。不仅被剥夺了社会资本，就连对身体的投资也被剥夺了，他们的小骨架显示了阶级分层的真正后果：一次又一次，他们因缺乏资本而死亡。城市生活等级制度的兴起就是营养不良的加剧；资源获取不平等的出现使得一些家庭能够投资于孩子的身体生长和健康，而一些家庭却无力通过建立在社会资本基础上的网络来保护孩子。营养不良，特别是在特定维生素和矿物质方面的营养不良，会对骨骼产生持久影响，所以不足为奇的是，我们在人类历史上开始看到坏血病和佝偻病等疾病的明显迹象的时候，也是我们看到更多人生活在有些人有而有些人没有的社会中的时候。

古埃及最早的坏血病病例是在埃及文化圈最南端的一个村庄里发现的，它出现在一个距今将近 5 000 年的墓地里，而且是一个孤立事件。3 000 年后，当古罗马人将埃及变成其帝国的一部分时，我们在埋葬于达赫莱绿洲（Dakhleh Oasis）的饱受虐待的尸体中看到，被埋葬的儿童中多达四分之一可能患有坏血病。大约 60% 至 80% 埋葬在达赫莱的儿童患有由坏血病引起的典型眼底病变。然而，我们可以看到，这些营养匮乏疾病的分布并不均匀。在印度河流域的哈拉帕遗址，另一个早期城市社会，一个墓地里埋葬的儿童没有营养不良的迹象，而在另一个墓地里，三分之一的儿童带有罹患坏血病的迹象。虽然坏血病和佝偻病在美洲从来没有像在旧世界那样常见，但关于儿童健康的其他衡量标准显示，儿童健康状况随着社会分层的城市生活的出现而急剧恶化。童年生长中断事件造成的牙齿生长纹成为一个关键证据，表明人口稠密的城市环境中的儿童更有可能经历某种生长中断。从 15 世纪秘鲁的印加人到公元前 12 世纪殷墟商朝墓地中埋葬的儿童，都能看出这种现象。而且这不仅仅是考古学的问题；如今每年死亡的超过 800 万儿童中，仍有三分之一是营养不良导致的。

但是，事情是这样的。如果你可以缓冲不平等世界的风险呢？因为这就是人类所做的事情。我们在前面看到，延长投资时期是在高风险环境中实现生长的有效策略；如果你现在能吃到的食物不足以实现生长，从长远来看，你还有希望在将来弥补。想想物质资本这一崭新的、非常人类的发明，你如何确保自己的孩子拥有成功所需的足够物质资本？嗯，我们做所有动物都做的事情，那就是给自己更长的时间来确保我们做对了。我们对儿童进行漫长的投资，并将这个时期拉得更长，让我们的孩子有机会为未来的战斗做好准备。那么，如果你可以将你所有的资本——食物、朋友，甚至现金——都提供给你的孩子，接下来再陆续发放，会怎么样呢？你会用这额外的时间做什么？事实证明，这是一个非常重要的问题，因为我们如今生活在其中的社会结构非常依赖于这个问题的答案。我们（大多数情况下）不会在繁殖成为一种生物学可能性的那一秒立即开始繁殖。我们还会有十年或二十年的时间保持净亏损运作状态。我们的文化构建了确保我们最大限度地利用青春期的结构；我们告诉孩子们他们什么时候可以结婚，什么时候是成年人——这通常与生物学无关，而是与我们认为儿童应该从被投资状态转变为投资者本身有关。

我们为我们的孩子提供的最后一类培训肯定会受到庙宇襄礼和土陶片艺术家的认可。我们教他们如何复制他们的文化，以及如何维持自己在其中的角色；我们在这最后、最关键的努力中投入了我们拥有的一切资源。在每一种人类文化中，我们都了解必须教授的事物是什么样的。了解事物，这是一件困难的事。想象一下做下面这些事需要花费多少时间：学习澳大利亚原住民的信仰歌之版图（songlines）；背诵《古兰经》；了解猛犸象的去向。现在想想儿童学习者的优势，他们唯一的任务就是学习。在世界各地的社会中，我们确实思考过这一点，并认为这是个非常好的主意。我们动用我们的资源，将它们分散开，并决定让我们的（一部分）孩子有机会在很长很长的一段时间里一直是孩子——这是绝对的资源沉没。

将你的资本投入到更长的依赖期，好让你的孩子学习东西，这并不是什么新鲜事物。很明显，过去的父母曾以各种可能的方式对孩子进行大量投资，尽管孩子们自己并不领情。通信在大约 5 000 年前的发明让我们对这些关系的内部运作有了相当惊人的了解，甚至是那些早已失落在时间长河中的关系。例如，不难想象古巴比伦时期伊丁 - 辛（Iddin-Sîn）写给他母亲齐努（Zinû）的信可以如何改写成一组现代的暴躁短信："我父亲的仆人阿达德 - 伊丁南（Adad-iddinnam）的儿子有两件新衣服穿，而给我弄一件新衣服就总是让你心烦。在你生下我时，他的母亲收养了他，但你并不像他母亲爱他那样爱我。"[1]

我们立刻就能明白，伊丁 - 辛在远离家乡的地方，指望母亲为他提供装备，好让他在这个世界上获得成功——当他意识到母亲的支持不够时，他变得非常暴躁。在这里出现了

[1] 见参考文献：Veenhof. *Letter in the Louvre, 2005.*

童年最新、最持久的痕迹。我们终于遇到了一个即将成年的孩子，他接受了写作技艺的训练，但仍然在洗衣服的问题上困扰着他的母亲。伊丁－辛向我们透露了通向长大成人的摇摇晃晃的梯子的最后一步：外包。就像青春期的黑猩猩终于有机会和大男孩厮混一样，我们也有一个阶段，社会将承担养大我们的责任。然而，黑猩猩所没有的是物质资本，这些物质资本可以为它们买到（或者让它们失去）在迈向成年的最后一步中取得成功的机会。

然而，人类确实有物质资本，而且我们会尽力利用它。我们在前面看到，过去绝大多数的“职业”都是家庭事务。手工艺品是在家庭单位内传承下来的，我们看到以下事实可以佐证这一点：只有例外的情况才值得在真正的古典文本中提及。对于 3 000 年前需要在坚硬的黏土上刻下约定条款的古巴比伦人来说，为离家去学习一些东西的孩子投入实体现金的想法是非常不正统的。学徒甚至不一定比那些留在家里的人更宽裕。相当多的学徒是奴隶，为他们接受的培训所付出的成本也算不上可观：一个捕鼠学徒每年将得到 50 只老鼠这样并不起眼的报酬——这还是拜国王的捕鼠人为师的情况下。[1]他们当中的很多人可能是在自己父亲去世时被送去学一门手艺的男孩，花很少的费用就可以学习木工、制作凉鞋、捕鼠

[1] 合同处罚可能很严厉：如果国王的捕鼠人没能在公元前 549 年培训出年轻的萨马什（Šamaš），会产生一笔 1 000 只老鼠的罚款。

或任何其他可能的手艺。

接受专业、职业和谋生方式的培训，这一切都很好。但是为了训练而训练呢？教育，到底是为了什么？嗯，一方面，学习从来都不是无关紧要的。我们的旧石器时代祖先——以及在他们之前的我们的原始人类祖先，以及再之前的猿类和猴子以及长得像树鼩的动物，全都学习。在眼镜猴的眼球大小的大脑中弄清楚它们在一生中到底学到了什么可能并不容易，但当我们认识了猴子和猿类的复杂社会时，我们可以清楚地看到将掉在地上的红薯变成咸水零食的观察和模仿的模式。从猕猴同伴和亲戚那里学习如何为红薯加盐调味的重要性不亚于学习令你得以存在的宇宙——以及你生活在其中的社会的运转方式——它们都是适应性策略，通过社会化进行文化层面的知识传播。然而，只有后者被贴上了本体论的标签，一旦它被注意到并被迫以书面形式僵化，就会被提升到学习的地位，当我们审视我们为孩子投资的培训类型时，我们最好记住这一点。作为一个生活在由书面语言和随之产生的学习类型所主导的世界里的人，我们有这样一种习惯，即忽视社会在向它们的孩子教授事物方面所做的巨额投资，因为我们没有认出它们采用的教学形式。我们不认可那种可以通过观察和模仿，或者通过指导下的经验和要求进行说教来被动完成的学习类型。[1]

在我们的想象中，教育脱离了直接的实际应用。作为产生全面知识的场所，“学校”的发明被誉为文明成就的巅峰——为了学习而学习。但绝对清楚的一点是，即使是最正式、最深奥的教学（瞧瞧你，古希腊）也有实际存在的意图。教育，或者上学，或者我们在现代社会中已经习以为常的那种正规的学究气，其目标始终是培养一套通过社会学习掌握的技能，使学生能够在社会中发挥作用。正如你需要学习如何与他人相处——否则你的猎人小团体会迅速变得更小，在人口稠密的社会环境中，你必须找到方法表明你适合为团队做出贡献——除非你不知道与季节或景观相关的传奇故事里的冗长诗句，而是想要准备一些关于《埃涅阿斯纪》的机智俏皮话。[2]

这种新形式的专业培训的最早的体现是一种只有官僚机构才会喜欢的技能——书写。市场交易的股票符号出现得最早，大约是在 6 000 年前的某个时候，因为当进行交易的人无法直接对话时，他们绝对需要传递这个罐子里有油以及这批货物包含两个罐子和两捆布这样的信息。代表商品的代币和代表卖家的符号被蚀刻在无所不在的美索不达米亚泥巴里，要么密封在容器顶部，要么密封在黏土小信封中，以确保其中的

[1] 因为，你不了解英格兰的国王、王后和女王们。我的意思是，这肯定会占用你的大脑空间。反正你可以随便在某个地方查到。

[2] 在英国，这实际上似乎是从特定背景进入政界所需的唯一标准。

东西不受干扰。很快，计数代币就变成了计数刻痕，其含义与代币相同，不知不觉间，如今已经是第三个千年了，你的符号已经变成了音节，你的泥巴已经变成了文字。即使是最乏味的文字，也仍然需要大量学习才能制造出来。必须学习将口语单词的声音转化为视觉呈现的符号，还要学习进行书写以及制作书写材料所需的机械和运动技能。学习苏美尔楔形文字非常具有挑战性，就像如今与拉丁字母或汉字作斗争的孩子所面临的挑战一样。

尼普尔在 4 000 年前是美索不达米亚的一个相当重要的城市，而在这里的一篇创作于公元前 1800 年左右、名为“上学日”的文本中，一个在“泥板屋”（edubba，即学校）上学的孩子所经历的考验和磨难得到了诗意的描述。这个男孩——只有男孩在学校接受培训，尽管事实上美索不达米亚抄写员的守护神是女神尼萨巴（Nisaba），而且美索不达米亚历史上第一位有名字的作家是乌尔的一名女祭司[1]——讲述了他悲惨的一天。在他从母亲手里接过包好的午餐并出发去学校，然后一切似乎都在出错：巡查员因为他出现在错误的地方打他，

---

[1] 恩赫杜安娜（Enheduanna）很可能是阿卡德的萨尔贡（Sargon of Akkad）的女儿，并且是因纳纳（Innana）的女祭司。她献给女神尼萨巴的热情赞美诗——“你因屠杀（他们的人民）而闻名，你因像狗一样吞噬（他们的）尸体而闻名”——和对一段流亡时期的哀叹似乎引起了人们的共鸣，使她的遗产得以保留 4 000 多年。这有点像是艾拉妮丝·莫莉塞特（Alanis Morissette）的《破碎小药丸》（*Jagged Little Pill*）成了唯一保存到公元 6 000 年的歌曲录音，如果艾拉妮丝·莫莉塞特是一位公主的话。

另一名教师因为他没系好衬衣打他，苏美尔语老师因为他说阿卡德语[1]打他，而他的楔形文字导师只是因为他的楔形文字写得很糟糕就打他。尽管如此，这篇文本仍在梦想着最终成为一名抄写员的荣耀，这是可以理解的：在这样的学校接受培训的男孩可以得到报酬丰厚的工作，不只是因为他们能够书写——就连女人也可以书写，而是因为他们曾在一所学校接受过一套价值观的灌输——苏美尔人，把你的衬衣系板正了——这将为他们提供那种可以用来交换物质资本（即金钱和影响力）的社会资本。

当然，学校的形象一直与你记忆中的一模一样。一样的不是教室[2]，也不是教学方式，而是正规学校教育的体验数千年来几乎没有变化。公元前 424 年，剧作家阿里斯托芬创作了《云》，这是一部相当不成功的喜剧，几乎所有的幽默都来自对疯狂校长苏格拉底的过于夸张的描绘以及他的学生们蹩脚的智力碎片。描述古老学校教育的传统声音在这部剧中间响起，直到它被矫揉造作的诡辩术压低了声音，运用这种诡辩术，“没有人应该听到一个男孩发出一个音节的声音；接下来，来自城镇同一个区的男孩应该赤身裸体，一同穿过街道前往

---

[1] 当时的口语是阿卡德语，但抄写员被教导使用已经有数百年没人说过的苏美尔语读写——就像数千年后的学童被迫学习早已死透了的拉丁语一样。

[2] 教室的变化令人印象深刻，从“教师之石”（Daskalopetra），即希俄斯岛（Chios）的一个露天花岗岩地板礼堂，我就是在此处完成本书手稿的，而且几乎可以肯定荷马并未在此处教学，到现代教育运动中最昂贵的“森林学校”的露天花岗岩地板礼堂。

竖琴大师的学校，即使地上的雪像粗面粉一样”[1]。

将学校视为特定职业阶层——以及将从事这些职业的特定阶层人群——的训练场，这样的理念似乎曾深深融入该机构的起源之中。从巴比伦的抄写员开始，学校在一套文化和社会规范的生产（和再生产）中占有特殊的地位，这套规范涵盖了一个人长大后如果要从事某些类型的工作所应该知道的知识。投入时间和金钱送孩子上学在很大程度上就是利用资本的能力撬动社会关系，而几千年来，我们一直在慢慢增强这种投资能力。如果说从前需要十年的时间来训练一名抄写员的话，那么现在只需要三年时间就能训练出一名能够撰写相关内容的亚述学家。我们是如何认定我们需要所有这些额外的时间，从而推迟童年的结束，并为我们这个物种本就漫长的青春期投入越来越多的投资的呢？而这对我们童年的形态意味着什么？

[1] 阿里斯托芬，《云》，1901 年英译本。后来，正义的学校教育的其他磨难（包括大量鸡奸行为）大大削弱了这些痛苦，这表明“每天在雪地里步行爬山去上学，往返都是上坡路”不只是古老的修辞手法，关于学校教育的大多数笑话也是如此。

星期四出生的孩子：长路漫漫 21

星期一出生的孩子脸庞美丽，

星期二出生的孩子恩宠满盈；

星期三出生的孩子满是哀愁，

星期四出生的孩子长路漫漫。

星期五出生的孩子善良博爱，

星期六出生的孩子为生活努力。

而在安息日出生的孩子，漂亮可爱，欢乐无忧。

我们并不是唯一养育后代的物种。但我们可能是唯一像我们这样如此努力、如此长时间并且使用如此之多的资源来养育后代的物种。这本书的核心是我多年来多次发表的一句脱口而出的评论，以解释为什么我在埃及的一个吊灯数量过多的房间里过了一年[1]；或者为什么我在安纳托利亚中部的一个

[1] 对于一间卧室而言，两个吊灯是一个不合理的数量。

帐篷里一次待上几个月；或者我曾做出的任何其他可疑的生活选择，而不是一些明智的事情，例如找一份工作和组建家庭。正如我曾告诉很多父母、祖父母和学生贷款官员的那样，我的童年是在城市里度过的：在 10 或 15 年的时间里，我对社会而言是净亏损，但在聚会上却相当有趣。这是否是幽默还有待商榷，但现实并不完全是诙谐的。我的生活之所以是现在的样子，是因为有人给了我持续训练、持续学习的机会；我所拥有的特权是我不曾做出的投资的结果。

每个物种都会找到自己的轨迹，我们会用完美的解决方案来决定将多长时间用来待在子宫里、留在母亲的乳房前，以及到处乱逛惹恼我们的父母。我们的生长速度是有差异的——而且可以变化——并且是由我们在每个生活史阶段的投资策略决定的。以怀孕为例。有些动物，例如孕期一年零三个月的长颈鹿，会在子宫里做大部分的生命准备工作，以便在刚刚从母亲体内落到 2 米之下的地面后，立即在稀树草原上华丽亮相。与蓝鲸之类的物种相比，这当然是懒惰的巅峰，蓝鲸只需要不到一年就可以打造出一头巨兽；蓝鲸出生时重 3 000 千克，长接近 8 米。婴儿出生时是否睁大眼睛准备奔跑，或者是否仍然像小奶猫一样无助，都会产生不同的影响——一些母亲，比如我们的老朋友比萨鼠，在婴儿出生后对自身能量进行预算和投资，将厚重的比萨块送回巢穴，好让自己的孩子能够享用最优质的乳汁。

然而，物种生长模式背后的驱动力是平衡。进化衡量标准的摆动臂必须在达到一定能力水平的需求（无论是猎杀蜥蜴还是其他明显与年龄相关的事情，比如饮酒或驾驶拖拉机[1]）与为了推动这种生长而耗尽能量的风险之间做出权衡。你必须在你可以给婴儿喂多少食物与你想要一个新婴儿的频率之间做出权衡。我们漫长的人类童年实际上是由我们在婴儿期过后接受的长期照料所滋养的，在童年时期，我们无法捕捉蜥蜴，就像我们无法区分搬运工和会计师，也不会执行任何其他重要的社会规定的技能一样。

正如我们在整本书中看到的那样，在花了更长时间离开母亲和她的乳汁之后，其他大猿达到觅食能力和有性生殖这些重大里程碑的时间比我们早得多。我们两三岁就逐渐断奶，七八岁就达到了第一臼齿进食里程碑[2]，而且虽然发育期和繁殖的能力约莫在 12 到 15 岁时到来，但我们通常不会马上生孩子，而是会等到大约 18 到 30 岁之间的某个时候。虽然我们的寿命比黑猩猩稍长一些（公平地说，黑猩猩的体形要小一点），但它们不会在生命的中途画下一条线，说“任何孩子都不准超过这里”。人类女性更年期的存在是对标准生活史进程的另一种偏离，它必须得到解释，而我们为偏离所选择的空间就是我们进行生长的时间。我们生活史的高水位标志就是

---

[1] 或者同时做这些事，如果你在私人道路上的话。

[2] 和在其他大猿中一样，在人类中，这意味着独立进食的能力。这与现代童年阶段的生活现状几乎毫无关系，因为如今每一餐都是由真空包装的小份奶酪意式饺子构成的。它本身可以远远超出童年，进入四五十岁的阶段。

将我们与我们的灵长类往事分开的东西。

我们这个物种借鉴了其他哺乳动物——和其他灵长类动物——的策略，并将其应用于我们自己的特殊情况。这在我们生活史奇怪的弹性延伸中体现得最为明显，因为这种延伸，出生、繁殖和死亡等传统标记已经滑到了我们个人时间线的极端点上。我们很早就出生了，出生时毫无用处而且依赖性很强——晚熟。然后，我们的脚步拖延得远远超出了哺乳动物等待繁殖的正常时间范围，结果却是，伴随着对地球上几乎所有其他生命都认为合理的事情提出的巨大挑战，我们在并非不得已的情况下提前很久叫停了雌性繁殖。然后我们拉长了这些非繁殖寿命，比我们所有的野生灵长类亲戚都活得更久。当然，这些变化背后是有原因的，而且正是这些原因使我们成为人类。我们的长寿，尤其是我们祖母的长寿，是为了帮助，不是为了帮助她们自己，而是为了帮助我们，她们的后代。那个蠢货婴儿实际上由脂肪和大脑组成，准备燃烧大量的热量，而这全都是因为进化迫使我们高度重视的所有东西——无毛、远距离行走、冰镇果汁朗姆酒——一个会学习的婴儿是我们真正选择下注的路线。

我们突破了灵长类动物可能性的极限，而且，我们仍在不断突破。就童年的长度而言，我们是一个长寿的物种，但我们已经缓慢地、稳定地开始表现得好像我们是一个更长寿的物种一样。以地球上最长寿的物种之一弓头鲸为例。这些接近 2 吨重的巨兽可以活两百多年——我们曾在一头 2007 年死亡的弓头鲸身上出人意料地发现了一个 1880 年的爆开的鱼叉头。但即使是这些长寿的动物也会在十五岁后忙着开始繁殖，而我们十五岁时仍在使用我们掌握的所有社会手段推迟向成熟的过渡。[1] 我们可以指出，反青少年怀孕运动和我们经济世界不稳定的结构是将我们在现代的长期依赖阶段继续拉长的社会因素，但我们仍然不知道我们独特的生活史是不是在进化中固定下来的既成事实——或者我们是否还在适应它们，一直到现在。

在过去的数十万年里，我们这个物种一直在与自己进行一场时间很长的对话，谈论儿童到底是什么？多少岁才算够年龄？因为什么？在这本书里，我们看到了推动我们这个物种前进的不同成熟方法，从基本上只是在长脑子和让父母爱自己的婴儿，到将自己强加于社会群体和潜在盟友的幼童、停下来凝视（和学习）并同时努力掌握自己的实体自我的年龄更大的孩子，然后大孩子会用不确定的时间积极学习成为一个成年人。这种尚未完全长大的状态一直持续到某种职业或生物状态将其打破：学徒成为师傅，女儿成为母亲，等等。在前面的几章中，我们越来越多地看到过去几千年里我们不断变化的生活方式如何影响我们度过那漫长而明亮的心灵下午茶时间。

我们童年故事的最后一章是关于复杂青春期的故事，青

[1] 无论我们长到多大，我们都以为自己只有 15 岁。

春期会延长或缩短以积累别人——我们的母亲、父亲、家人、朋友、社会——愿意为我们注入的资本。我们已经看到了它可以采取的三种形式。对儿童有利的身体投资甚至可以说在怀孕之前就已经做出了。这种投资体现在儿童的身体上——他们长得多高，变得多强壮或者多敏捷，对疾病的抵抗力有多强，与营养不良和维生素缺乏的距离有多远，以及在某些情况下，是活着还是死去。社会资本是第二项投资，涵盖了我们所认为的长大这件事如此之多的内容：结交可以一起玩耍和向其学习的朋友；嵌入社会关系和维持这些社会关系的技能，并在情况变糟时为我们提供一群支持者。第三，我们拥有人类独特的潜力，即投资真实资本——冰冷的现金。我们可以额外进行篇幅长达一整本书的讨论，内容是真实资本是否真的只是固定在物质财富中的身体和社会资本的函数，但就我们的目的而言，关键点是当我们的社会变得足够不平等时，需要有能力利用其他东西来帮助你的孩子走出困境，进入可以生存和茁壮成长的位置。延长童年需要物质资本。

在人类中，我们掌握了作为人类的技能却依然停留在依赖期中的时间已经越来越长，直到一个完全成熟、处于繁殖年龄的人类继续在大学里深造（而不是致力于物种的存续）的情况变得不再罕见。但我们如今生活在其中的世界是极其不平等的，这个世界里的童年也是如此。出生在更明亮、更昂贵的星星下的孩子的人生机会，与出生在发展中国家贫困家庭的孩子的人生机会相比，存在着天文数字般的差异。而人生机会并不仅仅意味着统治世界、赢得诺贝尔奖或者成为大牌网红的机会。它们包括生活中的实际机会。简单的经济指标勾勒出了致死统计数据；如果贫困被列为一种死亡原因，那么它将会是全世界——在每一个国家——的头号死因。贫困儿童可能患上可预防的儿童疾病，更有可能生长迟缓和在成年之前死亡。说到童年，只有一项真正的差异需要考虑。那就是阿里斯托芬笔下的尖刻学童和服务他们的奴隶之间的差异，而且它今天仍然存在，这就是我们给予它的时间。长期以来，和最不富裕的人相比，我们这个物种中的富裕、城市和优势群体能够将童年延长数十年之久。

我们不必这样生活。事实上，许多社会已经下定决心，要求我们做得更好；我们不能只是让一部分孩子作为孩子。我们发现，社会越来越认可我们能够为越来越多的儿童提供这种优势。这是政府资助的幼儿保育、学校餐食（和学校牛奶）、免费学校和全民职业培训的承诺。虽然有些为儿童提供免费牛奶的社会一想到向有需要的成年人提供一分钱就感到莫名恐惧，但大多数人似乎都同意儿童应该享有平等的人生机会。[1] 例如，在英国社会，我们（好吧，我们中的一部分）赞同让孩子识字或算数很重要，因此我们共同投入资本，让每个孩子都达到这一水平。我们支付税款，而税款支付学校

---

[1] 但只有在开始时，并且只有在他们没有得到太多机会的情况下，而且不提供免费牛奶。

的开支。

而且，作为一个社会，我们显然也同意，除了生存所需之外，教育孩子没有任何好处。请注意，不是为了生活得好；只是为了获得基本技能，即便如此，或许也不是全部的基本技能。在我写到这里时，英国政府正在确保越来越少的学生进入大学学习艺术和人文学科，因为他们复杂的财务模式在培养具有创造性思维的人才时会产生损失。他们的论点是，我们中有多少人需要阿里斯托芬？[1]我们平衡自己的账簿，查看投资的资本回报，然后我们做出判断，对儿童的这些投资是值得的，而那些投资是轻率的。当我还是个生活在加州的孩子时，社会甚至无法就是否愿意向所有儿童做出投资达成共识。[2]1987 年，在地球上最富有的地方之一，我和四十多名同学共用 15 本教科书，书上自信地宣称总统是理查德·尼克松。而你竟然好奇美国为什么出问题？[1]

我们看待教育，尤其是看待伴随大学教育而产生的漫长且奇特的青春期，就像这是一种只有我们当中最优秀的头脑才应得的特权——而且必须用冰冷的现金支付费用。曾经有人愤愤于为穷人提供“超出他们所需的教育”，事实上，你会发现同样的情绪削弱了对我们如今如何支付学校费用的讨论。这正是对 19 世纪国家资助的初等义务教育以及后来 20 世纪的

[1] 考虑到糟蹋古代历史的能力是治理国家所需的全部资格，这是个非常重要的问题。

[2] 撒切尔拿走了英国儿童的牛奶，而里根拿走了我的教科书。

中等教育的议论；这令人不禁想知道，对于大学的高等教育，他们又会议论多久。这当然是针对社会中不同群体的议论。当贫穷的男孩勉强受到教育时，世界各地社会的许多填补依赖和独立之间的文化空间的机构却将女孩排除在外或者隔离开来。具有不同社会和经济地位、宗教、语言、种族背景和性别的儿童都曾在不同时期被排除在这个伟大而漫长的童年之外。在某些时候，我们需要思考我们所认为的教育是否真的是培训，或者它实际上只是在做巴比伦抄写学校或者阿里斯托芬时代的希腊的抄写学校在做的事情：让地位优越的人花钱进入更长的童年，而在这更长的童年中，他们从投资中受益，而不是反过来。这是我们作为一个社会仍在进行的对话。我的祖母多丽丝非常聪明，她在 16 岁时就脱离了正规教育并开始工作，并且被认为是成功的。她的儿子们都上了大学，而且其中至少一个孩子获得了博士学位。仅仅经过两代人的时间，我就多了将近 25 年的青春期；我用这些时间获得学位、找到工作、写书、丢掉工作，以及提升我自己整体上的福祉。与此同时，阿富汗的一个小女孩将在 11 岁时被迫将学校和童年抛在身后。

事情就是这样。我们每一代人都推迟生育，在儿童和成人之间度过的时间越来越长。我们用它来匹配生命另一端的长期衰老，而这种衰老并不像是以前的那种衰老。我们的童年变得更长，与此同时我们也在延长我们的预期寿命。你很可能——特别是如果你自己也有一个孩子的话——看到过三十多岁的“孩子”把父母的地下室、娱乐室和阁楼弄得乱七八糟，你可能在其中看到了一场灾难，一场对不允许人们和从前生长得一样快的社会和经济状况的辛辣控诉。或者你可以稍微眯起眼睛，在那漫长的童年里看到漫长的进化过程的一小部分。我们可能已经进化出了一种全新的缓慢的童年形态，但我们是人类，我们有选择。我们是会做出社会决策的社会动物，而我们能够做出的最大决策就是如何应对我们不断演变的生活史。目前，在我们的众多社会中，我们构建了不同形式的童年；成功取决于婴儿能否为自己争取更多时间。这本书里的教训是，从我们的原始人类祖先开始，我们的童年变得更长，而这并不是一件坏事——它让我们有时间学习如何成为一只更好的猴子。但我们，在我们的各种社会里，需要长期而认真的思考，我们是不是真的给了每个人长大成人的平等机会。

译注

1. 尼克松早在 1974 年就因水门事件辞去美国总统职务。

致 谢

这本书是在一个奇怪的时间，以一种奇怪的方式写成的。我在全球疫情大流行期间生了一个孩子，我还写了一本关于永远长不大的书，不一定是按这个顺序。世界仿佛终结了，然后继续终结，图书馆和我的腰围都变成了回忆，但这不知怎的，我还有一份手稿要交。我要感谢每个尽最大努力帮助我渡过难关的人，从我的编辑安杰莉克，当然还有吉姆，一直到英国国家医疗服务体系（National Health Service）让我免于死掉的护士们和医生们（非常感谢）。感谢所有提醒我如何作为人类，让我保持理智的人：感谢酒吧智力竞赛小组（Quiz Crew）的远程声音——史蒂夫、杰斯、凯特（Kat）、马尔、克莱尔、吉兹（Gids）、丹和哈娜；感谢长时间受苦的英国喜剧人塔里克、珍、嘉莉（Carrie）、弗利普、埃琳、萨姆和索菲；感谢维塞尔（Veysel；以及我的猫恩奇都和吉尔伽美什，如果没有维塞尔，它们都活不下来）。感谢生日会上的抛地板活动[1]，这提醒了我存在那么多种当婴儿的方式：阿黛尔、艾梅、布里塔妮、夏洛特、凯蒂夫妇、莉齐、蕾切尔和特莎；感谢我在新作写作营（Neuwrite）的科学作家朋友——这本书的早期样稿让他们受苦了，还有我的科幻作家朋友卡特、伊丽莎白、简、杰丝和凯特（Kat）；感谢我可爱的经纪人埃拉；感谢我的考古学家女同事贝姬、苏西和托丽；还要感谢所有在努力完成这件见鬼的事情时曾经给我提供过葡萄酒或齐普罗酒的人，无论是秘密地还是以其他方式：蕾切尔和帕特里克、德斯波伊娜（Despoina）和波利卡尔波斯、赫米奥娜和亚历山德罗斯、戴维和埃娃。

感谢那些我衷心希望我在这本书里公正地呈现了她们的工作成果的女性——做出成果的大部分都是女性——希望我们的领域有一天能适应这一点。感谢多年来与 NHM 人类起源团队进行的世界上最有教育意义的咖啡聊天（克丽丝、劳拉、阿里、西尔维娅，你们总是有很多问题）；感谢我的牙仙团队——克丽丝·D 和路易丝·H，让我的脑子里充满想法，尤其是路易丝，她总是知道人类学的有趣之处。感谢安迪（Andy）全力以赴地录入手稿，感谢梅芙，她在所有事情上都提供了最多的帮助。

译注

1. 流行于英国、爱尔兰、加拿大和印度等国的生日娱乐活动。朋友和家人抓住过生日的人的胳膊和腿，把他 / 她抛到空中，任其摔到地板上。

参考文献

01　玛丽，玛丽，真倔强：姑且算引言

Borgerhoff Mulder, M., and B. A. Beheim. 'Understanding the Nature of Wealth and Its Effects on Human Fitness.' *Philos Trans R Soc Lond B Biol Sci* 366.1563 (2011): 344–56

Clayton, N. S., and N. J. Emery. 'The Social Life of Corvids.' *Curr Biol* 17 (2007): R652–R56

Kaplan, H. S., and J. Bock. 'Fertility Theory: Embodied-Capital Theory of Life History Evolution.' *International Encyclopedia of the Social & Behavioral Sciences*. Eds Smelser, Neil J. and Paul B. Baltes. Oxford: Pergamon, 2001. 5561–68

Shennan, S. 'Property and Wealth Inequality as Cultural Niche Construction.' *Philos Trans R Soc Lond B Biol Sci* 366.1566 (2011): 918–26

02　嗖！跑了黄鼠狼：生活史及其重要性

Calder, W. A. *Size, Function, and Life History.* Cambridge, MA: Harvard University Pr ess, 1984

Gould, S. J. 'Cope's Rule as Psychological Artefact.' *Nature* 385.6613 (1997): 199–200

Harvey, P. H. 'Life-History Variation: Size and Mortality Patterns.' *Primate Life History and Evolution*. Ed. Rousseau, C. J. New York: Wiley-Liss, 1990. 81–88

Martin, R. D, and A. M. MacLarnon. 'Reproductive Patterns in Primates and Other Mammals: The Dichotomy between Altri- cial and Precocial Offspring.' *Primate Life History and Evolution*. Ed. DeRousseau, C. J. *Monographs in Primatology* Volume 14. New York: Wiley-Liss, 1990

Sastrawan, W. J. 'The Word 'Orangutan': Old Malay Origin or Euro- pean Concoction?' *Journal of the Humanities and Social Sciences of Southeast Asia* 176.4 (2020): 532–541

Stearns, S. 'Life-History Tactics: A Review of the Ideas.' *Quart Rev Biol* 51.1 (1976): 3–47

Vadell, M. V., I. E. Gómez Villafañe, and R. Cavia. 'Are Life-History Strategies of Norway Rats (Rattus Norvegicus) and House Mice (Mus Musculus) Dependent on Environmental Characteristics?' *Wildlife Research* 41 (2014): 172–184

03 两只小猴子在床上跳：制造更多猴子

Arlet, M. E., *et al.* 'Species, Age and Sex Differences in Type and Frequen- cies of Injuries and Impairments among Four Arboreal Primate Species in Kibale National Park, Uganda.' *Primates* 50.1 (2008): 65

Barrett, J., D. H. Abbott, and L. M. George. 'Extension of Reproductive Suppression by Pheromonal Cues in Subordinate Female Marmoset Monkeys, Callithrix Jacchus.' *Reproduction* 90.2 (1990): 411–418

Bossen, L. 'Toward a Theory of Marriage: The Economic Anthro- pology of Marriage Transactions.' *Ethnology* 27.2 (1988): 127–44

Clay, Z., *et al.* 'Female Bonobos Use Copulation Calls as Social Signals.' *Biol Lett* 7.4 (2011): 513–16

Dixson, A. F. 'Copulatory and Postcopulatory Sexual Selection in Primates.' *Folia Primatologica* 89.3–4 (2018): 258–86

—. *Primate Sexuality: Comparative Studies of the Prosimians, Monkeys, Apes, and Humans.* Oxford: Oxford University Press, 2012

Domb, L. G., and M. Pagel. 'Sexual Swellings Advertise Female Quality in Wild Baboons.' *Nature* 410.6825 (2001): 204–06

Drea, C. M. 'Bateman Revisited: The Reproductive Tactics of Female Primates.' *Integrative and Comparative Biology* 45.5 (2005): 915–23

Dunbar, R. I. M. *Primates and Their Societies.* Ithaca, NY: Cornell University Press, 1988

Emery Thompson, M. and A. V. Georgiev. 'The High Price of Success: Costs of Mating Effort in Male Primates.' *Int J Primat* 35.3 (2014): 609–27

Fietz, J., *et al.* 'High Rates of Extra-Pair Young in the Pair-Living Fat-Tailed Dwarf Lemur, Cheirogaleus Medius.' *Behav Ecol Socio- biol* 49 (2000): 8–17

Gangestad, S. W., and R. Thornhill. 'Human Oestrus.' *Proc Biol Sci* 275.1638 (2008): 991–1000

Garn, S. M., A. B. Lewis, and R. S. Kerewesky. 'Sex Difference in Tooth Size.' *J Dent Res* 43 (1964): 306

Harcourt, A. H., et al. 'Testis Weight, Body Weight and Breeding System in Primates.' *Nature* 293.5827 (1981): 55–57

Hilgartner, R., et al. 'Determinants of Pair-Living in Red-Tailed Sportive Lemurs (Lepilemur Ruficaudatus).' *Ethology* 118 (2012): 466–79

Kappeler, P. M., and C. P. van Schaik. 'Evolution of Primate Social Systems.' *Int J Primat* 23.4 (2002): 707–40

Key, C., and C. Ross. 'Sex Differences in Energy Expenditure in Non-Human Primates.' *Proc R Soc London Biol Sci* 266.1437 (1999): 2479–2485

Lüpold, S., *et al.* 'Sexual Ornaments but Not Weapons Trade Off against Testes Size in Primates.' *Proc R Soc London Biol Sci* 286.1900 (2019): 2018–2542

Matthews, R. 'Storks Deliver Babies (P=0.008).' *Teaching Statistics* 22.2 (2000): 36–38

Parish, A. R. 'Female Relationships in Bonobos (Pan Paniscus).' *Human Nature (1996): 791–796*

Pawłowski, B. 'Loss of Oestrus and Concealed Ovulation in Human Evolution: The Case against the Sexual-Selection Hypothesis.' *Curr Anth* 40.3 (1999): 257–276

Plavcan, J. M. 'Sexual Dimorphism in Primate Evolution.' *Yearbook of Physical Anthropology* 44 (2001): 25–53

Pond, C. M. 'The Significance of Lactation in the Evolution of Mammals.' *Evolution* 31.1 (1977): 177–199

Rigaill, L. 'Multimodal Signalling of Ovulation in Human and Non-Human Primates.' *BMSAP* 26.3 (2014): 161–165

Rode-Margono, E. J., *et al.* 'The Largest Relative Testis Size among Primates and Aseasonal Reproduction in a Nocturnal Lemur, Mirza Zaza.' *Am J Biol Anth* 158.1 (2015): 165–69

Rooker, K., and S. Gavrilets. 'On the Evolution of Visual Female Sexual Signalling.' *Proc R Soc London Biol Sci* 285.1879 (2018): 20172875

Small, M. F., *et al.* 'Female Primate Sexual Behavior and Conception: Are There Really Sperm to Spare? [and Comments and Reply].' *Curr Anth* 29.1 (1988): 81–100

Stephen, I. D., *et al.* 'Skin Blood Perfusion and Oxygenation Colour Affect Perceived Human Health.' *PLoS One* 4.4 (2009): e5083–e83

Swedell, L. 'Primate Sociality and Social Systems.' *Nature Education Knowledge* 3.10 (2012): 84

Szalay, F. S., and R. K. Costello. 'Evolution of Permanent Estrus Displays in Hominids.' *J Hum Evol* 20.6 (1991): 439–64

Trivers, R. L. 'Trivers on Epstein.' Blog (2020)

04 青蛙求爱记：一夫一妻制有多怪

Dunsworth, H., and A. Buchannon. 'I Know Where Babies Come from Therefore I

Am Human.’ *Aeon* (2019). Web
Fernandez-Duque, E., *et al.* ‘The Evolution of Pair-Living, Sexual Monogamy, and Cooperative Infant Care: Insights from Research on Wild Owl Monkeys, Titis, Sakis, and Tamarins.’ *Am J Biol Anth* 171.S70 (2020): 118–173
Fuentes, A. ‘Patterns and Trends in Primate Pair Bonds.’ *Int J Primat* 23.5 (2002): 953–978
Hrdy, S. B. *The Langurs of Abu: Female and Male Strategies of Reproduction*. Cambridge, MA: Harvard University Press, 1980
Hurlbert, A. C., and Y. Ling. ‘Biological Components of Sex Differ- ences in Color Preference.’ *Curr Biol* 17.16 (2007): R623–R25
Scelza, B. A. ‘Female Choice and Extra-Pair Paternity in a Traditional Human Population.’ *Biology Letters* 7.6 (2011): 889–891
Schacht, R., and K. L. Kramer. ‘Are We Monogamous? A Review of the Evolution of Pair-Bonding in Humans and Its Contemporary Variation Cross-Culturally.’ *Front Ecol Evol* 7.230 (2019)
UNData. ‘Live Births by month of birth’. Demographic Statistics Database. United Nations Statistical Division.

05　乔治·波吉、布丁和派：受孕、生育和脂肪

Altmann, J., *et al.* ‘Body Size and Fatness of Free-Living Baboons Reflect Food Availability and Activity Levels.’ *Am J Primat* 30.2 (1993): 149–161
Beehner, J. C., *et al.* ‘The Endocrinology of Pregnancy and Fetal Loss in Wild Baboons.’ *Horm Behav* 49.5 (2006): 688–99
Boinski, S. ‘Birth Synchrony in Squirrel Monkeys (Saimiri Oerstedi): A Strategy to Reduce Neonatal Predation.’ *Behav Ecol Sociobiol* 21.6 (1987): 393–400
Bygdell, M., *et al.* ‘Revisiting the Critical Weight Hypothesis for Regula- tion of Pubertal Timing in Boys.’ *Am J Clin Nutr* 113.1 (2021): 123–28
Chard, T. ‘Frequency of Implantation and Early Pregnancy Loss in Natural Cycles.’ *Baillieres Clin Obstet Gynaecol* 5.1 (1991): 179–189
Chavez-MacGregor, M., *et al.* ‘Lifetime Cumulative Number of Menstrual Cycles and Serum Sex Hormone Levels in Postmenopausal Women.’ *Breast Cancer Res Treat* 108.1 (2008): 101–112
Clancy, K. ‘Menstruation Is Just Blood and Tissue You Ended up Not Using.’ *Scientific American Blogs* (2011)
Condon, R. G., and R. Scaglion. ‘The Ecology of Human Birth Seasonality.’ *Hum Ecol* 10.4 (1982): 495–511
Dahlberg, J., and G. Andersson. ‘Fecundity and Human Birth Seasonality in Sweden: A Register-Based Study.’ *Rep Health* 16.1 (2019): 87

Deschner, T., *et al.* ‘Timing and Probability of Ovulation in Relation to Sex Skin Swelling in Wild West African Chimpanzees, Pan Troglodytes Verus.’ *Anim Behav* 66.3 (2003): 551–60

Dittus, W. P. J. ‘Arboreal Adaptations of Body Fat in Wild Toque Macaques (Macaca Sinica) and the Evolution of Adiposity in Primates.’ *Am J Biol Anth* 152.3 (2013): 333–44

Drea, C. M. ‘Bateman Revisited: The Reproductive Tactics of Female Primates.’ *Integrat Compar Biol* 45.5 (2005): 915–923

Duan, R., *et al.* ‘The Overall Diet Quality in Childhood Is Prospectively Associated with the Timing of Puberty.’ *Eur J Nutr* (2020)

Elks, C. E., *et al.* ‘Thirty New Loci for Age at Menarche Identified by a Meta-Analysis of Genome-Wide Association Studies.’ *Nature Genetics* 42.12 (2010): 1077–1085

Emera, D., *et al.* ‘The Evolution of Menstruation: A New Model for Genetic Assimilation.’ *BioEssays* 34.1 (2012): 26–35

Frisch, R. E. ‘Body Fat, Menarche, Fitness and Fertility.’ *Human Repro- duction* 2.6 (1987): 521–33

Healy, K., *et al.* ‘Animal Life History Is Shaped by the Pace of Life and the Distribution of Age-Specific Mortality and Reproduction.’ *Nature Ecology & Evolution* 3.8 (2019): 1217–24

Heldstab, S., *et al.* ‘Getting Fat or Getting Help? How Female Mammals Cope with Energetic Constraints on Reproduction.’ *Front Zool* 14 (2017): 29–29

Horn, J., and L. J. Vatten. ‘Reproductive and Hormonal Risk Factors of Breast Cancer: A Historical Perspective.’ *Int J Womens Health* 9 (2017): 265–72

Jauniaux, E., *et al.* ‘Placental-Related Diseases of Pregnancy: Involve- ment of Oxidative Stress and Implications in Human Evolution.’ *Hum Reprod Update* 12.6 (2006): 747–755

Kaplowitz, P. B. ‘Link between Body Fat and the Timing of Puberty.’ *Pediatrics* 121:3 (2008): S208–S17

Knott, C. ‘Female Reproductive Ecology of the Apes: Implications for Human Evolution.’ Ed. P. T. Ellison. *Reproductive Ecology and Human Evolution* (2011). Hawthorne, New York:

Kühnert, B., and E. Nieschlag. ‘Reproductive Functions of the Ageing Male.’ *Hum Reprod Update* 10.4 (2004): 327–339

Macklon, N. S., and J. J. Brosens. ‘The Human Endometrium as a Sensor of Embryo Quality.’ *Biol Reprod* 91.4 (2014): 98

McNeilly, A. S. ‘Reproduction and Environment.’ *Reproduction and Adaptation: Topics in Human Reproductive Ecology.* Eds Mascie- Taylor, C., G. Nicholas and L. Rosetta. Cambridge Studies in Biological and Evolutionary Anthropology. Cam-

bridge: Cambridge University Press, 2011. 1–16
Miller, G., *et al.* ‘Ovulatory Cycle Effects on Tip Earnings by Lap Dancers: Economic Evidence for Human Estrus?’ *Evol Hum Behav* 28.6 (2007): 375–381
Nguyen, N. T. K., *et al.* ‘Nutrient Intake through Childhood and Early Menarche Onset in Girls: Systematic Review and Meta-Anal- ysis.’ *Nutrients* 12.9 (2020)
Pettit, Mi., and J. Vigor. ‘Pheromones, Feminism and the Many Lives of Menstrual Synchrony.’ *BioSocieties* 10.3 (2015): 271–294
Schwartz, S. M., *et al.* ‘Dietary Influences on Growth and Sexual Matu- ration in Premenarchial Rhesus Monkeys.’ *Horm Behav* 22.2 (1988): 231–51
Small, M. F., *et al.* ‘Female Primate Sexual Behavior and Conception: Are There Really Sperm to Spare? [and Comments and Reply].’ *Curr Anth* 29.1 (1988): 81–100
Strassmann, B. I. ‘The Biology of Menstruation in *Homo sapiens*: Total Lifetime Menses, Fecundity, and Nonsynchrony in a Natu- ral-Fertility Population.’ *Curr Anth* 38.1 (1997): 123–129
Teklenburg, G., *et al.* ‘Natural Selection of Human Embryos: Decidu- alizing Endometrial Stromal Cells Serve as Sensors of Embryo Quality Upon Implantation.’ *PLoS One* 5.4 (2010): e10258
Wang, H., *et al.* ‘Maternal Age at Menarche and Offspring Body Mass Index in Childhood.’ *BMC Pediatrics* 19.1 (2019): 312
Wilcox, A. J., *et al.* ‘Likelihood of Conception with a Single Act of Intercourse: Providing Benchmark Rates for Assessment of Post-Coital Contraceptives.’ *Contraception* 63.4 (2001): 211–215
Zihlman, A. L., D. R. Bolter, and C. Boesch. ‘Skeletal and Dental Growth and Development In Chimpanzees of the Taï National Park, Côte D’ivoire.’ *J Zool* 273 (2007): 63–73

06 快快给我烤个蛋糕来：妊娠的喜悦

Blanco, M. B. ‘Reproductive Biology of Mouse and Dwarf Lemurs of Eastern Madagascar, with an Emphasis on Brown Mouse Lemurs (Microcebus Rufus) at Ranomafana National Park, a South- eastern Rainforest.’ University of Massachusetts, 2010
Borries, C., *et al.* ‘Beware of Primate Life History Data: A Plea for Data Standards and a Repository.’ *PLoS One* 8.6 (2013): e67200
Callister, L. C. and I. Khalaf. ‘Culturally Diverse Women Giving Birth: Their Stories.’ *Childbirth across Cultures: Ideas and Practices of Pregnancy, Childbirth and the Postpartum*. Ed. Selin, Helaine. Dordrecht: Springer Netherlands, 2009. 33–39
Cameron, E. Z., and F. Dalerum. ‘A Trivers-Willard Effect in Contem- porary Humans: Male-Biased Sex Ratios among Billionaires.’ *PLoS One* 4.1 (2009): e4195

Cockburn, A., *et al.* 'Sex Ratios in Birds and Mammals: Can the Hypotheses Be Disentangled?' *Sex Ratios: Concepts and Research Methods.* Ed. Hardy, I. C. W. Cambridge: Cambridge University Press, 2002. 266–86

Dunn-Fletcher, C. E., *et al.* 'Anthropoid Primate–Specific Retroviral Element The1b Controls Expression of Crh in Placenta and Alters Gestation Length.' *PLOS Biology* 16.9 (2018): e2006337

Dunsworth, H., *et al.* 'Metabolic Hypothesis for Human Altriciality.' *PNAS* 109.38 (2012): 15212–16

Fleagle, J. G. 'Chapter 4 - the Prosimians: Lemurs, Lorises, Galagos and Tarsiers.' *Primate Adaptation and Evolution* (Third Edition). Ed. Fleagle, J. G. San Diego: Academic Press, 2013. 57–88

Gatti, S., *et al.* 'Population and Group Structure of Western Lowland Gorillas (Gorilla Gorilla Gorilla) at Lokoué, Republic of Congo.' *Am J Primatol* 63.3 (2004): 111–123

Haig, D. 'Genetic Conflicts in Human Pregnancy.' *Quarter Rev Biol* 68.4 (1993): 495–532

Harvey, P. H., and T. H. Clutton-Brock. 'Life History Variation in Primates.' *Evolution* 39.3 (1985): 559–581

Institute of Medicine (US) Committee on Nutritional Status During Pregnancy and Lactation. *Energy Requirements, Energy Intake, and Associated Weight Gain Duri ng Pregnancy*. Washington DC, 1990

Iradukunda, F. 'Food Taboos During Pregnancy.' *Health Care for Women International* 41.2 (2020): 159–168

Lazarus, J. 'Human Sex Ratios: Adaptations and Mechanisms, Problems and Prospects.' *Sex Ratios: Concepts and Research Methods*. Ed. Hardy, I. C. W. Cambridge: Cambridge University Press, 2002. 287–312

Mi, S., *et al.* 'Syncytin Is a Captive Retroviral Envelope Protein Involved in Human Placental Morphogenesis.' *Nature* 403.6771 (2000): 785–789

Ming, C. 'Zhuan Nü Wei Nan Turning Female to Male: An Indian Influ- ence on Chinese Gynaecology?' *Asian Medicine* 1.2 (2005): 315–334

National Research Council (US) Committee on Technological Options to Improve the Nutritional Attributes of Animal Products. *Designing Foods: Animal Product Options in the Marketplace*. Wash- ington DC: National Research Council (US) Committee on Technological Options to Improve the Nutritional Attributes of Animal Products, 1988

Newton-Fisher, N. E. 'The Hunting Behavior and Carnivory of Wild Chimpanzees.' *Handbook of Paleoanthropology*. Eds Henke, W. and I. Tattersall. Berlin, Heidelberg: Springer Berlin Heidelberg, 2015. 1661–1691

Peacock, N. R. 'Comparative and Cross-Cultural Approaches to the Study of Human Female Reproductive Failure.' *Primate Life History and Evolution*. Ed. DeRousseau, C. J. New York: Wiley- Liss, 1990. 195–220

Perret, Martine. 'Influence of Social Factors on Sex Ratio at Birth, Maternal Investment and Young Survival in a Prosimian Primate.' *Behav Ecol Sociobiol* 27.6 (1990): 447–454

Sight and Life Foundation. 'Food Taboos During Pregnancy and Lacta- tion across the World.' https://sightandlife.org/wp-content/ uploads/2017/02/Food-Taboos-infographic.pdf

Trivers, R. L., and D. E. Willard. 'Natural Selection of Parental Ability to Vary the Sex Ratio of Offspring.' *Science* 179.4068 (1973): 90–92

07 咯咯，咯咯，鹅妈妈：生孩子

Aiello, L. C., and P. Wheeler. 'The Expensive-Tissue Hypothesis: The Brain and the Digestive System in Human and Primate Evolu- tion.' *Curr Anth* 36.2 (1995): 199–221

Betti, L., and A. Manica. 'Human Variation in the Shape of the Birth Canal Is Significant and Geographically Structured.' *Proc R Soc London Biol Sci* 285.1889 (2018): 20181807

DeSilva, J., and J. Lesnik. 'Chimpanzee Neonatal Brain Size: Implica- tions for Brain Growth in *Homo erectus*.' *J Hum Evol* 51.2 (2006): 207–12

DeSilva, J. M. 'A Shift toward Birthing Relatively Large Infants Early in Human Evolution.' *PNAS* 108.3 (2011): 1022–27

Dobbin, J., and J. Sands. 'Comparative Aspects of the Brain Growth Spurt.' *Early Hum Devel* 311 (1978): 79–83

Dunsworth, H., and L. Eccleston. 'The Evolution of Difficult Child- birth and Helpless Hominin Infants.' *Ann Rev Anthropol* 44.1 (2015): 55–69

Dunsworth, H., *et al.* 'Metabolic Hypothesis for Human Altriciality.' *PNAS* 109.38 (2012): 15212–16

Evans, K. M., and V. J. Adams. 'Proportion of Litters of Purebred Dogs Born by Caesarean Section.' *J Small Animal Practice* 51.2 (2010): 113–18

Hirata, S., *et al.* 'Mechanism of Birth in Chimpanzees: Humans Are Not Unique am ong Primates.' *Biology Letters* 7.5 (2011): 686–88

Holland, D., *et al.* 'Structural Growth Trajectories and Rates of Change in the First 3 Months of Infant Brain Development.' *JAMA Neurology* 71.10 (2014): 1266–74

Lawn, J. E., *et al.* 'Stillbirths: Rates, Risk Factors, and Acceleration Towards 2030.' *Lancet* 387.10018 (2016): 587–603

Lewin, D., *et al.* '[Contractile Force, Work of the Uterus, Power Devel- oped and

Resistance of the Cervix Uteri During Labor. Meas- urements in Poissy Units].' *J Gynecol Obstet Biol Reprod* (Paris) 5.3 (1976): 333–42
Navarrete, A., *et al.* 'Energetics and the Evolution of Human Brain Size.' *Nature* 480.7375 (2011): 91–93
Pan, W., *et al.* 'Birth Intervention and Non-Maternal Infant-Handling During Parturition in a Nonhuman Primate.' *Primates* 55.4 (2014): 483–88
Pontzer, H., *et al.* 'Metabolic Acceleration and the Evolution of Human Brain Size and Life History.' *Nature* 533.7603 (2016): 390–92
Rosenberg, K. R. 'The Evolution of Modern Human Childbirth.' *Am J Biol Anth* 35.S15 (1992): 89–124
Rosenberg, K., and W. Trevathan. 'Birth, Obstetrics and Human Evolution.' *BJOG: An Int J Gynecol Obstet* 109.11 (2002): 1199–206
Sampson, C. 'Galago Demidoff: Prince Demidoff' s Bushbaby.' 2004
Silk, J., *et al.* 'Gestation Length in Rhesus Macaques (Macaca Mulatta).' *Int J Primat* 14.1 (1993): 95–104
Stoller, M. K. 'The Obstetric Pelvis and Mechanism of Labor in Nonhuman Primates.' University of Chicago, 1995
Tiesler, V. 'Studying Cranial Vault Modifications in Ancient Mesoamerica.' *J Anthropol Sci* 90 (2012): 33–58
Trevathan, W. 'Primate Pelvic Anatomy and Implications for Birth.' *Philos Trans R Soc B Biol Sci* 370.1663 (2015): 20140065

08 跷跷板，玛琼琳·朵：对分娩的文化适应

Arriaza, B., *et al.* 'Maternal Mortality in Pre-Columbian Indians of Arica, Chile.' *Am J Biol Anth* 77.1 (1988): 35–41
Campbell, O. 'Why Male Midwives Concealed the Obstetric Forceps.' JSTOR Daily, 2018.
Couto-Ferreira, M. E. 'She Will Give Birth Easily: Therapeutic Approaches to Childbirth in 1st Millennium Bce Cuneiform Sources.' *Dynamis: Acta Hispanica ad Medicinae Scientiarumque Historiam Illustrandam* 34 (2014): 289–315
Drife, J. 'The Start of Life: A History of Obstetrics.' *Postgraduate Medical Journal* 78.919 (2002): 311–15
Fiddyment, S., *et al.* 'Girding the Loins? Direct Evidence of the Use of a Medieval English Parchment Birthing Girdle from Biomo- lecular Analysis.' *R Soc Open Sci* 8.3 (2021): 202055
Fitzpatrick-Matthews, K. 'The Woman and Three Babies, the Sad Story of a Real Person.' *North Hertfordshire Museums*. North Hert- fordshire Museums, 2020
Green, Monica H. *Women's Healthcare in the Medieval West: Texts and Contexts*. Al-

dershot Ashgate: Variorum, 2000
Hotelling, B. A. ‘From Psychoprophylactic to Orgasmic Birth.’ *J Perinat Educ* 18.4 (2009): 45–48
Laudicina, N. M., *et al.* ‘Reconstructing Birth in *Australopithecus sediba.*’ *PLoS One* 14.9 (2019): e0221871
Lee, J. ‘Childbirth in Early Imperial China.’ *NAN NU* 7.2 (2005): 216–86
Lieverse, A. R., *et al.* ‘Death by Twins: A Remarkable Case of Dystocic Childbirth in Early Neolithic Siberia.’ *Antiquity* 89.343 (2015): 23–38
Loudon, I. ‘Deaths in Childbed from the Eighteenth Century to 1935.’ *Med Hist* 30.1 (1986): 1–41
Lurie, S. ‘Euphemia Maclean, Agnes Sampson and Pain Relief During Labour in 16th Century Edinburgh.’ *Anaesthesia* 59.8 (2004): 834–835
Petersen, E. E., *et al.* ‘Racial/Ethnic Disparities in Pregnancy-Related Deaths – United States, 2007–2016.’ *MMWR Morb Mortal Wkly Rep* 68 (2019): 62–765
Pfeiffer, S., *et al.* ‘Discernment of Mortality Risk Associated with Childbirth in Archaeologically Derived Forager Skeletons.’ *Int J Paleo* 7 (2014): 15–24
Rosenberg, K., and W. Trevathan. ‘Birth, Obstetrics and Human Evolution.’ *BJOG: An Int J Gynecol Obstet* 109.11 (2002): 1199–1206
Sarkar, S. ‘Pregnancy, Birthing, Breastfeeding and Mothering: Hindu Perspectives from Scriptures and Practices.’ *Open Theology* 6.1 (2020): 104–16
Simpson, J. Y. ‘Discovery of a New Anæsthetic Agent More Efficient Than Sulphuric Æther.’ *Provincial Medical and Surgical Journal* (1844–1852) 11.24 (1847): 656–658
Skippen, M., *et al.* ‘The Chain Saw - a Scottish Invention.’ *Scot Med J* 49.2 (2004): 72–75
—. ‘Obstetric Practice and Cephalopelvic Disproportion in Glasgow between 1840 and 1900.’ University of Glasgow, 2009
Töpfer, S. ‘The Physical Activity of Parturition in Ancient Egypt: Textual and Epigraphical Sources.’ *Dynamis: Acta Hispanica ad Medicinae Scientiarumque Historiam Illustrandam* 34 (2014): 317–35
Wegner, J. ‘The Magical Birth Brick.’ *Expedition Magazine* 48 (2006)
Zhou, Y., *et al.* ‘Bioarchaeological Investigation of an Obstetric Death at Huigou Site (3900–2900 Bc), Henan, China.’ *Int J Osteo* 30.2 (2020): 264–274

09 睡吧睡吧胖娃娃：以传统办法照料孩子

Barry, H., and L. M. Paxson. ‘Infancy and Early Childhood: Cross-Cul- tural Codes 2.’ *Ethnology* 10.4 (1971): 466–508
Bartick, M., *et al.* ‘Babies in Boxes and the Missing Links on Safe Sleep: Human

Evolution and Cultural Revolution.' *Mat Child Nutr* 14.2 (2018): e12544

Boswell, J. *The Kindness of Strangers: The Abandonment of Children in Western Europe from Late Antiquity to the Renaissance*. Chicago: University of Chicago Press, 1988

Bourdieu, P. *Distinction: A Social Critique of the Judgement of Taste* Trans. Nice, R. Cambridge, MA: Harvard University Press, 1984 British Museum. 'Tablet; Object 122691.' Online Catalogue. Ed. British Museum. 122691 vols

Carroll, M. 'Archaeological and Epigraphic Evidence for Infancy in the Roman World' *The Oxford Handbook of the Archaeology of Childhood*. Eds Crawford, S., D. M. Hadley and G. Shepherd. Oxford: Oxford University Press, 2018

Crittenden, A. N., *et al.* 'Infant Co-Sleeping Patterns and Maternal Sleep Quality among Hadza Hunter-Gatherers.' *Sleep Health* 4.6 (2018): 527–534

De Lucia, K. 'A Child's House: Social Memory, Identity, and the Construction of Childhood in Early Postclassic Mexican Households.' *Am Anthropol* 112.4 (2010): 607–24

Durband, A. C. 'Artificial Cranial Deformation in Kow Swamp 1 and 5: A Response to Curnoe (2007).' *HOMO* 59.4 (2008): 261–69

Farber, W. 'Magic at the Cradle. Babylonian and Assyrian Lullabies.' *Anthropos* 85.1/3 (1990): 139–48

Foster, C. *Bible Pictures and What They Teach Us* Philadelphia, PA: Foster Publications, 1897

Fruth, B., *et al.* 'Sleep and Nesting Behavior in Primates: A Review.' *Am J Biol Anth* 166.3 (2018): 499–509

Gilmore, H. F., and S. E. Halcrow. 'Sense or Sensationalism? Approaches to Explaining High Perinatal Mortality in the Past.' *Tracing Child- hood: Bioarchaeological Investigations of Early Lives in Antiquity*. Eds Thompson, J. L., M. P. Alfonso-Durruty and J. J. Crandall. Florida Press Online: University Press, 2014

Hrdy, Sarah B. 'Comes the Child before Man: How Cooperative Breeding and Prolonged Postweaning Dependence Shaped Human Potentials.' *Hunter-Gatherer Childhoods: Evolutionary, Developmental, and Cultural Perspectives*. Ed. Hewlett, B. New York: Routledge, 2005. 67–91

Lewis, Mary. 'Sticks and Stones: Exploring the Nature and Significance of Child Trauma in the Past.' *The Routledge Handbook of the Bioar- chaeology of Human Conflict*. Eds Knüsel, C. and M. Smith. London, UK: Routledge, 2013

McKenna, J. J., *et al.* 'Mother–Infant Cosleeping, Breastfeeding and Sudden Infant Death Syndrome: What Biological Anthropology Has Discovered About Normal Infant Sleep and Pediatric Sleep Medicine.' *Am J Biol Anth* 134.S45 (2007): 133–61

McKenna, J. J., and L. T. Gettler. 'There Is No Such Thing as Infant Sleep, There Is No Such Thing as Breastfeeding, There Is Only Breastsleeping.' *Acta Paediatrica* 105.1 (2016): 17–21

Metropolitan Museum of Art. 'Amulet with a Lamashtu Demon.' Web

Nunn, C. L., and C. P. van Schaik. 'A Comparative Approach to Reconstructing the Socioecology of Extinct Primates.' *Recon- structing Behavior in the Fossil Record.* Eds Plavcan, J. M., *et al.* New York: Kluwer Academic/Plenum, 2002. 159–216

Nunn, C. L., *et al.* 'Shining Evolutionary Light on Human Sleep and Sleep Disorders.' *Evol Med Pub Health* 2016.1 (2016): 227–243

Nunn, C. L., *et al.* 'Primate Sleep in Phylogenetic Perspective. In Evolution of Sleep: Phylogenetic and Functional Perspectives.' Eds McNamara, P., R. A. Barton and C. L. Nunn. Cambridge: Cambridge University Press, 2010

Okumura, M. 'Differences in Types of Artificial Cranial Deformation Are Related to Differences in Frequencies of Cranial and Oral Health Markers in Pre-Columbian Skulls from Peru.' *Boletim do Museu Paraense Emîlio Goeldi. Ciências Humanas* 9 (2014): 15–26

Patterson, C. "Not Worth the Rearing": The Causes of Infant Exposure in Ancient Gr eece.' *Trans Am Philol Assoc* (1974–) 115 (1985): 103–23

Plutarch. 'Chapter 13.' *On Superstition*

Schwartz, J. H., *et al.* 'Two Tales of One City: Data, Inference and Carthaginian Infant Sacrifice.' *Antiquity* 91.356 (2017): 442–54

Sears, W., and M. Sears. *The Baby Book: Everything You Need to Know About Your Baby from Birth to Age Two*. Boston: Little Brown, 1993

Tiesler, V. 'Studying Cranial Vault Modifications in Ancient Mesoamerica.' *J Anthropol Sci* 90 (2012): 33–58

Tomori, C. 'Breastsleeping in Four Cultures: Comparative Analysis of a Biocultural Body Technique.' *Breastfeeding: New Anthropological Approaches*. Eds Tomori, C., A. E. L. Palmquist and E. A. Quinn. Abingdon: Routledge, 2018

10　哈伯德大妈的橱柜：乳汁的魔力

Amaral, L. Q. 'Mechanical Analysis of Infant Carrying in Hominoids.' *Naturwissenschaften* 95.4 (2008): 281–292

Ballard, O., and A. L. Morrow. 'Human Milk Composition: Nutrients and Bioactive Factors.' *Pediatr Clin North Am* 60.1 (2013): 49–74

Bard, K. 'Primate Parenting.' *Handbook of Parenting: Volume 2: Biology and Ecology of Parenting*. Ed. Bornstein, M. H. London: Lawrence Erlbaum Associates, 2002. 99–140

Cawthon Lang, K. A. 'Bonobo (Pan Paniscus) Conservation.' *Primate Factsheets*

(2010). Web

Hahn-Holbrook, J., *et al.* 'Human Milk as "Chrononutrition" : Implica- tions for Child Health and Development.' *Pediatric Res* 85.7 (2019): 936–942

Hinde, K. 'Colustrum through a Cultural Lens.' *SPLASH! milk science update* (2017). Web

Hinde, K., and L. A. Milligan. 'Primate Milk: Proximate Mechanisms and Ultimate Perspectives.' *Evol Anthropol* 20.1 (2011): 9–23

Mennella, J. A., and N. K. Bobowski. 'The Sweetness and Bitterness of Childhood: Insights from Basic Research on Taste Preferences.' *Physiol Behav* 152.Pt B (2015): 502–507

Peckre, L., *et al.* 'Holding-On: Co-Evolution between Infant Carrying and Grasping Behaviour in Strepsirrhines.' *Scientific Reports* 6.1 (2016): 37729

Pond, C. M. 'The Significance of Lactation in the Evolution of Mammals.' *Evolution* 31.1 (1977): 177–199

Ramani, S., *et al.* 'Human Milk Oligosaccharides, Milk Microbiome and Infant Gut Microbiome Modulate Neonatal Rotavirus Infec- tion.' *Nat Comms* 9.1 (2018): 5010

Rogers, R. L., and M. Slatkin. 'Excess of Genomic Defects in a Woolly Mammoth on Wrangel Island.' *PLOS Genetics* 13.3 (2017): e1006601

Ross, C. 'Park or Ride? Evolution of Infant Carrying in Primates.' *Int J Primat* 22.5 (2001): 749–771

Stevens, B. J., *et al.* 'Sucrose for Analgesia in Newborn Infants Under- going Painful Procedures.' *Cochrane Database of Systematic Reviews* 1 (2010): Cd001069

USDA. 'Infant Nutrition and Feeding Guide.' Washington DC, USA: US Department of Agriculture, 2019

Wickes, I. G. 'A History of Infant Feeding. I. Primitive Peoples; Ancient Works; Renaissance Writers.' *Arch Dis Child* 28.138 (1953): 151–158

Zerjal, T., *et al.* 'The Genetic Legacy of the Mongols.' *Am J Hum Gen* 72.3 (2003): 717–721

11 稀奇，真稀奇：乳汁的文化生活

Baitzel, S. I., and P. S. Goldstein. 'More Than the Sum of Its Parts: Dress and Social Identity in a Provincial Tiwanaku Child Burial.' *J Anthropol Arch* 35 (2014): 51–62

Ballard, O, and A. L. Morrow. 'Human Milk Composition: Nutrients and Bioactive Factors.' *Pediatr Clin North Am* 60.1 (2013): 49–74

CDC. 'Breastfeeding Report Card United States, 2020.' Ed. Control, Centers for Disease. Atlanta, GA: Centers for Disease Control and Prevention, 2020

Couto-Ferreira, M. E. ‘Being Mothers or Acting (Like) Mothers?’ *Women in Antiquity*. Eds Budin, S. L. and J. M. Turfa. London, UK: Taylor & Francis, 2016

Dunne, J., *et al.* ‘Milk of Ruminants in Ceramic Baby Bottles from Prehistoric Child Graves.’ *Nature* 574.7777 (2019): 246–48

Feucht, E. ‘Motherhood in Pharonic Egypt.’ *Women in Antiquity*. Eds Budin, S. L. and J. M. Turfa. London, UK: Taylor & Francis, 2016

Fildes, V. ‘The English Wet-Nurse and Her Role in Infant Care 1538–1800.’ *Med Hist* 32.2 (1988): 142–73

Killgrove, K. ‘Where Did Ancient Roman Babies Poop?’ *Forbes* (2017)

Lacaille, A. D. ‘Infant Feeding-Bottles in Prehistoric Times.’ *Proc R Soc Med* 43.7 (1950): 565–568

Lynch, K. M., and J. K. Papadopoulos. ‘Sella Cacatoria: A Study of the Potty in Archaic and Classical Athens.’ *Hesperia* 75.1 (2006): 1–32

Mair, V. H. ‘Ancient Mummies of the Tarim Basin.’ *Expedition Maga- zine* 58.2 (2016)

Miller, M. *The Baby Killer*. London, UK: War on Want, 1974

Moore, E. R., *et al.* ‘Early Skin-to-Skin Contact for Mothers and Their Healthy Newborn Infants.’ *Cochrane Database of Systematic Reviews* 11 (2016)

Morgan, J. L. ‘ “Some Could Suckle over Their Shoulder” : Male Travelers, Female Bodies, and the Gendering of Racial Ideology, 1500–1770.’ *The William and Mary Quarterly* 54.1 (1997): 167–192

Mulkerin, M. ‘Seal Skin Baby Pants and Ancient Diapers.’ *Rogers Archaeology Lab* (2014)

Rhodes, M. C. ‘Domestic Vulnerabilities: Reading Families and Bodies into Eighteenth-Century Anglo-Atlantic Wet Nurse Advertisements.’ *Journal of Family History* 40.1 (2014): 39–63

Scelza, B. A., and K. Hinde. ‘Crucial Contributions.’ *Human Nature* 30.4 (2019): 371–397

Stevens, E. E., *et al.* ‘A History of Infant Feeding.’ *J Perinat Educ* 18.2 (2009): 32–39

Tessier, R., *et al.* ‘Kangaroo Mother Care: A Method for Protecting High-Risk Low-Birth-Weight and Premature Infants against Developmental Delay.’ *Infant Behavior and Development* 26.3 (2003): 384–397

Toth, P. ‘Children in Ancient Egypt.’ British Museum

UNICEF. ‘Breastfeeding: A Mother’ s Gift, for Every Child.’ New York: UNICEF Nutritional Division, 2018

Victora, C. G., *et al.* ‘Breastfeeding in the 21st Century: Epidemiology, Mechanisms, and Lifelong Effect.’ *Lancet* 387.10017 (2016): 475–90

Volk, A. A. ‘Human Breastfeeding Is Not Automatic: Why That’ s So and What It

Means for Human Evolution.' *J Social Evol Cultural Psychol* 3.4 (2009): 305–314

Wegner, J. 'A Decorated Birth-Brick from South Abydos: New Evidence on Childbirth and Birth Magic in the Middle Kingdom'. *Archaism and Innovation: Studies in the Culture of Middle Kingdom Egypt*. Eds. D. P. Silverman et al. New Haven, CT / Philadelphia PA: Depart- ment of Near Eastern Languages and Civilizations, Yale University / University of Pennsylvania Museum, 2009. 447–496

West, E., and R. J. Knight. 'Mothers' Milk: Slavery, Wet-Nursing, and Black and White Women in the Antebellum South.' *J Southern Hist* 83 (2017): 37–68

WHO. 'Exclusive Breastfeeding under 6 Months.' (2019)

Williamson, I., *et al.* ' "It Should Be the Most Natural Thing in the World" : Exploring First Time Mothers' Breastfeeding Difficul- ties in the UK Using Audio-Diaries and Interviews.' *Mat Child Nutr* 8 (2012): 434–447

Xu, F., *et al.* 'Breastfeeding in China: A Review.' *International Breastfeeding Journal* 4.1 (2009): 6

12 爸爸去给你买只嘲笑鸟：父亲的进化

Barry, H., and L. M. Paxson. 'Infancy and Early Childhood: Cross- Cultural Codes 2.' *Ethnology* 10.4 (1971): 466–508

Borráz-León, J. I., *et al.* 'Low Intrasexual Competitiveness and Decreasing Testosterone in Human Males (*Homo sapiens*): The Adaptive Meaning.' *Behaviour* 157.1 (2019): 1

Darwin, C. *Descent of Man*. 1871 (1981) DeGrutyer.

Fernandez-Duque, E., *et al.* 'The Evolution of Pair-Living, Sexual Monogamy, and Cooperative Infant Care: Insights from Research on Wild Owl Monkeys, Titis, Sa kis, and Tamarins.' *Am J Biol Anth* 171.S70 (2020): 118–73

Fromhage, L. 'Parental Care and Investment.' Els. Wiley Online Library. 1–7

Geniole, S. N., *et al.* 'Is Testosterone Linked to Human Aggression? A Meta-Analytic Examination of the Relationship between Base- line, Dynamic, and Manipulated Testosterone on Human Aggression.' *Horm Behav* (2019): 104644

Gimbutas, M. *Civilization of the Goddess*. San Francisco: Harper, 1991

Harris, R. A., *et al.* 'Evolutionary Genetics and Implications of Small Size and Twinning in Callitrichine Primates.' *PNAS* 111.4 (2014): 1467–72

Hrdy, S. B. 'Cooperative Breeding and the Paradox of Facultative Fathering.' *Family, Ties and Care: Family Transformation in a Plural Modernity*. Eds Bertram, H. and N. Ehlert, 2018. 207

Kaplan, H. S., and J. B. Lancaster. 'An Evolutionary and Ecological Analysis of Human Fertility, Mating Patterns, and Parental Investment.' *Offspring: Human Fertility Behavior in Biodemographic Perspective*. Eds Wachter, K. W. and Bulatao, R. A.

Washington DC: National Academies Press, 2003

Kleiman, D. G., and J. R. Malcolm. 'The Evolution of Male Parental Investment in Mammals.' *Parental Care in Mammals*. Eds Gubernick, J. and P. H. Klopfer. Boston, MA: Springer US, 1981. 347–87

Kokko, H. 'Parental Effort and Investment.' *The International Encyclopedia of Anthropology*. Ed. Callan, H.: Wiley Online Library, 2020. 1–7

Maestripieri, D. 'Infant Kidnapping among Group-Living Rhesus Macaques: Why Don't Mothers Rescue Their Infants?' *Primates* 34.2 (1993): 211–16

Malinowski, B. *The Family among the Australian Aborigines: A Sociological Study*. London: University of London Press 1913

Murray, C. M., *et al.* 'Chimpanzee Fathers Bias Their Behaviour Towards Their Offspring.' *R Soc Open Sci* 3.11 (2016): 160441–41

Opie, C., *et al.* 'Male Infanticide Leads to Social Monogamy in Primates.' *PNAS* 110.33 (2013): 13328–32

Sandel, A. A., *et al.* 'Paternal Kin Discrimination by Sons in Male Chimpanzees Transitioning to Adulthood'. *bioArxiv preprint (non peer-reviewed)* https://doi.org/10.1101/631887 (2020)

Sperling, S. 'Baboons with Briefcases: Feminism, Functionalism, and Sociobiology in the Evolution of Primate Gender.' *Signs* 17.1 (1991): 1–27

Storey, A. E., and T. E. Ziegler. 'Primate Paternal Care: Interactions between Biology and Social Experience.' *Horm Behav* 77 (2016): 260–71

Trivers, R. L. 'Parental Investment and Sexual Selection.' Sexual Selec- tion and the Descent of Man, 1871–1971. Ed. Campbell, B. Chicago, IL: Aldine, 1972

Weimerskirch, H., *et al.* 'Sex Differences in Parental Investment and Chick Growth in Wandering Albatrosses: Fitness Consequences.' *Ecology* 81.2 (2000): 309–18

13 曾经有个老太太，住在鞋子的里头：很多孩子——而且很快

Ballard, O., and A. L. Morrow. 'Human Milk Composition: Nutrients and Bioactive Factors.' *Pediatr Clin North Am* 60.1 (2013): 49–74

Cawthon Lang, K. A. 'Primate Factsheets: Gorilla (Gorilla) Behavior.' (2005). Web

CIA. 'Mother' s Mean Age at First Birth.' World Factbook

Cloutier, C., *et al.* 'Age-Related Decline in Ovarian Follicle Stocks Differ between Chimpanzees (Pan Troglodytes) and Humans.' *Age (Dordr)* 37.1 (2015): 9746–46

Ellis, S., *et al.* 'Postreproductive Lifespans Are Rare in Mammals.' *Ecology and Evolution* 8.5 (2018): 2482–94

Faddy, M. J., *et al.* 'Accelerated Disappearance of Ovarian Follicles in Mid-Life: Implications for Forecasting Menopause.' *Hum Reprod* 7.10 (1992): 1342–6

Hawkes, K., *et al.* 'Hardworking Hadza Grandmothers.' *Comparative Socioecology*.

Eds Standen, V. and R. A. Foley. Oxford: Blackwell Scientific Press, 1989. 341–66

Hawkes, K., *et al.* ‘Grandmothering, Menopause, and the Evolution of Human Life-Histories.’ *PNAS* 95.3 (1998): 1336–39

Herndon, J. G., *et al.* ‘Menopause Occurs Late in Life in the Captive Chimpanzee (Pan Troglodytes).’ *Age (Dordr)* 34.5 (2012): 1145–56

Hrdy, S. B. *The Woman That Never Evolved.* Cambridge, MA: Harvard University Pre ss, 1981

McNeilly, A. S. ‘Lactation and Fertility.’ *Journal of Mammary Gland Biology and Neoplasia* 2.3 (1997): 291–98

Office for National Statistics. ‘Marriages in England and Wales: 2017.’ (2020)

Stansfield, F. J., *et al.* ‘The Progression of Small-Follicle Reserves in the Ovaries of Wild African Elephants (Loxodonta Africana) from Puberty to Reproductive Senescence.’ *Repro Fertil Devel* 25.8 (2013): 1165–73

Woods, D. C., *et al.* ‘Oocyte Family Trees: Old Branches or New Stems?’ *PLOS Genetics* 8.7 (2012): e1002848

World Health Organisation. ‘World Fertility Data 2008.’ (2008). Web

World Wildlife Fund. ‘Orangutan Factsheet.’

14 老鼠爬上钟：漫长的灵长类童年

Bogin, B., *et al. Human Biology: An Evolutionary and Biocultural Perspective*. Hoboken, NJ: John Wiley & Sons, 2012

Brimacombe, C. S. ‘The Enigmatic Relationship between Epiphyseal Fusion and Bone Development in Primates.’ *Evol Anthropol* 26.6 (2017): 325–335

Cawthon Lang, K. A. ‘Bonobo (Pan Paniscus) Conservation.’ *Primate Factsheets* (2010). Web

—. ‘Chimpanzee (Pan Troglodytes) Behavior.’ *Primate Factsheets* (2006)

Dunsworth, H. ‘Expanding the Evolutionary Explanations for Sex Differences in the Human Skeleton.’ *Evol Anthropol* 29 (2020) 108–116.

Foerster, S., *et al.* ‘Seasonal Energetic Stress in a Tropical Forest Primate: Proximate Causes and Evolutionary Implications.’ *PLoS One* 7.11 (2012): e50108

Heldstab, S. A., *et al.* ‘Reproductive Seasonality in Primates: Patterns, Concepts and Unsolved Questions.’ *Biol Reviews* 96.1 (2021): 66–88

Plavcan, J. M. ‘Sexual Dimorphism in Primate Evolution.’ *Yearbook of Physical Anthropology* 44 (2001): 25–53

Sarringhaus, L. A., *et al.* ‘Locomotor and Postural Development of Wild Chimpanzees.’ *J Hum Evol* 66 (2014): 29–38

Schultz, A. H. *The Life of Primates.* New York: Universe Press, 1969

Smith, B. H. ‘Life History and the Evolution of Human Maturation.’ *Evol An-*

thropol 1.4 (1992): 134–42

Swanson, E. M., *et al.* ‘Ontogeny of Sexual Size Dimorphism in the Spotted Hyena (Crocuta Crocuta).’ *J Mammol* 94.6 (2013): 1298–1310

Young, J. W., and L. J. Shapiro. ‘Developments in Development: What Have We Learned from Primate Locomotor Ontogeny?’ *Am J Biol Anth* 165.S65 (2018): 37–71

Zihlman, A. L., *et al.* ‘Skeletal and Dental Growth and Development In Chimpanzees of the Taï National Park, Côte D’ivoire.’ *J Zool* 273 (2007): 63–73

15　给了狗狗一根骨头：古人类学如何开始追寻童年

Bolter, D. R., *et al.* ‘Immature Remains and the First Partial Skeleton of a Juvenile *Homo naledi,* a Late Middle Pleistocene Hominin from South Africa.’ *PLoS One* 15.4 (2020): e0230440

Brimacombe, C. S. ‘The Enigmatic Relationship between Epiphyseal Fusion and Bone Development in Primates.’ *Evol Anthropol* 26.6 (2017): 325–335

Cameron, N., *et al.* ‘The Postcranial Skeletal Maturation of *Australo- pithecus sediba.*’ *Am J Biol Anth* 163.3 (2017): 633–640

De Groote, I., *et al.* ‘New Genetic and Morphological Evidence Suggests a Single Hoaxer Created “Piltdown Man”.’ *R Soc Open Sci* 3.8 (2016): 160328

Dean, M. C., and B. H. Smith. ‘Growth and Development of the Nariokotome Youth, Knm-Wt 15000.’ *The First Humans – Origin and Early Evolution of the Genus Homo: Contributions from the Third Stony Brook Human Evolution Symposium and Workshop October 3 – October 7, 2006.* Eds Grine, F. E., J. G. Fleagle and R. E. Leakey. Dordrecht: Springer Netherlands, 2009. 101–120

Garvin, H. M., *et al.* ‘Body Size, Brain Size, and Sexual Dimorphism in *Homo naledi* from the Dinaledi Chamber.’ *J Hum Evol* 111 (2017): 119–38

Leigh, S. R. ‘Evolution of Human Growth.’ *Evol Anthropol* 10.6 (2001): 223–236

Lordkipanidze, D., *et al.* ‘Postcranial Evidence from Early *Homo* from Dmanisi, Georgia.’ *Nature* 449.7160 (2007): 305–310

Prüfer, K., *et al.* ‘The Bonobo Genome Compared with the Chim- panzee and Human Genomes.’ *Nature* 486.7404 (2012): 527–531

Rizal, Y., *et al.* ‘Last Appearance of *Homo erectus* at Ngandong, Java, 117,000–108,000 years Ago.’ *Nature* 577.7790 (2020): 381–385

Sutikna, T., *et al.* ‘The Spatio-Temporal Distribution of Archaeological and Faunal Finds at Liang Bua (Flores, Indonesia) in Light of the Revised Chronology for *Homo floresiensis.*’ *J Hum Evol* 124 (2018): 52–74

Welker, F., *et al.* ‘The Dental Proteome of *Homo antecessor.*’ *Nature* 580.7802 (2020): 235–38

16 外婆，你的牙齿好大：牙齿如何泄露奥秘

AlQahtani, S. J. *et al.* 'Brief Communication: The London Atlas of Human Tooth Development and Eruption.' *American Journal of Physical Anthropology* 142.3 (2010): 481–490

Aristotle. *Aristotle's History of Animals in Ten Books.* Trans. Cresswell, Richard. London: Geroge Bell and Sons / Project Gutenburg, 1887

Beynon, A. D., and M. C. Dean. 'Distinct Dental Development Patterns in Early Fossil Hominids.' *Nature* 335.6190 (1988): 509–514

Conroy, G. C., and M. W. Vannier. 'The Nature of Taung Dental Maturation Continued.' *Nature* 333.6176 (1988): 808–808

Dean, M. C. 'Growing up Slowly 160,000 Years Ago.' *PNAS* 104.15 (2007): 6093

Dean, M. C., and B. H. Smith. 'Growth and Development of the Nariokotome You th, Knm-Wt 15000.' *The First Humans – Origin and Early Evolution of the Genus Homo: Contributions from the Third Stony Brook Human Evolution Symposium and Workshop October 3 – October 7, 2006.* Eds Grine, F. E., J. G. Fleagle and R. E. Le akey. Dordrecht: Springer Netherlands, 2009. 101–120

Fatemifar, G., *et al.* 'Genome-Wide Association Study of Primary Tooth Eruption Identifies Pleiotropic Loci Associated with Height and Craniofacial Distances.' *Hum Molec Gen* 22.18 (2013): 3807–3817

Humphrey, L., and C. Stringer. *Our Human Story: Where We Come from and How We Evolved. London:* Natural History Museum, 2018

Humphrey, L. 'Weaning Behaviour in Human Evolution.' *Seminars in Cell & Developmental Biology* 21.4 (2010): 453–461

Liversidge, H. 'Variation in Modern Human Dental Development'. *Patterns of Gro wth and Development in the Genus* Homo. Eds. Nelson, A. J. et al. Cambridge: Cambridge University Press, 2003. 73–113

Mahoney, P. *et al.* 'Growth of Neanderthal Infants from Krapina (120 ~ 130 Ka), Croatia'. *Proc Royal Soc B: Biol Sci* 288.1963 (2021): 20212079

Mann, A. 'The Nature of Taung Dental Maturation.' *Nature* 333.6169 (1988): 123–123

Meyer, M., *et al.* 'A High-Coverage Genome Sequence from an Archaic Denisovan Individual.' *Science* 338.6104 (2012): 222–226

Modesto-Mata, M. *et al.* 'Early and Middle Pleistocene Hominins from Atapuerca (Sp ain) Show Differences in Dental Developmental Patterns'. *Am J Biol Anth* (2022): 1–13

Ramirez R., *et al.* 'Surprisingly Rapid Growth in Neanderthals.' *Nature* 428.6986 (2004): 936–939

Schour, I., and M. Massler. 'The Development of the Human Denti- tion.' *J Am Dent*

Assoc 28 (1941): 153–160

Smith, B. H. 'Dental Development and the Evolution of Life History in Hominidae.' *Am J Biol Anth* 86.2 (1991): 157–174

Smith, B. H., *et al.* 'Ages of Eruption of Primate Teeth: A Compendium for Aging Individuals and Comparing Life Histories.' *Am J Biol Anth* 37.S19 (1994): 177–231

Smith, T. M., *et al.* 'Earliest Evidence of Modern Human Life History in North African Early *Homo sapiens*.' *PNAS* 104.15 (2007): 6128–3613

Tobias, P. V. 'When and by Who Was the Taung Skill Discovered?' *Festschrift for Santiago Genovés*. Ed. Tapa, L. L. Mexico D. F.: Insti- tuto de Investigaciones Antropologicas, Universidad Autonoma de Mexico, 1990. 207–214

Xing, S., *et al.* 'First Systematic Assessment of Dental Growth and Development in an Archaic Hominin (*Genus Homo*) from East Asia.' *Science Advances* 5.1 (2019): eaau0930

17　我们相聚在一起：社会学习的重要性

Guemple, L. 'Teaching Social Relations to Inuit Children.' *Hunters and Gatherers 2: Property, Power and Ideology*. Eds Ingold, T., D. Riches and J. Woodburn. Oxford: Berg Publishers Ltd, 1988. 131–149

Lonsdorf, E. V. 'What Is the Role of Mothers in the Acquisition of Termite-Fishing Behaviors in Wild Chimpanzees (Pan Troglo- dytes Schweinfurthii)?' *Animal Cog* 9.1 (2006): 36–46

Lonsdorf, E. V., *et al.* 'Sex Differences in Learning in Chimpanzees.' *Nature* 428.6984 (2004): 715–716

MacDonald, K. 'Cross-Cultural Comparison of Learning in Human Hunting.' *Hum Nature* 18.4 (2007): 386–402

Matsuzawa, T. 'Hot-Spring Bathing of Wild Monkeys in Shiga- Heights: Origin and Propagation of a Cultural Behavior.' *Primates* 59.3 (2018): 209–213

—. 'Sweet-Potato Washing Revisited: 50th Anniversary of the Primates Article.' *Primates* 56.4 (2015): 285–287

Onyango, P. O., *et al.* 'Puberty and Dispersal in a Wild Primate Popu- lation.' *Horm Behav* 64.2 (2013): 240–249

Ottoni, E. B., *et al.* 'Watching the Best Nutcrackers: What Capuchin Monkeys (Cebus Apella) Know About Others' Tool-Using Skills.' *Anim Cogn* 8.4 (2005): 215–219

Pruetz, J. D., and P. Bertolani. 'Savanna Chimpanzees, Pan Troglodytes Verus, Hunt with Tools.' *Curr Biol* 17.5 (2007): 412–417

Rajpurohit, L. P., and V. Sommer. 'Juvenile Male Emmigration from One-Male Natal Troops in Hanuman Langurs.' *Juvenile Primates: Life History, Development, and*

Behavior. Eds Periera, M. and L. A. Fairbanks. Chicago: University of Chicago Pre ss, 2002. 86–103
Watts, D., and A. E. Pusey. 'Behavior of Juvenile and Adolescent Great Apes.' *Juvenile Primates: Life History, Development, and Behavior*. Eds Periera, M. and L. A. Fairbanks. Chicago: University of Chicago Press, 2002. 148–167
Whiten, A., and E. van de Waal. 'The Pervasive Role of Social Learning in Primate Lifetime Development.' *Behav Ecol Sociobiol* 72.5 (2018): 80–80
Ziegler, M., *et al.* 'Development of Middle Stone Age Innovation Linked to Rapid Climate Change.' *Nat Comms* 4.1 (2013): 1905

18 男孩女孩出来玩：以轻松的方式学习

Azéma, M., and F. Rivère. 'Animation in Palaeolithic art: a pre-echo of cinema.' *Antiquity* 86.332 (2012): 316–324
Brumm, A., *et al.*. 'Oldest cave art found in Sulawesi.' *Science Advances* 7.3 (2021): 46–48
Conard, N. J. 'A female figurine from the basal Aurignacian of Hohle Fels Cave in southwestern Germany.' *Nature* 459. 7244 (2009): 248–252
Cormier, L. 'Animism, cannibalism, and pet-keeping among the Guajá of Eastern Amazonia.' *Tipiti* 1 (2003): 71–88
De Lucia, K. 'A Child's House: Social Memory, Identity, and the Construction of Childhood in Early Postclassic Mexican House- holds.' *Am Anthropol* 112.4 (2010): 607–624
Finkel, I. 'Ancient board games in perspective: papers from the 1990 British Museum colloquium with additional contributions.' London: British Museum Press, 2007
Fouts, H. N., *et al.* 'Gender Segregation in Early-Childhood Social Play among the Bofi Foragers and Bofi Farmers in Central Africa.' *Am J Play* 5.3: 333–356.
Garcia, M. A. 'Ichnologie générale de la grotte Chauvet.' *Bulletin de la Société* préhistorique française 102 (*La grotte Chauvet à Vallon-Pont-d'Arc: un bilan des recherches pluridisciplinaires Actes de la séance de la Société préhistorique française 11 et 12 Octobre 2003, Lyon*) (2005): 103–108
Huffman, M. A., *et al.* 'Cultured Monkeys: Social Learning Cast in Stones.' *Curr Direct Psych Sci.* 17.6 (2008): 410
Langley, M. C. 'Magdalenian Children: Projectile Points, Portable Art and Playthings.' *Ox J Arch* 37.1 (2018): 3–24
Lew-Levy, S., *et al.* 'Gender-Typed and Gender-Segregated Play Among Tanzanian Hadza and Congolese BaYaka Hunter-Gatherer Children and Adolescents.' *Child Dev*, 91 (2019): 1284–1301
Montgomery, S. H. 'The relationship between play, brain growth and behavioural

flexibility in primates.' *Anim Behav* 90 (2014): 281–286.

Muratov, M. B. *Greek Terracotta Figurines with Articulated Limbs*. New York: Metropolitan Museum of Art, 2004

Palagi, E. 'Not just for fun! Social play as a springboard for adult social competence in human and non-human primates.' *Behav Ecol Sociobiol* 72.6 (2018): 90.

Varma, S. *Material Culture and Childhood in Harappan South Asia*. Eds Crawford, S., D. M. Hadley and G. Shepherd. Oxford: Oxford University Press, 2018

19 杰克和吉尔上山坡：童年的艰辛

— 'Civita Giuliana – the Vault of a Cryptoporticus in the Villa Emerges from the New Excavations.' Pompeii, 2020

Avramidou, A. 'Women Dedicators on the Athenian Acropolis and Their Role in Family Festivals: The Evidence for Maternal Votives between 530–450 Bce.' *Cahi ers « Mondes* Anciens » 6. Les mères et le politique (2015): 1–29

Benefiel, R. R. 'The Culture of Writing Graffiti within Domestic Spaces at Pompeii.' *Inscriptions in the Private Sphere in the Greco- Roman World*. Eds Benefiel, R. and P. Keegan. Leiden, The Neth- erlands: Brill, 2016. 80–110

Cooney, K. 'Apprenticeship and Figured Ostraca from the Ancient Egyptian Village of Deir El-Medina.' *Archaeology and Apprentice- ship: Body Knowledge, Identity, and Communities of Practice*. Ed. Wendrich, W. Tuscon, AZ: Arizona State University Press, 1982

Crown, P. L. 'Learning to Make Pottery in the Prehispanic American Southwest.' *J Anthropol Res* 57.4 (2001): 451–469

—. 'Life Histories of Pots and Potters: Situating the Individual in Archaeology.' *Am Antiquity* 72.4 (2007): 677–690

Dorland, S. G. H. 'The Touch of a Child: An Analysis of Fingernail Impressions on Late Woodland Pottery to Identify Childhood Material Interactions.' *JAS Reports* 21 (2018): 298–304

Foster, K., *et al.* 'Texts, Storms, and the Thera Eruption.' *J Near Eastern Stud* 55.1 (1996): 1–14

Gelb, I. J. 'The Arua Institution.' *Revue d'Assyriologie et d'archéologie orientale* 66.1 (1972): 1–32

Harrington, N. 'A World without Play?: Children in Ancient Egyptian Art and Iconography.' *The Oxford Handbook of the Archaeology of Childhood*. Eds Crawford, S., D. M. Hadley and G. Shepherd. Oxford: Oxford University Press, 2018

Huntley, K. V. 'Children's Graffiti in Roman Pompeii and Hercu- laneum.' *The Oxford Handbook of the Archaeology of Childhood*. Eds Crawford, S., D. M. Hadley and G. Shepherd. Oxford: Oxford University Press, 2018

Kramer, K. L. 'Children's Help and the Pace of Reproduction: Coop- erative Breeding in Humans.' *Evol Anthropol* 14.6 (2005): 224–37 Kramer, K. L, and J. L. Bo one. 'Why Intensive Agriculturalists Have Higher Fertility: A Household Energy Budget Approach.' *Curr Anth* 43.3 (2002): 511–517

LaMoreaux, P. E. 'Worldwide Environmental Impacts from the Eruption of Thera.' *Environ Geol* 26.3 (1995): 172–181

Lee, R. B. 'What Hunters Do for a Living, or, How to Make out on Scarce Resources.' *Man the Hunter.* Eds Lee, R. B. and I. Devore. New York: Routledge, 1968

Manning, S. W. 'Eruption of Thera/Santorini.' *The Oxford Handbook of the Bronze Age Aegean*. Ed. Cline, E. H. Oxford: Oxford University Press, 2012

Marshall, A. Eˆtre Un Enfant En *Égypte Ancienne*. Monaco: Rocher, 2013

McCorriston, J. 'The Fiber Revolution: Textile Extensification, Alienation, and Social Stratification in Ancient Mesopotamia.' *Curr Anth* 38.4 (1997): 517–535

Pany-Kucera, D., *et al.* 'Children in the Mines? Tracing Potential Childhood Labour in Salt Mines from the Early Iron Age in Hallstatt, Austria.' *Child Past* 12.2 (2019): 67–80

Rehak, P. 'Children's Work: Girls as Acolytes in Aegean Ritual and Cult.' *Hesperia Supplements* 41 (2007): 205–25

Sahlins, M. 'The Original Affluent Society.' *Stone Age Economics*. New York: Routledge, 1974

20 到巴比伦有多远：非常人类的童年

Al-Rashid, M. '"Schoolboy, Where Have You Been Going So Long?': The Old Babylonian Student and School.' *Everyday Stories from the Ancient Past*, 2019

Aristophanes. 'The Archanians, Knights, Clouds, Wasps, Peace, and Birdsons.' Tra ns. Hicke, W. J. *The Comedies of Aristophanes, a new and literal translation from the revised text of Dindorf with notes and extracts from the best metrical versions.* London: George Bell & Sons, 1901

Bhutta, Z. A., *et al.* 'Countdown to 2015 Decade Report (2000–10): Taking Stock of Maternal, Newborn, and Child Survival.' *Lancet* 375.9730 (2010): 2032–2044

Chasse, G. 'Investigations of Possible Cases of Scurvy in Juveniles from the Kellis 2 Cemetery in the Dakhleh Oasis, Egypt, through Stable Carbon and Nitrogen Isotopic Analysis of Multiple Tissues.' University of Central Florida, 2018

Grosman, L., and N. D. Munro. 'A Natufian Ritual Event.' *Curr Anth* 57.3 (2016): 311–331

Kedar, S. 'La Famille Dans Le Proche-Orient Ancien: Réalités, Symbolismes Et Images.' *Apprenticeship in the Neo-Babylonian Period: A Study of Bargaining Power.* Ed. Lionel, M. Philadelphia, PA: Penn State University Press, 2021. 537–46

Klaus, H. D. 'Subadult Scurvy in Andean South America: Evidence of Vitamin C Deficiency in the Late Pre-Hispanic and Colonial Lambayeque Valley, Peru.' *Int J Paleo* 5 (2014): 34–45

Nissen, H. J. 'The Emergence of Writing in the Ancient near East.' *Interdisciplinary Science Reviews* 10.4 (1985): 349–361

Orschiedt, J. 'The Late Upper Palaeolithic and Earliest Mesolithic Evidence of Burials in Europe.' *Philos Trans R Soc B Biol Sci* 373.1754 (2018): 20170264

Pitre, M. C., *et al.* 'First Probable Case of Scurvy in Ancient Egypt at Nag El-Qarmila, Aswan.' *Int J Paleo* 13 (2016): 11–19

Pritchard, J. *The Ancient near East: An Anthology of Texts and Pictures*. Princeton: Princeton University Press, 1975

Schug, G. R., and K. E. Blevins. 'The Center Cannot Hold.' *A Companion to South Asia in the Past* (2016): 255–273

Turner, B. L., and G. J. Armelagos. 'Diet, Residential Origin, and Pathology at Machu Picchu, Peru.' *Am J Biol Anth* 149.1 (2012): 71–83

Veenhof, K. R. *Letters in the Louvre*. Leiden, The Netherlands: Brill, 2005

Zhang, H., *et al.* 'Osteoarchaeological Studies of Human Systemic Stress of Early Urbanization in Late Shang at Anyang, China.' *PLoS One* 11.4 (2016): e0151854

21 星期四出生的孩子：长路漫漫

George, J. C., *et al.* 'Age and Growth Estimates of Bowhead Whales (Balaena Mysticetus) Via Aspartic Acid Racemization.' *Canadian J Zool* 77 (2007): 571–580